Bodenchemie

Bodenchemie

von
Prof. Dr. Wolfgang Ziechmann
und
Prof. Dr. Ulrich Müller-Wegener
Universität Göttingen

Wissenschaftsverlag
Mannheim/Wien/Zürich

CIP-Titelaufnahme der Deutschen Bibliothek

Ziechmann, Wolfgang:
Bodenchemie / Wolfgang Ziechmann u. Ulrich Müller-
Wegener. – Mannheim ; Wien ; Zürich : BI-Wiss.-Verl., 1990
    ISBN 3-411-03205-7
NE: Müller-Wegener, Ulrich:

Gedruckt auf säurefreiem Papier
mit neutralem pH-Wert (bibliotheksfest)

© Bibliographisches Institut & F.A. Brockhaus AG, Mannheim 1990
Druck: Druckerei Krembel, Speyer
Bindearbeit: Progressdruck GmbH, Speyer
Printed in Germany
ISBN 3-411-03205-7

Vorwort

Die Bodenchemie als Chemie im Medium Boden beschreibt jene chemischen Prozesse, die zur Bodenbildung führen, neben solchen, die sich danach in diesem Milieu ereignen. Sie ist damit ein Grenzgebiet der Chemie mit Überschneidungen zur Geochemie, Geologie, Bodenkunde, sie wirkt in die Ökologie hinein und betrifft den Bodenschutz.

Die letzte Instanz besonders verdeutlicht, daß die Bodenchemie auch zur Lösung praktischer Probleme aufgerufen ist. So war z.B. das Wort "Bodenschutz" bis vor einem Jahrzehnt nur Eingeweihten ein Begriff mit bestimmten Inhalten; heute, nachdem sich eine wissenschaftliche Disziplin dieser Materie annimmt, ist er Allgemeinbesitz.

Aber weshalb sollte denn der Boden, um an diesem Punkt anzusetzen, einen wirksamen Schutz erfahren? Jetzt wird man leichter auf diese Fragen eine Antwort finden, da wir wissen, daß der Boden der Ort vieler, auch gegenläufiger Umsetzungen ist, womit er - wir denken heute auch in ökologischen Kategorien, also sich durchsetzenden Kreisläufen und Systemen - das Dasein aller Lebewesen bestimmt, irgendwie. Und wir wissen weiter, daß der Boden auch Gefahren ausgesetzt ist, die seine Depravierung, oft seine totale Funktionsunfähigkeit herbeiführen. Nicht zuletzt ist es der Mensch, für den ein "intakter" Boden lebensnotwendig ist.

Was aber ist ein intakter, ein "funktionierender" Boden?

Viele Emotionen werden in dieses Feld eingebracht, zumal deshalb, weil man das Sichtbare, etwa die Folgen einer verfehlten Bodennutzung oder seine Zerstörung sogleich

bemerkt, dabei aber oft nach den tiefer liegenden Abhängigkeiten zu fragen vergißt.

Auch hier soll die vorliegende Studie ansetzen.

Natürlich wird dieses, von der Chemie her bestimmte Konzept nur einen Teil all jener Phänomene treffen, die sich
am und im Boden abspielen. Damit sind es hier bodenchemische Sachverhalte, deren Beschreibung, losgelöst von jenen, versucht werden soll. Aber schon die erste Durch-
sicht der reichhaltigen Literatur zu bodenchemischen Problemen zeigt, daß es keinen klassischen oder erprobten
Kanon für ihre Darstellung und die Auswahl sowie Zuordnung ihrer Gegenstände gibt.

Die Autoren versuchen deshalb dieses Problem in einem
Dreischritt - Primär-, Sekundär-, Tertiärprozesse - zu
lösen, weil sie meinen, daß das heterogen anmutende chemische Geschehen im Boden doch einer gewissen Gliederung
unterliegt, weshalb

unter Primärprozessen solche chemischen Erscheinungen
zusammengefaßt sind, die bei bestimmten stofflichen und
sonstigen Gegebenheiten das Medium Boden entstehen
lassen.
Sekundärprozesse werden (aus didaktischen Gründen) als
1. Näherung an die Realität verstanden, wenn der Boden
zunächst als geschlossenes System dargestellt wird. Es
sind also chemische Vorgänge, die aus einer Ansammlung
anorganischer und organischer Substanzen das spezifische Verhalten eines Bodens bestimmen, ohne daß es
(vorerst) zu Austauschvorgängen mit Substraten und Energie von außerhalb kommt. Und unter

Tertiärprozessen endlich werden jene Vorgänge eingeordnet, die den Boden als offenes System in seiner Umwelt
sehen, womit hier Reaktionen des Bodens auf von außen
wirkende Faktoren gemeint sind.

Natürlich stellen wir uns nicht vor, daß der Boden stets
diesem einfachen Schema gehorcht und sorgfältig zwischen
diesen und jenen Prozessen zu unterscheiden hilft. Vielmehr ist auch dieser Versuch als eine 1. Annäherung an
ein Idealkonzept zu einer "Bodenchemie" zu verstehen, für
welches offenbar nur wenig Anhaltspunkte vorliegen. Damit
sollen Bemühungen deutlich werden, das hier oft bezie-
hungslos scheinende Nebeneinander von Einzelgegenständen
und Sachverhalten zu sinnvollen und überschaubaren
Gruppierungen umzuordnen.

Es geht also um eine Darstellung chemischer Erscheinungen
in einem Milieu sui generis: dem Boden.

Die im Tagesgeschehen so auffallenden und mit Recht un-
sere gewissenhafte Aufmerksamkeit auf sich lenkenden Er-
eignisse in diesem Medium sollen damit als bestimmte Po-
sitionen in einer "Bodenchemie" gekennzeichnet sein und
so in ein übergeordnetes System eingebettet, auch analy-
sierbar werden.

Damit möge - und dies ist das eigentliche Ziel unserer
Bemühungen - ein Verständnis für bestimmte Vorgänge im
Boden von der Basis der Chemie her gefördert werden. Es
scheint uns an der Zeit, diesen Aspekt im Komplex der Bo-
denwissenschaften besonders herauszuheben, weil er zu er-
weisen vermag, daß die chemischen Wissenschaften auch das
Objekt "Boden" erreichen. Und so könnte sich mit den
Mitteln der Chemie ein anders begründetes Verständnis vom

Boden einstellen, wenn Fehlleistungen, Ermüdungserschei-
nungen, eine Depravierung des Bodens, kurz eine Beein-
trächtigung seiner "Funktionsfähigkeit" auch auf bestimmte chemische Sachverhalte zurückführbar sind. Diese
erkannt und mit den Mitteln der Wissenschaft analysiert
eröffnen dadurch die Chance einer Korrektur.

Der gebotene Umfang dieser Studie erfordert eine, mitunter stark verkürzte Wiedergabe weitgestreuter und ausge-
breiteter Bemühungen zum Thema "Bodenchemie". Dies ist
auch ein Grund, der die Versuche unserer Arbeitsgruppe in
dieser Sache bei manchen Punkten mehr in den Vordergrund
treten läßt.

(1) Primärprozesse
(2) Sekundärprozesse
(3) Tertiärprozesse

Für die überaus sorgfältige Herstellung eines Teils der Abbildungen sowie verständnisvolle Mitarbeit bei der Einrichtung des Manuskriptes ist Frau Renate Schuseil und Frau Ute Janus zu danken. Herr Bruno Stania hat einen erheblichen Teil des Textes in einen reproduktionsfähigen Satz übertragen. Ihm sei für seine erfolgreiche Tätigkeit ebenfalls gedankt.

Schließlich haben wir Herrn Hermann Engesser vom B.I.- Wissenschaftsverlag für seine fördernde Geduld und viele Ratschläge zu danken, die wesentlich zur Fertigstellung dieses Büchleins beigetragen haben.

U. M.-W.

W. Z.

Literatur

MASON, B. u. C.B. MOORE
Grundzüge der Geochemie. Enke Verlag Stuttgart (1985).

SCHEFFER, F. u. P. SCHACHTSCHABEL
Lehrbuch der Bodenkunde. Enke Verlag Stuttgart (1984).

KUNTZE, H., G. ROESCHMANN u. G. SCHWERDTFEGER
Bodenkunde. Verlag Ulmer Stuttgart (1988).

Vorwort

0.   Voraussetzungen

0.1   Der Boden

Zwischen Lithosphäre und Atmosphäre, umgeben und durchsetzt von der Hydrosphäre, bildet der Boden (Pedosphäre)
die wenige Zentimeter bis mehrere Meter umfassende "Haut"
unseres Planeten; direkt wie auch mittelbar die Grundlage
für die Existenz vieler, im Grunde aller Lebewesen (Abb.
0.1).

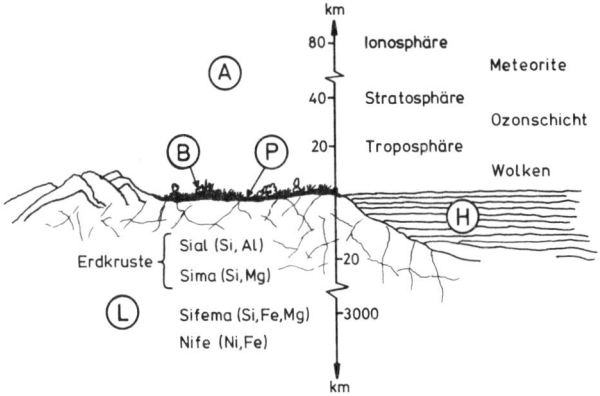

A	Atmosphäre:	Lufthülle 78% N_2, 21% O_2, 0,03% CO_2, u.a.
L	Lithosphäre:	fester Gesteinsmantel der äußeren Erdschale
H	Hydrosphäre:	Wasserhülle der Erde (Weltmeere, Seen,Teiche,Flüsse..)
B	Biosphäre:	von lebenden Organismen be-siedelter Teil der Erdkruste, zumeist identisch mit der
P	Pedosphäre: (= Boden)	oberste mit lebenden Organismen durchsetzte, verwitterte Schicht der Erdkruste, die auf Grund spezifischer Vorgänge gebildet wird und in der sich bestimmte chemische Umsetzungen ereignen.

Abb. 0.1:   Der Boden "zwischen" Lithosphäre, Hydrosphäre und Atmosphäre

Durch das Übergreifen der Sphären, hier der Biosphäre auf die Pedosphäre ist die Besonderheit dieses geringsten Anteils der Erdkruste bereits angezeigt: am Schnittbereich gelegen wirken andere Sphären mit spezifischen Qualitäten und Vorgängen in die Pedosphäre hinein und sind in dieser durch typische Anteile vertreten. Davon vermitteln z.B. die sog. Dünnschliffe eines Bodens einen sichtbaren Ausdruck mit Mineral- und Gesteinskompartimenten, Wasser, Luft, Bodenorganismen und chemisch erfaßbaren Bodeninhaltsstoffen (BIst).

Diese Sachlage und die Erkenntnisse der Bodenkunde (Pedologie) lassen den Boden als oberste Verwitterungsschicht der Erdkruste verstehen, die durchsetzt von Anteilen der anderen Sphären (s.o.) und geprägt ist von ihren anorganischen und organischen Inhaltsstoffen, woraus sich nun ein spezifisches Bodenleben entwickeln kann.

Sicher ist aus diesen, mehr definitorischen Bemerkungen keine zeitliche Abfolge der Einzelschritte einer Bodengenese abzuleiten, derart, daß erst die zunächst genannten Voraussetzungen ein bestimmtes Bodenleben involvieren und dieses dann über den materialen Grundvorgängen "schwebt". Vielmehr wird gerade durch die Tätigkeiten der Bodenorganismen die Bildung eines Bodens wie sein differenziertes Verhalten nachhaltig mitbestimmt. Die Genese eines Bodens - wie seine Depravierung - finden in Permanenz statt.

Trotz des Vielkomponentengemenges' oder Mediums "Boden" sind typische chemische Vorgänge für die Bodenbildung (1), für chemische Umsetzungen im Boden (in 1. Näherung "der Boden als geschlossenes System") (2), sowie gegenüber von außen einwirkenden Fremdsystemen ("der Boden ein offenes System" (3), S. 4) zu unterscheiden.

0.2   Chemische Grundlagen

0.2.1   Vorbemerkung

Chemische Prozesse vollziehen sich überwiegend in der flüssigen Phase, so auch im Boden in der sog. wässrigen Bodenlösung. Daher sind die für wässrige Systeme abgeleiteten Theorien und Modelle auch hier anwendbar (hierzu 2.1). Allerdings ist der Boden ein Gemisch aus zahlreichen, z.T. reaktionsfähigen Komponenten, die natürlich auch Oberflächenreaktionen involvieren oder solche Umsetzungen, an denen gasförmige Stoffe beteiligt sind. Es ist eine der Aufgaben der Bodenchemie, die vielfältigen Reaktionsmöglichkeiten aufzuzeigen und nach Möglichkeit in einem beschreibbaren Bodenkompartiment Anzeichen für ihre Hierarchie abzuleiten.

Eine besondere Schwierigkeit für einen chemischen Ansatz zur Analyse eines solchen Mediums ist dadurch gegeben, daß es keine spezifischen und exakt beschreibbaren Hilfssysteme gibt: Enzyme zur Reaktionsregulation, energiereiche Verbindungen, systemtypische Katalysatoren und (offenbar) auch keine separierenden Membranen im Boden oder bestimmte Leitungssysteme für den Stoff- und Energietransport. Diese Aussage ignoriert keineswegs z.B. die Existenz von Enzymen in Böden, vielmehr betrifft sie die Tatsache, daß diese und andere Hilfssysteme nicht originäre Inhaltsstoffe sind, also bestimmte Bodenarten nicht von vornherein mit spezifischen Enzymen usw. ausgerüstet sind.

So wird zwar das chemische Geschehen in Böden von diesen Systemen (mit)bestimmt, dennoch gehören sie nicht zu ihrer obligaten "Grundausstattung", wie dies etwa für

eine funktionsfähige Zelle gilt. Schließlich werden
wechselnde Reaktionsbedingungen, von der Temperatur, dem
p_H-Wert, dem O_2-Partialdruck, dem Wassergehalt, den allgemeinen Transportbedingungen u.a. Faktoren abhängig,
schwer eine Dominanz bestimmter Reaktionen erkennen
lassen.

Daher sind typische Umsetzungen im Boden, wie z.b. die
Humifizierung oder Tonbildung das Ergebnis einer Folge
von zufälligen Ereignissen, die unter "Durchschnittsbe-
dingungen" zu einem "Durchschnitts-Reaktionsprodukt"
führen (müssen).

Aus mehreren Gründen sollen die typischen Neubildungen
Tonminerale und Huminstoffe eine wichtige Position in
dieser Studie einnehmen und ihrer Genese in Böden die
Qualität einer Schlüsselreaktion zuerkannt werden, womit
eine bodenspezifische Umsetzung gemeint ist, der sich
andere Vorgänge unterordnen.

Es hat sich später zu erweisen, ob dieser Ansatz auch
wissenschaftlich tragbar ist, wenn sich nämlich anhand
solcher (und anderer?) Leitreaktionen ein zusammenhängendes Netzwerk von Systemen und Abhängigkeiten ergibt und
so im Boden ein Zusammenhang (Kohärenz) von Objekten und
Sachverhalten nachweisen ließe.

Tonminerale und Huminstoffe sind Prototypen anorganischer
und organischer Bodeninhaltsstoffe, der Boden damit jener
Bereich in dem sich anorganische und organische Chemie
treffen und überschneiden.

Dies sei an einigen Fakten und Folgerungen erläutert
(Tab. 0.2.1).

Tab. 0.2.1:   Einige Merkmale von Bodeninhaltsstoffen

	anorganische	organische
Schlüssel- elemente	O, Si, Al, Fe, K, Ca .... usw.	C, O, H, N, ...
Reaktions- ort	Bodenlösung (gelöst - suspendiert), Oberfläche der Ton- minerale	Bodenlösung (gelöst - suspendiert), Oberfläche der (kolloiden) Humin- stoffe
Reaktionen	Ionen- Oberflächenreaktionen - Adsorption	Molekülreaktionen
Bindungen	Ionenbeziehungen Kovalenzen van der Waals-Kräfte elektrostat. Kräfte H-Brücken	Kovalenzen ε-DA-Komplexe Dipol-Wechselw. H-Brücken hydrophobe Kräfte
Vertreter	Oxide - Salze,· z.B. Silicate	org. Fragmente v. Hoch- u. Höhermole- kularen (aus Pflan- zen, Tieren, MO)
ihre Zustände	(echte Lösungen) Kolloide in fester Form	echte Lösungen Kolloide
Neubildungen	Tonminerale	Huminstoffe

Auf Grund der Niederschläge in den humiden Klimazonen
werden es schwer lösliche Verbindungen sein, die als anorganische Bodeninhaltsstoffe fungieren, also bestimmte
Salze, Oxide, Sulfide, Silicate u.a. Diese leiten sich in
erster Linie als Verwitterungsprodukte von den Gesteinen
der Lithosphäre her und sind als deren schwerlösliche,
vorläufige Endstufen anzusehen.

Die mächtigen Lager wasserlöslicher Salze sind ein geolo-
gisches, kaum ein pedologisches Phänomen.

0.2.2   Zur Chemie des Kohlenstoffs und Siliciums

Der richtigen Einschätzung der anorganischen und organischen Bodeninhaltsstoffe geht die Kenntnis der Chemie
der sie wesentlich konstituierenden Elemente Kohlenstoff
und Silicium voraus.

Beide sind mit der Valenzelektronenkonfiguration s^2p^2 in
der 4. Hauptgruppe des Periodensystems als nah verwandte
Elemente zu finden, deren Chemie jedoch auch erhebliche
Abweichungen erkennen läßt. Sie sind vierwertig, nachdem
in kovalenten Bindungen (Atombindungen) durch eine Um-
strukturierung ihrer Valenzelektronen -als Hybridisierung
oder Bastardisierung bezeichnet- vier gleichwertige Valenzelektronen vorliegen, die mit der Tetraederkonfigura-
tion auch eine hohe Symmetrie in die Verbindungen ein-
bringen.

Ferner zeigt sich ein tiefgreifender Unterschied zwischen
beiden, an sich nahe verwandten Elementen, in der Fähigkeit Doppelbindungen auszubilden.

sog.<sp³> Hybri-
disierung: s^2p^2 $\xrightarrow{E}$ s^1p^3 $\xrightarrow{E}$ σ^4

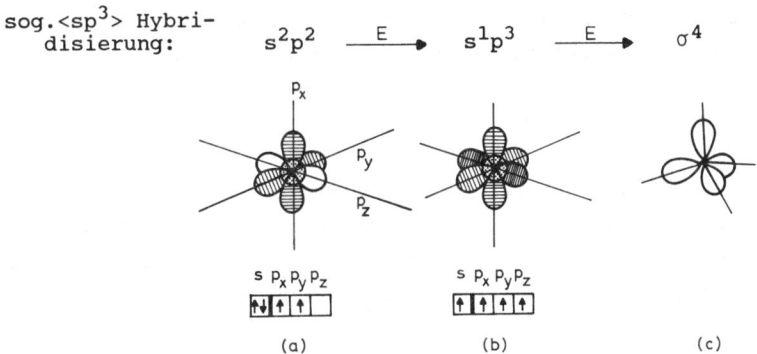

(a)   (b)   (c)

Diese kommen zustande, wenn die Zahl 4 der Bindungspartner unterschritten wird, also 3 bzw. 2 Liganden, nun 2
oder 3 gemeinsame ϵ- Paare (Doppel-, Dreifachbindung)
zwischen den Atomen fordern. Die günstigen geometrischen
Verhältnisse beim Kohlenstoff lassen diese Bindungsvari-
ante zu, das "voluminöse" Siliciumatom[*)] erlaubt nach
diesem Schema keine Überlagerung der p-Elektronen.

Bei 3 Bindungspartnern (Liganden):
s^1p^3 $\longrightarrow$ <sp²>-Hybridisierung $\longrightarrow \sigma^3$ (mit planarer
      und 1 p_z -Elektron   Molekülgestalt),

also 3 Einfachbindungen

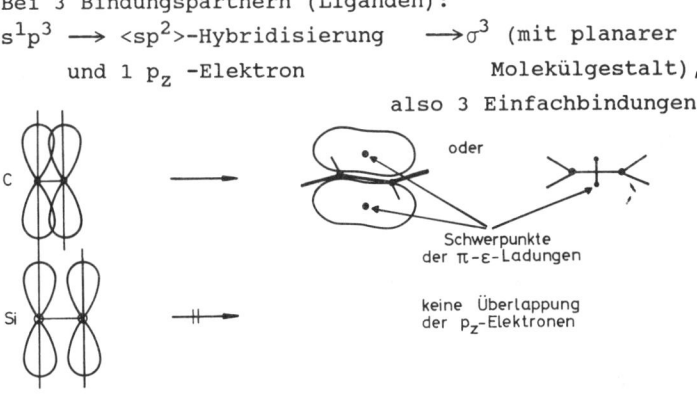

oder

Schwerpunkte
der π-ϵ-Ladungen

keine Überlappung
der p_z-Elektronen

---

*) vgl. Abb. 0.2.1

Entsprechendes gilt für Dreifachbindungen nach einer <sp>-Hybridisierung der Elektronen des Kohlenstoffs.

Dieser, zunächst geringfügig erscheinende Anlaß ist von überragender Bedeutung für die abweichende Chemie beider Elemente und findet seine Formulierung in der sog. Doppelbindungsregel: Eine Überlappung von p-Orbitalen zur Bildung von π-Molekülorbitalen ist aus räumlichen Gründen nur bei Elementen der 1. Achterperiode (C,N,O) möglich.

Von diesem unterschiedlichen Verhalten der beiden Elemente sind besonders ihre OH-funktionellen Verbindungen betroffen:

ortho-Kohlensäure*)   ortho-Kieselsäure

H_2CO_3 CO_2

meta-Kohlen-   Kohlen-
  säure   dioxid

---

*) Zur Zeichenerklärung
   • C- Atom   ⊙ O- Atom
   ⊘ Si- Atom   ∘ H- Atom

In beiden Fällen wird durch die Anhäufung der -OH-Gruppen (Elektronen!) eine erhebliche Instabilität in die Verbindung eingetragen, die Stabilisierungsmaßnahmen durch Wasserabspaltung erfordern.

Die hier erfolgte intramolekulare Wasserabspaltung ① ist zwar bei der Kohlensäure, nicht aber bei der Kieselsäure möglich, da für eine Si=O- Gleiches gilt wie für eine Si=Si-Bindung, nämlich die Nichtüberlappung der p-Elektronen. Damit kann nur eine intermolekulare Wasserabgabe ② bei der Kieselsäure zu stabileren Substanzen führen.

Endprodukte dieses grundlegenden Prozesses sind das gasförmige CO_2 und festes $(SiO_2)_n$ in den verschiedenen Modifikationen*).

Kohlenstoff kommt als Element in den beiden Modifikationen Graphit und Diamant vor, im Boden sind die Salze der Kohlensäure, die Carbonate, von Bedeutung. Silicium ist in der Natur nicht elementar, aber vornehmlich in silicatischer Form oder als SiO_2 anzutreffen.

0.2.3   Bodeninhaltsstoffe

Hier ist zunächst die Gruppe der nieder- bis höhermolekularen organischen Bodeninhaltsstoffe (TM < 10000 Dalton) zu erwähnen. Ihr Vorkommen geht auf die mikrobielle Veränderung der belebten Phase des Bodens, des Edaphons, zurück.

---

*) Es sind dies besonders:
   Quarz ⇌ Tridymit ⇌ Cristobalit

So sind höhermolekulare Kohlenhydrate und deren Abkömm-
linge, Proteine, Proteide nebst Peptiden, Lipide und Verwandte, Terpene und eine reiche Palette von niedermolekularen Verbindungen, wie Alkohole, Carbonsäuren, Phenole,
Steroide, Ketone, Kohlenwasserstoffe, im Prinzip also
nahezu alle Gruppen organischer Stoffe im Boden zu erwarten.

Neuerdings haben freie Radikale in biologischen Systemen
eine gewisse Aufmerksamkeit auch der Bodenchemiker auf
sich gelenkt, da man mit ihrem Vorkommen z.B. während der
Huminstoffgenese (Ziff. 1.5) im Boden rechnen muß.

Auf Grund ihrer zum Teil erheblichen Reaktionsbereit-
schaft, der mikrobiellen Abbaumöglichkeiten und ihrer
Löslichkeit wird die Verweildauer der niedermolekularen
Organica in Böden recht gering sein, weshalb den Stabili-
sierungsprozessen, wie etwa im Verlauf der Humifizierung
oder der Bildung von Ton-organischen-Komplexen eine be-
deutsame Rolle zufällt.

Von den anorganischen Bodeninhaltsstoffen sind besonders
die Silicate erwähnenswert. Sie stellen ca. 80 % der die
Erdrinde aufbauenden Kristalle. Ihnen liegt ein höheres
Verhältnis Si:O zugrunde als im Quarz (1:2). Damit werden
zusätzlich negative Ladungen in das System eingebracht,
die durch Metallionen kompensiert werden müssen.

In beiden Fällen kann man formal von der Orthokieselsäure
ausgehen:

$(SiO_2)_n$

nur bei pH 3,20
einige Zeit beständig

Zwischenformen:

Ortho-dikieselsäure
(Pyrokieselsäure, $H_6Si_2O_7$)

"Metakieselsäuren"
$(H_2SiO_3)_n$

An den Ecken eines Tetraeders oder der sich davon ableitenden Formen befinden sich Sauerstoffatome oder OH-
Gruppen. Abhängig von n können bei n = 3,4,6 ringförmige,
schließlich ketten-, band- und blattförmige Strukturen
gebildet werden.

Insgesamt gibt es folgende Möglichkeiten:

1) **Ringe** (Zyklosilicate) $(H_2SiO_3)_n$ Si:O = 1:3

z.B. Beryll $Al_2Be_3Si_6O_{18}$

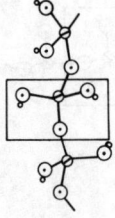

2) **Ketten** (Inosilicate),   und **Bänder** (Inosilicate)

$(H_2SiO_3)_n$, Si:O = 1:3 $(H_6Si_4O_{11})_n$, Si:O =4:11

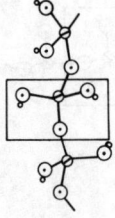   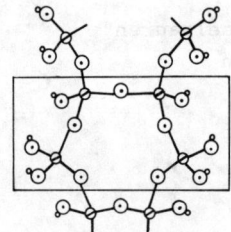

z.B. Enstatit $MgSiO_3$,   z.B. Asbest
     Diopsid (Pyroxen) $Mg_6(Si_4O_{11})(OH)_6$
     $CaMgSi_2O_6$ Amphibole,
                                     Hornblenden
                          $Ca_2(Mg,Fe)_5(OH)Si_4O_{11}$

3) **Blätter** (Phyllosilicate) $(H_2Si_2O_5)_n$, Si:O = 2:5

z.B. Muskovit $KAl_2(OH,F)_2AlSi_3O_{10}$, Pyrophyllit
SiO_2 45,2 %, K_2O 11,8 %
Glimmer $(Si_3AlO_{10})(OH)_2$

Ferner sind sog. Insel- oder Nesosilicate sowie Sorosilicate oder Orthosilicate bekannt, die aus einzelnen Si-Tetraedern z.B. Olivin $(Mg,Fe)_2SiO_4$ oder aus 2 über eine Sauerstoffbrücke verbundenen Tetraedern bestehen $(Si_2O_7^{6-})$.

Schließlich kann das Endprodukt in der Reihe der intermolekularen Kondensationsprodukte $(SiO_2)_n$, Quarz und andere Modifikationen den Tekto- oder Gerüstsilicaten zugeordnet werden.

Weitere bodenbildende Minerale und ihre Systematik sind Tab. 1.1.1 zu entnehmen.

Als wichtigste Mineralneubildung in Böden ist die der Tonminerale zu nennen, wobei ein ausgesprochen bodenspezifisches Material entsteht. Daher wird diesem wichtigen Vorgang ein eigenes Kapitel gewidmet (Ziff. 1.4).

Die Gestalt chemischer Verbindungen hängt von den beteiligten Atomen, also ihrer Valenzelektronenstruktur, der
Bindungsart, der Bindungslänge sowie dem Bindungswinkel
und ihrer Größe, ausgedrückt z.B. durch den Ionenradius
ab.

Zur besseren graphischen Wiedergabe der einzelnen Strukturen wurde dieser wichtige Parameter vernachlässigt. Aus
der Abb. 0.2.1 sind jedoch die entsprechenden Werte zu
entnehmen.

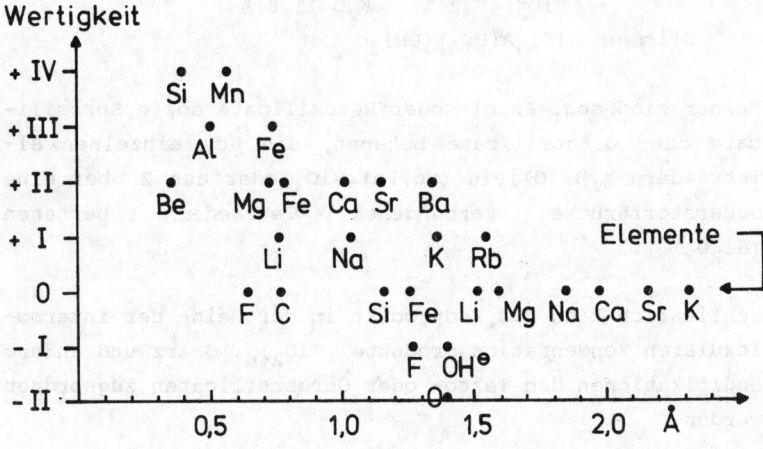

Abb. 0.2.1:   Atom- bzw. Ionenradien einiger wichtiger
              Elemente.

1. Primärprozesse

Als Primärprozesse seien solche chemischen Vorgänge verstanden, die in der Erdrinde im Übergangsbereich zur
Atmosphäre und Lithosphäre das Medium Boden entstehen
lassen und damit sein Sosein bestimmen.

Diese Vorgänge lassen sich verkürzt folgendermaßen darstellen.

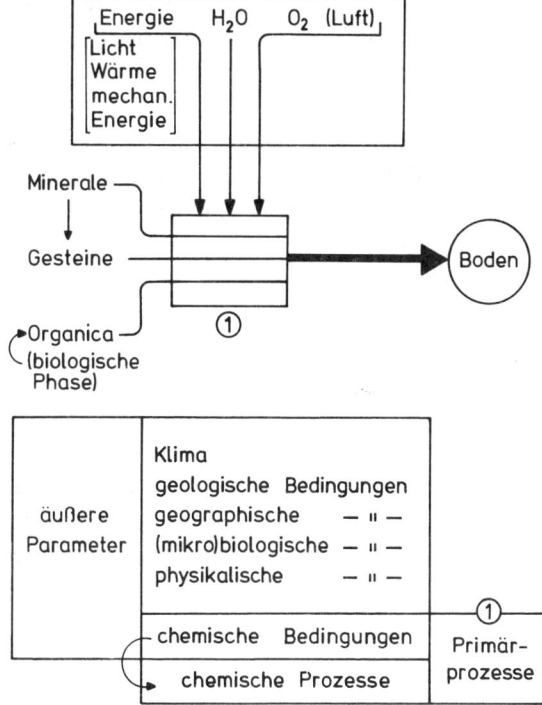

Abb. 1.1:   Primärprozesse

1.1   Mineral- und Gesteinsbildung

Ein Mineral[*) ist ein, in der Erdkruste gebildeter, che-
misch und physikalisch einheitlicher und natürlicher
Stoff (Tab. 1.1.1). Minerale sind unter Normalbedingungen
feste, in der Regel kristallisierte Verbindungen. Einige
Vertreter sind allerdings amorph. Hier interessiert die
Gruppe der gesteinsbildenden Minerale, da sie mit großer
Häufigkeit, diese bildend, in Gesteinen vorkommen.

Die Einteilung der Minerale erfolgt in bestimmten Klassen
je nach den dominierenden chemischen Systemen. (Tab.
1.1.1).

Gesteine sind Gemenge und Sekundärbildungen aus Mineralen, gelegentlich mit Organica und anderen Fremdein-
schlüssen versehen, die in magmatische, Sediment- und
metamorphe Gesteine zu unterteilen sind.

Magmatische Gesteine werden aus der flüssigen, silicati-
schen Schmelze, dem Magma durch Abkühlung gebildet. Dieses stammt aus tieferen und höher temperierten Erdschich-
ten.

Die zwei wesentlichsten Magmentypen unterscheiden sich
dadurch, daß sie in verschiedenen Erdtiefen liegen und
daher wesentlich in ihrem chemischen Verhalten voneinander abweichen.

---

*) vom provencalischen Wort "mina" = unterirdischer Gang,
   oder vom lateinischen "minera" = Erzader abgeleitet.

(a) Der Glutfluß ist an der Erdoberfläche erstarrt.
    Es sind dies die Erguß-, Effusiv-, Extrusiv- und
    Eruptivgesteine,bzw. die Vulkanite.
    Beispiele sind: Basalt, Porphyr, Diabas, Trachyt

(b) Der Glutfluß kommt in tieferen Bereichen, einige
    Kilometer unter der Erdkruste zur Erstarrung. Hier
    sind Tiefen- oder Intrusivgesteine bzw. die sog.
    Plutonite zu unterscheiden.
    Beispiele: Granit, Diorit, Gabbro

Tab. 1.1.1: Systematik der Minerale

Klasse	chemisches System	Beispiele für ge- steinsbildende Vertreter
I	Elemente	Edelmetalle, C
II	verwandte Verbindungen der Ele- mente Schwefel, Selen, Tellur Arsen, Antimon, Wismut	FeS_2 Pyrit PbS Bleiglanz ZnS Zinkblende
III	Haloidsalze, Salze d. Halogene F, Cl, Br, J	CaF_2 Flußspat, KCl Sylvin
IV	Oxide und Hydroxide	$(SiO_2)_n$, Al_2O_3 Korund Fe_2O_3 Hämatit, Fe_3O_4 Magnetit, TiO_2 Rutil, $FeOOH$ Goethit
V	Nitrate, Carbonate, Borate	$CaCO_3$ $MgCO_3$ Dolomit
VI	Sulfate, Chromate, Molybdate Wolframate	$CaSO_4$ $2H_2O$, $BaSO_4$ Baryt
VII	Phosphate, Arsenate, Vanadate	$Ca_5(PO_4)_3OH,F,Cl$ Apatit
VIII	Silicate	s.o.
IX	Organische Minerale:	Bernstein, Asphalte, Torfe, Kohlen, Erdwachs

Die Erstarrungsgesteine liegen in Stöcken, Decken oder
Gängen vor und machen etwa 95% der Gesteinsrinde aus. Es
ist keine Schichtung zu beobachten.

Im einzelnen kann man die Erstarrungsgesteine aufgrund
ihres Quarzanteils als "saure" Gesteine[*] in Silicaten,
bes. Feldspäten, ferner Granit, Quarzporphyr usw. beschreiben.

Erstarrungsgesteine ohne Quarz, sog. "basische" Gesteine
mit Silicaten und (basischen) Metalloxiden. So Diabas,
Gabbro (Tiefengestein)

Sediment- oder Schichtgesteine entstehen zumeist aus Ver-
witterungsprodukten anderer Gesteine, bilden schichten-
artige Ablagerungen zunächst als Lockermassen und werden
im Zuge der Diagenese später zum Gestein verfestigt.

Man unterscheidet folgende Typen:

Aquatische Trümmergesteine, wie Mergel, Dolomit, Kalk und
Sandstein, die im Wasser abgelagert werden. Im fließenden
Wasser sind unregelmäßige, im Meer oder Seen marine oder
limnische, mehr regelmäßige Ablagerungen zu beobachten.

Äolische Sedimente sind durch Windeinwirkung verlagert
und erfahren ihre unregelmäßige Schichtung als Löß, vul-
kanische Aschen, Sandsteine.

---

[*] Nach ihrem theoretischen SiO_2-Gehalt werden die
    Gesteine eingeteilt.
    sauer   65% SiO_2 basisch   45 - 52%
    intermediär   52 - 65%   ultrabasisch   0 - 45%

Glaziale Trümmergesteine sind nicht geschichtet und verdanken wie Geschiebemergel ihre Ablagerung der Bewegung des Eises.

Schließlich gibt es Sedimentgesteine, deren Ablagerung auf chemische Prozesse zurückgeht, wie eine Übersättigung einer Lösung. Und endlich rühren biogene Sedimentgesteine von biologischen Prozessen her und liegen als Torfe, Kohlen, Erdöl und Muschelkalke vor.

Allen Sedimentgesteinen ist die nach der Ablagerung einsetzende Diagenese gemeinsam, die aus lockerem dann ein festes Material werden läßt. Zunächst erfolgt eine Materialverdichtung, die auf eine Druck- und Temperatur-Veränderung oder mechanische partielle Entwässerung hin eintritt. Danach setzen Prozesse wie Aus- und Umkristallisation ein.

Diese komplexen Vorgänge führen auch bei biogenem Gestein durch den Prozeß der Inkohlung zur Kohlebildung als eine Umwandlung pflanzlicher Massen unter Druck und Luftabschluß in ein Gestein.

Ein wichtiger Vertreter der Gruppe der Sedimentgesteine ist Calciumcarbonat. Dieses Material kann durch Auflösung und erneute Bildung eine typische Verlagerung erfahren:

$$CaCO_3 + H_2O \xrightarrow{\;\;\;\;\;\;\;}\!\!\!\!\!\!\!\!|\!|\!\rightarrow \text{ weitgehend unlöslich,}$$
aber:

$$CaCO_3 + H_2O(H_2CO_3) \longrightarrow Ca(HCO_3)_2; \text{ löslich und}$$
Verlagerung, sowie
Rückbildung:

$$Ca(HCO_3)_2 \longrightarrow CaCO_3 + (H_2CO_3)$$

Dieser Prozeß liegt der Verkarstung (mit typischen Land-
schaftsformen), der Tropfsteinhöhlenbildung usw. zugrunde.

Bei metamorphen Gesteinen oder kristallinen Schiefern
handelt es sich um solche, die aus sedimentiertem oder
erstarrtem Material durch Metamorphose entstanden sind.
Hauptverteter ist der Gneis.

Als Metamorphose werden Prozesse der Gesteinsbildung bezeichnet, die mit Übergängen zur Diagenese eine Veränderung der Struktur, Textur sowie auch der mineralischen
Zusammensetzung durch hohe Temperatur und hohen Druck
hervorrufen.

Die Neubildung schwerer Mineralien durch Gesteinsverdich-
tung aus einem Ausgangsgestein hat oft eine Umkristallisation, eine Ausrichtung der Kristallachsen senkrecht zur
Druckrichtung (Schieferung) zur Folge.

1.2   Verwitterung

Auch unter dem Begriff Verwitterung sind mehrere, sich
bedingende Einzelphasen für den Abbau anorganischen Materials zusammengefaßt, die als physikalische bzw. mechanische, chemische und biologische Verwitterung sehr verschiedene Ansätze erkennen lassen.

Als physikalische Verwitterung wird die mechanische Zer-
kleinerung von Gesteinen verstanden, die jedoch noch
keine chemische Veränderung der Minerale beinhaltet. Hier
sind es vor allem Temperaturschwankungen und die daraus
resultierende Frostverwitterung, die neben mechanischen

Wirkungen und solchen die von Pflanzenwurzeln ausgehend, eine Veränderung des Materials herbeiführen. Die darauf folgende chemische Verwitterung besteht im wesentlichen aus Lösungs-, Oxidations-, hydrolytischen und protolytischen Prozessen.

Da vornehmlich in den oberen Bodenschichten schwerlösliche Verbindungen anzutreffen sind, vollzieht sich ein Auflösen von anorganischen Substanzen in größerer Tiefe und betrifft vor allem Kalke und Gipse. Die Carbonatverwitterung bedingt die sog. Entkalkung carbonathaltiger Gesteine.

Umfangreicher ist die, wesentlich von hydrolytischen Prozessen ausgelöste Silicatverwitterung, denen besonders die Feldspäte unterliegen.

In der ersten Phase werden die K^+- durch H^+-Ionen ersetzt:

$$\text{Feldspat: } KAlSi_3O_8 \xrightarrow{H_2O} HAlSi_3O_8 + KOH \qquad (1)$$

$$HAlSi_3O_8 \xrightarrow{4\ H_2O} Al(OH)_3 + 3\ H_2SiO_3 \qquad (2)$$

$$\text{und} \quad 2\ HAlSi_3O_8 \xrightarrow{5\ H_2O} Al_2(OH)_4Si_2O_5 + 4\ H_2SiO_3 \ (3)$$

Nach der sog. Entbasung (1) erfolgt die Bildung von Aluminiumhydroxid (2) und schließlich die des Tonminerals Kaolinit (3) und somit eine vollständige "Auflösung" des Feldspats (Orthoklas).

Die Freisetzung von $Al(OH)_3$ ((2) und (3)) sind vom Klima
abhängig, da bei höheren Temperaturen fast nur $Al(OH)_3$
(Hydrargillit, allitische) und unter feuchten und kühlen
Bedingungen Kaolinit gebildet werden (siallitische Verwitterung).

Dieser Prozeß wird bei Insel- und einigen Kettensilica-
ten, so Plagioklasen, Pyroxenen, Amphibolen beobachtet.

Auch Oxidationsprozesse, ausgelöst durch in Wasser gelösten Sauerstoff bewirken einen Abbau von Gesteinen und
setzen bei mehrwertigen Kationen an.

So bildet sich aus Pyrit FeS_2 ein Oxidhydrat:

$$4\ FeS_2 + 10\ H_2O + 15\ O_2 \longrightarrow 4\ FeOOH + 8\ H_2SO_4$$

oder

$$4\ CaFeSi_2O_6 + O_2 + 4\ H_2CO_3 + 6\ H_2O \longrightarrow 4\ CaCO_3$$
$$4\ FeOOH$$
$$8\ H_2SiO_3$$

Die nun folgende Diagenese betrifft die Verfestigung eines lockeren anorganischen oder organischen Materials zu
festen Gesteinen. Sie erfolgt unter verändertem Druck,
Temperatur, Niederschlagsbildung aus Lösungen usw. Im Bereich anorganischer Massen geht ihr die Verwitterung voraus, bei organischen Stoffen kann sie unmittelbar oder
nach ihrer Fragmentierung einsetzen.

Hier vollziehen sich komplizierte Reaktionen, die entweder zu neuen Atombindungen führen oder zu einer verstärkten Ausbildung intermolekularer Kräfte.

Herausragende Beispiele sind hier die Bildung organischer Minerale (Tab. 1.1.1), die "parallel" zur Humifizierung erfolgt:

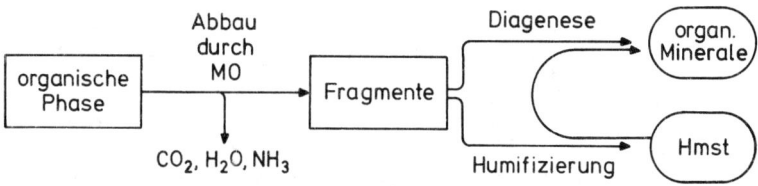

Abb. 1.2.1: Diagenese und Humifizierung

Vor allem sind es Inkohlungsprodukte, die nach einer Diagenese entstanden sind. Sie haben für bodenchemische Aspekte im Gegensatz zu den Huminstoffen allerdings nur mittelbare Bedeutung.

1.3 Bodenbildung

Die Bodenbildung (oder Pedogenese) ist die Summe vieler und komplizierter Einzelprozesse, die, in Permanenz stattfindend, aus dem anorganischen Ausgangsmaterial Mineral und Gestein, sowie organischen Anteilen unter Mitwirkung der biologischen Phase das Medium Boden entstehen läßt. Sie ist gekennzeichnet u.a. durch die Stichworte Verwitterung, Diagenese, Sedimentation und wird ständig von Transporterscheinungen bestimmt. Von diesen Abläufen und den diversen äußeren Bedingungen abhängig (vgl. Abb. 1.1) erfährt das "Sekundärprodukt" Boden seine Merkmale, Verhalten und auch seine räumliche Gliederung. Letztere wird durch Anreicherung markanter Bodeninhalts-

stoffe in bestimmten, parallel zur Oberfläche gelagerten
Horizonten vorgenommen:

A-Horizont: Abtransport von Inhaltsstoffen in tiefere Bo-
            denschichten, daher Eluvial- oder Auswa-
            schungshorizont. Hier, im mineralischen Ober-
            boden findet bereits eine Anreicherung orga-
            nischen Materials statt, die diesem Horizont
            oft eine charakteristische Farbe verleiht.

B-Horizont: Im mineralischen Unterboden- oder Illuvial-
            horizont erfolgt eine Anreicherung, z.B. von
            Ton, Eisenoxiden, aber auch Huminstoffen.

C-Horizont: Ausgangsgestein auf dem der Boden aufruht

Diese Einteilung erfährt eine weitere Präzisierung, wenn
den hier aufgeführten Hauptsymbolen sog. Merkmalssymbole
beigeordnet werden.

1.4   Tonminerale und ihre Genese

Tonminerale sind die Verwitterungsprodukte bestimmter
Silicate und damit bodenspezifische Neubildungen. Ihr
Beitrag zur Bodengenese und hinsichtlich der im Boden ab-
laufenden Prozesse ist erheblich.

Zunächst kennzeichnet der Begriff "Ton" den Korngrößen-
bereich < 0,002 mm und damit weniger eine chemische Spezies. Erst als vor etwa 50 Jahren die Analyse der Rönt-
geninterferenzen und die der elektronenmikroskopischen
Aufnahmen an diesen Substraten zu Erfolgen führten, war
Näheres, über die elementare Zusammensetzung hinaus auch
über den Aufbau der Tonminerale zu erfahren.

Danach und aus ihrem Ausgangsmaterial ergab sich ein
Schichtenaufbau dieser Minerale, der als Basis ringförmige Anordnungen von 6 SiO_4-Tetraedern hatte, derart, daß

die 3 Basis-OH-Gruppen bzw. O-Brückenatome in einer Ebene angeordnet sind:

Wonach zu unterscheiden sind:

A   die Ebene der freien OH-Gruppen der senkrechten Achse der Tetraeder

B   die der Si-Atome und

C   die der O-Brückenatome bzw. OH-Gruppen

Darüber befindet sich eine Schicht von Aluminiumokta- edern, deren Hauptachse gegen die der SiO_4-Tetraeder ge- neigt ist und die ebenfalls über Sauerstoffbrücken mit- einander und mit den Siliciumatomen verbunden sind.

Nun ist bemerkenswert, daß Aluminium (⊕) hier die Koor- dinationszahl 6 hat und entsprechend seiner Valenzelek- tronenkonfiguration ($s^2 p^1$) drei negative Ladungen auftre- ten, wenn OH-Gruppen als Liganden fungieren,

$$\dot{Al} + 6 \cdot OH \xrightarrow{3\epsilon} \left[Al(OH)_6 \right]^{3\ominus}$$

wobei nur die stark ausgezogenen Linien Bindungsachsen, die anderen nicht relevante Hilfslinien sind, um die Gestalt eines Oktaeders deutlich werden zu lassen.

In einem Zweischicht- oder 1:1-Mineral liegen die OH-Gruppen der Aluminiumoktaeder den Sauerstoffatomen der Si-Tetraeder gegenüber, so daß es zu Wasserstoffbrücken und damit zu einem geringen und wenig veränderbaren Schichtpaketabstand kommt. Ein solches Tonmineral ist dann wenig quellbar (Abb. 1.4.1). Im Einzelnen vollzieht sich der Idealaufbau von Zweischicht- und Dreischichttonmineralen folgendermaßen (Abb. 1.4.2).

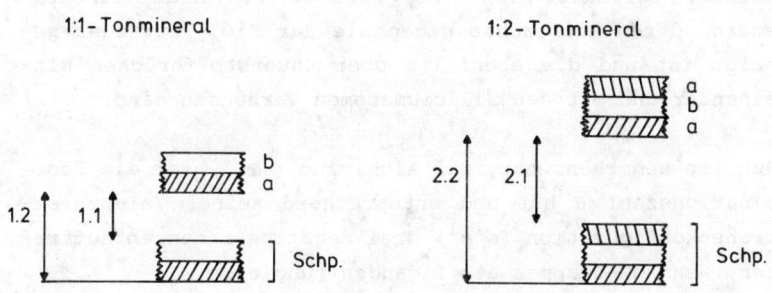

Abb. 1.4.1:   Schematischer Aufbau eines Zweischicht-
              und Dreischichttonminerals
              Schp. Schichtpaket
              a   Siliciumtetraederschicht
              b   Aluminiumoktaederschicht
              z.B. Kaolinit (1:1)   1.1   ~ 2,7 Å
                                         1.2   ~ 7,1 Å
                   Montmorillonit (1:2) 2.1   3,5–14 Å
                                         2.2   9,6–20 Å

1:1 Tonmineral

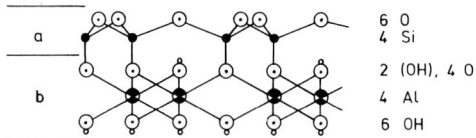

a   6 O
      4 Si

      2 (OH), 4 O

b   4 Al

      6 OH

1:2 Tonmineral

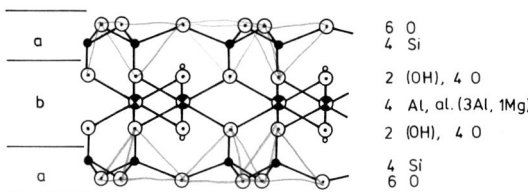

a   6 O
      4 Si

      2 (OH), 4 O

b   4 Al, al.(3Al, 1Mg)

      2 (OH), 4 O

a   4 Si
      6 O

Abb. 1.4.2: Elementanordnung in einem Zweischicht- (1:1) und Dreischicht- (1:2) Tonmineral

Je nach den Ausgangsbedingungen können die so gebildeten Zweischichtminerale noch eine um 180 ° gewendete 2. SiO_4-Tetraederschicht aufnehmen und so ein Dreischichtmineral bilden. Damit entstehen die in Abb. 1.4.3 und 1.4.4 wiedergegebenen Idealformen eines Zwei- und eines Dreischichtminerals[*].

[*] Aus didaktischen Gründen wurden die exakten Atom- bzw. Ionenradien von Si (schwarz), Sauerstoff (rot), Aluminium (blau) und Wasserstoff nicht berücksichtigt (vgl. Abb. 0.2.1). Ebenso wurden nur für einen Teil des Modells die Elemente als farbige Kugeln eingefügt. Magnesium (grün) im Gitter zeigt einen sog. isomorphen Ersatz an (s.u.).

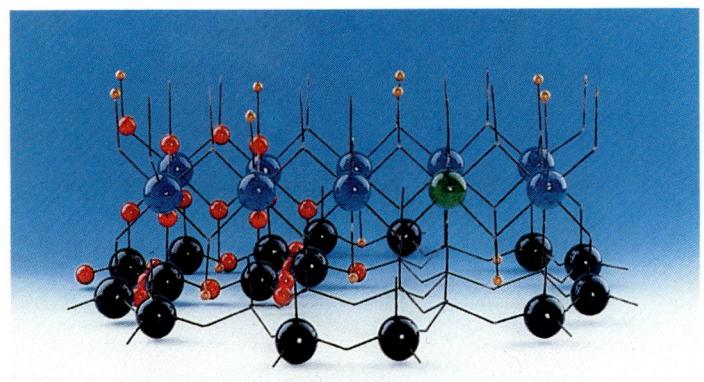

Abb. 1.4.3:   Zweischichtmineral

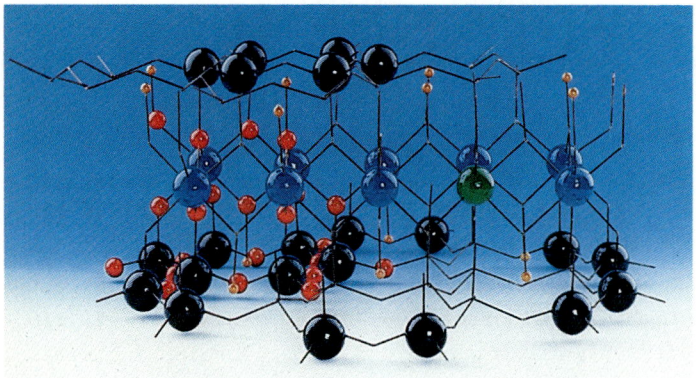

Abb. 1.4.4:   Dreischicht-Tonmineral

Die Fixierung der "Bauteile" Tetraeder und Oktaeder erfolgt wie bei den Silicaten auch durch eine intermolekulare Wasserabspaltung über Sauerstoffbrücken. Dabei kommt
es zur Ausbildung von dreibindigem Sauerstoff, der nun
Träger einer positiven Ladung ist:

Zwischen den   an den Grenz-
Bauteilen (Tetra-   flächen
eder u. Oktaeder)

Dadurch tritt der notwendige Ladungsausgleich gegenüber
den negativ geladenen Al-Oktaedern ein.

Wichtige Vertreter der Zweischicht- und Dreischicht-Tonminerale sind in Tab. 1.4.1 wiedergegeben.

Tab. 1.4.1:   Einige wichtige Tonminerale und ihre Zusam-
 .   mensetzung

---

1. Kaolingruppe   (nicht quellbare Zweischicht-
                       Tonminerale)
   Kaolinit $Al_2 Si_2 O_5 (OH)_4$
   Halloysit $Al_2 Si_2 O_5 (OH)_4 \cdot nH_2 O$ (n=1,5 bis 2)

2. Montmoringruppe   (quellbare Dreischicht-Tonminerale)
   Grundformel: Pyrophyllit $Al_2 Si_4 O_{10} (OH)_2$
   Montmorillonit $(Mg_{0,36} Al_{1,5}) Al_{0,1} Si_{3,9}$
                       $O_{10} (OH)_2 Na_{0,33} (H_2 O)_4$
   Beidellit $Al_{2,17} Al_{0,83} Si_{3,17}$
                       $O_{10} (OH)_2 Na_{0,33} (H_2 O)_4$
   Nontronit $Fe_2 Al_{0,33} Si_{3,76} O_{10} (OH)_2 Na_{0,33} (H_2 O)_4$

3. Glimmerartige Tonminerale   (bedingt quellbare Drei-
                                 schicht-Tonminerale)
   Grundformel: Muskovit $KAl_2 AlSi_3 O_{10} (OH)_2$
   Biotit $K(Mg,Mn,Fe)_3 AlSi_3 O_{10} (OH)_2$
   Illit $K_{0,58} (Al_{1,38} Fe_{0,4} Mg_{0,4})$
                       $Al_{0,6} Si_{3,4} O_{10} (OH)_2$
   Vermiculit $(Mg,Ca)_{0,32}$
                       $(Al_{0,15} Fe_{0,4} Mg_{2,3})$
                       $Al_{1,2} Si_{2,7} O_{10} (OH)_2$

In diesen Idealstrukturen (Abb. 1.4.3 u. 1.4.4) kommen
durchschnittlich auf 1 Siliciumatom 3/2 Sauerstoffionen
in der unteren und 1 Sauerstoffion in der oberen Ebene,
weshalb das Verhältnis Si:O = 1:5/2 beträgt und die

stöchiometrische Zusammensetzung Si_2O_5 bzw. Si_4O_{10} folgen. Denn jedes Sauerstoffion gehört zwei Si-Tetraedern an. Da zunächst das 4., senkrecht zur Si-Atomebene stehende Sauerstoffion keinen Ladungsausgleich erfährt folgen: $(Si_2O_5)^{2-}$ bzw. $(Si_4O_{10})^{4-}$ oder allgemein $(Si_{2n}O_{5n})^{2n-}$.

Der reale Aufbau eines Tonminerals weist in der Regel deutliche Abweichungen von diesen Idealstrukturen auf. Vor allem sind hier Störungen beim Gitteraufbau zu beobachten, die eintreten, wenn Ionen mit vergleichbarem Radius eine für sie nicht "vorgesehene" Position im Gitter einnehmen, der sog. isomorphe Ersatz.

So kann das Al^{3+}-Ion im Tetraeder Silicium oder Mg^{2+}, Fe^{3+}, Mn^{2+}, Zn^{2+} das Aluminium des Oktaeders ersetzen (vgl. Abb. 1.4.4). Unterschiede der Wertigkeiten stören nun den Ladungsausgleich im Gitter und müssen von "außen" kompensiert werden, weswegen in den Zwischenschichträumen hierfür zusätzliche Kationen wie H^+, Na^+, K^+, NH_4^+, Ca^{2+}, Mg^{2+} usw. aufgenommen werden.

Mit diesen Eigenschaften, die besonders bei den Dreischichtmineralen ausgeprägt sind, und der bereits genannten Möglichkeit einer Quellung, d.h. Vergrößerung des Schichtpaketabstandes durch Wasseraufnahme, üben Tonminerale einen entscheidenden Einfluß auf die Fixierung von für die Pflanze lebenswichtigen Elementen und auf den kolloiden Zustand eines Bodens aus.

Tonmineralgenese

Die Bildung dieser bodentypischen Sekundärprodukte erfolgt in wässriger Lösung aus den Abbauprodukten der pri-

mären Silicate. Hier sind es vor allem Feldspäte,
Pyroxene und Amphibole. Aus diesem Grunde wird dieser
Vorgang von den wechselnden Löslichkeitsverhältnissen der
einzelnen Ionen in erster Linie bestimmt (Abb. 1.4.5).

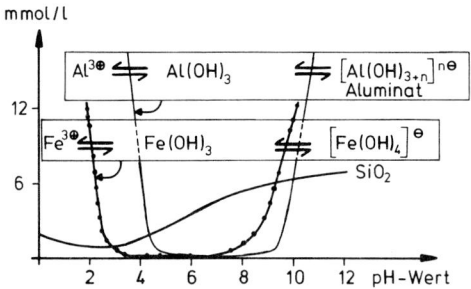

Abb. 1.4.5:   pH-Wertabhängigkeit der Löslichkeit von Al,
               Si und Fe

Im Bereich von ca. pH 4 - pH 9 liegt unlösliches $Al(OH)_3$
vor und steht für die Tonbildung demnach nicht zur Verfügung. Erst in extremen pH-Wertbereichen ist dieses Element als gelöstes Al-Salz bzw. Aluminat in der Lösung
vorhanden. Im alkalischen Bereich erfolgt wie bei der
Kieselsäure auch eine Stabilisierung durch intermolekulare Wasserabspaltung, also durch Bildung von Sauerstoffbrücken.

Die Löslichkeit der Kieselsäure nimmt mit steigender
Alkalität der Lösung zu. Damit können 2 Tendenzen angezeigt werden. Im sauren Medium pH 4-5 ist viel Aluminium
und wenig Silicium in Lösung, weswegen vornehmlich Zweischichtminerale gebildet werden, z.B. Kaolinite. Hingegen
werden bevorzugt Dreischichtminerale entstehen, wenn bei
pH-Werten ab 8 beide Elemente, besonders Siliciumverbin-
dungen hinreichend gelöst sind.

Der zweite Fall tritt bei kalkreichen Böden ein, die
Kaolinitbildung vornehmlich in tropischen und subtropi-
schen Böden.

Ein zweiter Weg der Tonmineralbildung läßt sich anhand
der Umsetzung

Muskovit - Hydromuskovit - Glimmer - Illit und Vermiculit
bzw. Montmorillonit

aufzeigen und wird von einem Ersatz der Kalium- durch
Wasserstoffionen bestimmt. Dieser Prozeß kann übrigens
durch Kaliumdüngung negativ beeinflußt werden.

1.5   Huminstoffe - Humifizierung

1.5.1   Vorbemerkung

Unter den organischen Bodeninhaltsstoffen spielen Humin-
stoffe nicht nur infolge ihrer Menge, sondern auch wegen
ihrer besonderen Reaktivität eine herausragende Rolle.
Sie bestimmen die physikalischen und kolloidchemischen
Eigenschaften eines Bodens mit, sowie dessen chemisches
Potential. Ihre Bildung erfolgt im Humifizierungsprozeß,
der damit zu einem der wesentlichen Vorgänge im Boden
wird, vor allem weil im Prinzip sämtliche terrestrischen
Organica in diesen Vorgang,freilich mit unterschiedlichen
Umsetzungsgeschwindigkeiten einbezogen werden.

Als Huminstoffe, die weiter in bestimmbare Untergruppen
zerlegt werden können (s.u.), bezeichnet man schwach bis
stark braun (schwarz) gefärbte, in der Regel in Böden gebildete, postmortale organische Substanzen, ohne reprodu-

zierbare chemische Struktur mit einer Partikelmasse um 1000 - 10 000, in Ausnahmen auch mit höheren Werten. Ihr Anteil ist ein wichtiges Indiz für die Zuordnung und Beschreibung eines Bodens (Tab. 1.5.1).

Vielfach wird die postmortale organische Substanz mit dem Begriff "Humus" gleichgesetzt und unter diesem die Gesamtheit der abgestorbenen organischen Substanzen verstanden, die einem ständigen Ab-, Um- und Aufbau unterliegen (F. Scheffer). Diesem Material steht das (belebte) Edaphon als Summe der Bodenflora und -fauna gegenüber. Da mit "Humus" kaum ein chemisches Substrat exakt zu charakterisieren ist, wird diese Bezeichnung hier vermieden und durch "organische (postmortale) Substanz in Böden" ersetzt, deren Hauptkomponente die Huminstoffe sind.

Die Erfassung der organischen Substanz in Böden kann durch Bestimmung des Kohlenstoffs oder des Glühverlustes erfolgen. Zuvor wird nach einer Säurebehandlung der Carbonatgehalt festgestellt. Dann wird auf "trockenem" Wege bei 800 - 950 $^{\circ}$C oder durch eine "nasse" Oxidation mit Dichromat-Schwefelsäure das gebildete CO_2 bestimmt, nachdem zuvor das vorhandene Wasser entfernt worden ist. Mit der Annahme eines durchschnittlichen C-Gehalts der (Summe der) organischen Substanz(en) von 50 - 58 %, bei einem Schwankungsbereich von 40 - 60 % resultiert ein Faktor 2 bis 1,7, um aus dem C-Gehalt in einer Bodenprobe auf die vorhandenen organischen Substanzen schließen zu können.

Eine exaktere Angabe der Menge der Huminstoffe sollte allerdings erst nach ihrer sorgfältigen Auftrennung und einer qualitativen, möglichst quantitativen Analyse der gewonnenen Fraktionen erfolgen.

Es zeigt sich besonders an diesen komplexen Bodeninhaltsstoffen, daß ihre Beschreibung, Einteilung und Analyse durch das Fehlen einer für alle Partikel einer Fraktion verbindlichen Strukturformel auf ganz erhebliche Schwierigkeiten stößt. Um so paradoxer erscheint hier die Forderung nach schnell zu ermittelnden "Faustzahlen".

Tab. 1.5.1 Böden und Humusgehalte[1]

Klassifizierung	Symbol	% org. Subst.	% Humus	Bodentyp[2]	Beispiele Bodentyp[3]
1	humusarm	h1	< 1	< 1		lehmiger Schluff
2	schwach humos	h2	2 – 4	1 – 2	Parabraunerde (aus Löss)	lehmiger Schluff
3	mittel humos	h3	4 – 8	2 – 4	Podsol aus Sand	schluffiger Sand
4	stark humos	h4	8 – 15	4 – 8	–	–
5	sehr stark humos	h5	15 – 30	8 – 15	Auengley	lehmiger Ton
6	humusreich	h6	> 30	15 – 30	Niedermoor Hochmoor	Moor Moor

[1] In Übereinstimmung mit der Literatur sei hier noch einmal der eben kritisierte Begriff "Humus" verwandt.

[2] Bodentyp: durch gleiche, bodeneigene Merkmale sowie den Entwicklungszustand bestimmt.

[3] Bodenart: durch die sog. Körnungsklasse, d.h. die Korngröße der Teilchen festgelegt.

Gerade zur Analyse der Huminstoffe, wenn sie zu mehr als
nur Füllmaterial führen soll, werden ausgreifendere An-
strengungen unternommen werden müssen, um mit verläß-
lichen Methoden ihr Verhalten und Wirken im Boden verstehen zu lernen.

1.5.2   Nomenklatur und Einteilung

Es ist üblich, die Huminstoffe nach recht vordergründigen
Kriterien, wie ihrer elementaren Zusammensetzung, der
Löslichkeit und anderer davon abhängiger Merkmale einzu-
teilen. Nicht selten wird man daher Zweifel an der Zuordnung gewisser Vertreter haben und überdies wird man
schwerlich aus einer, daraus sich ableitenden Benennung
sogleich auf das chemische Verhalten einer Stoffgruppe
schließen können, so wie dies der Chemiker bei vielen
seiner Verbindungen durchaus tun kann.

Man wird daher vergeblich hinter den Bezeichnungen

Fulvo- und   Kren- und   Grau- und
Hymatomelansäuren[*] Apokrensäuren   Braunhuminsäuren

- um nur einige aufzuzählen - spezifische stoffliche Ei-
genheiten suchen, die mit einem besonderen Begriff auch
eine abgrenzbare chemische Stoffklasse erkennen und bestimmen lassen.

Angesichts dieser Unklarheiten, die sich aus der geringen
Definiertheit der Huminstoffe herleiten, wird versucht,
die Stellung der einzelnen Vertreter im Humifizierungs-

---

[*] Diese, häufig verwendeten Begriffe sind definiert:
    Fulvosäuren: löslich in Wasser, Alkohol, Natronlauge;
                 nicht mit Säure fällbar
    Hymatomelansäuren: löslich in Alkohol, Natronlauge;
                       bedingt säurefällbar

prozeß und ihr damit zusammenhängendes Reaktionsvermögen
als Kriterien zu verfolgen. Es ergeben sich somit (Abb.
1.5.1)

(1) Ausgangsstoffe (As, n-Hmst*)), die zur Bildung von
    Huminstoffen notwendig sind, aber (noch) zu den
    Nichthuminstoffen zählen und daher leicht von diesen
    unterschieden werden können (z.B. durch ihre Farbe):

    (1.1) Primäre Ausgangsstoffe (pAs):
          aromatische, leicht in Radikale zu über-
          führende Verbindungen. An ihnen vollzieht sich
          die "Startreaktion" der Humifizierung.
    (1.2) Sekundäre Ausgangsstoffe (sAs) für die keine
          festgelegten Strukturen notwendig sind. Sie
          müssen jedoch leicht mit gewissen Huminstoff-
          Fraktionen reagieren können, um so Eingang in
          das Humifizierungsgeschehen zu erhalten.
(2) Huminstoffe (Hmst)

    (2.1) Huminsäure-Vorstufen (HsV)
          Huminstoffe, die im Verlaufe des Humifizie-
          rungsprozesses in Huminsäuren übergehen.
    (2.2) Huminsäuren (Hs)
          saure Huminstoffe relativer Stabilität
    (2.3) Humine (Hm)
          Endprodukte des Humifizierungsprozesses, schwer
          löslich, wenig reaktionsfähig.

Vertretbar ist diese Einteilung allerdings nur dann, wenn
genügend experimentelle Instanzen diese rechtfertigen,

---

*) n-Hmst = Nicht-Huminstoffe

indem sie die Position der einzelnen Vertreter im Humifizierungsprozeß oder ihre Reaktionsvermögen eindeutig bestimmen lassen (s.u.).

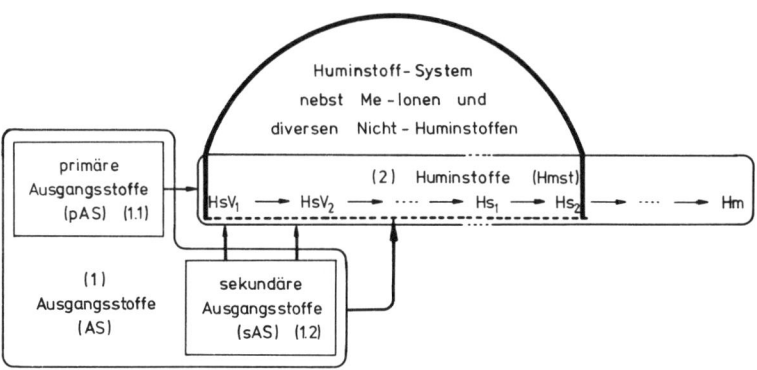

Abb. 1.5.1:   Zur Einteilung der Huminstoffe auf der
               Basis ihrer Humifizierung

1.5.3   Humifizierung und Huminstoffsynthese

Huminstoffe werden im sog. Humifizierungsprozeß gebildet
und sind als stoffliche Neubildung ein Spezifikum des Bodens. Sie resultieren aus dem Abbau hochmolekularer Verbindungen der belebten Materie, der von Synthesephasen
überlagert wird.

4*

In diesem wichtigen Naturprozeß werden Massen umgesetzt, die sich in ihrer Quantität durchaus mit denen der Photosynthese vergleichen lassen. Denn im Prinzip alle organischen Stoffe werden mehr oder weniger schnell in diesen Prozeß einbezogen, wodurch ihnen als Huminstoffe oder an ihre Matrix fixiert eine vorläufige Stabilität gegen mikrobielle Angriffe zuteil wird.

Dieser Sachverhalt deutet darauf hin, daß man den Huminstoffen sicher nicht gerecht wird, wenn man sie unter stofflichen Gesichtspunkten allein abhandelt, wie dies bei Proteinen, Kohlenhydraten usw. durchaus möglich ist, vielmehr kann man in diesen Naturstoffen einen bestimmten Zustand der Materie sehen, in den zeitweilig und unter bestimmten Bedingungen alle Organica eines Bodens gelangen.

Wenn auch bei einer unübersehbaren Zahl von Möglichkeiten der Humifizierungsprozeß nicht zur Gänze aufgeklärt sein kann, so sind doch verschiedene Abschnitte deutlich zu unterscheiden (Abb. 1.5.2):

(1) Ein partieller mikrobieller Abbau hoch- und höhermolekularer Substanzen führt zu humifizierbarem Material (metabolische Phase).

(2) Im aromatischen Zweig vollzieht sich die Bildung von Radikalen mit der einleitenden Phase der Humifizierung, der Genese der Huminsäure-Vorstufen (Radikalphase).

(3) In der Konformationsphase (von conformare = angleichen) wird die Aufnahme von nicht-aromatischen Ausgangsstoffen (sAS, Abb.1.5.1) beobachtet und

(4) mit der Bildung eines Huminstoffsystems wird dieser komplexe Vorgang abgeschlossen.

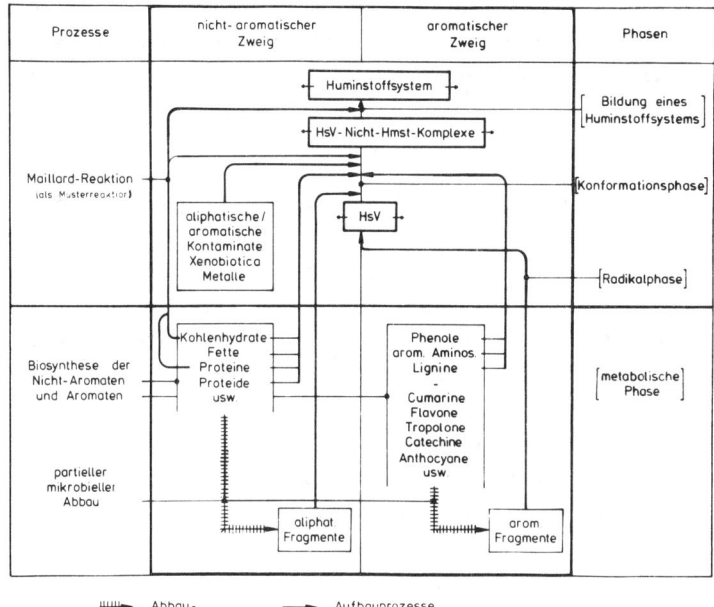

Abb. 1.5.2:   Zur Biogenese von Huminstoffen

Für dieses Geschehen lassen sich bislang nur Modellreaktionen angeben, die in einer 1. Näherung die Vorgänge so beschreiben sollen, daß wesentliche, experimentell gesicherte Akzente besonders herausgehoben werden können.

Es sind dies als (Modell-)Huminstoffsynthesen:
    a) die Autoxidation verschiedener Phenole zu
       Radikalen und ihren Reaktionen;
    b) die Maillard-Reaktion.

In beiden Fällen werden Produkte erhalten, die in erstaunlicher Weise viele Eigenschaften der natürlichen Huminstoffe besitzen, weswegen diese Stoffe als Modell-

oder Synthesehuminstoffe für die Analytik natürlicher Huminstoffe unerläßlich sind und so die genannte Verfahrensweise rechtfertigen.

a) Die Autoxidation von Phenolen

Bestimmte Phenole, im vorliegenden Fall Hydrochinon, erfahren in alkalischer Lösung und in Gegenwart von Sauerstoff eine Autoxidation, die mit der Bildung intensiv braungefärbter, uneinheitlicher Substanzen endet und an denen man huminstoffähnliche Merkmale erkannte (W. Eller, 1921). Ihrer Bildung geht die von Radikalen voraus.

Für diesen Abschnitt, die Radikalphase, die durch einen elektrophilen Angriff eines ϵ-Acceptors eingeleitet wird, läßt sich der folgende Reaktionsmechanismus ansetzen:

mit ① Ionisation

② elektrophiler Angriff durch:

$$I\bar{\underset{\bullet}{O}}{-}\underset{\bullet}{\bar{O}}I \xrightarrow{\epsilon} I\bar{\underset{\bullet}{O}}{-}\bar{O}I^{\ominus}$$

$$Fe^{3\oplus} \xrightarrow{\epsilon} Fe^{2\oplus}$$

$$SiO_2 \xrightarrow{\epsilon} [SiO_2]^{\ominus}$$

$$Ton \xrightarrow{\epsilon} [Ton]^{\ominus}$$

③ Mesomerie mit der Bildung von O- und C-Radikalen

Ein sehr deutliches Indiz für diesen Abschnitt der Huminstoffbildung ist die Existenz von Radikalen, sowohl bei
Modell- wie natürlichen Huminstoffen.

In der anschließenden Konformationsphase werden durch Umsetzung mit den reaktionsfähigen Huminsäure-Vorstufen der
Anfangsphase Nicht-Huminstoffe in die Huminstoffmatrix
integriert. Dieser Teilabschnitt der Huminstoffgenese bedingt, daß auch solche Stoffe, die von sich aus keine Humifizierung erfahren oder einleiten können, nun in diesen
Prozeß einbezogen werden (vgl. Abb. 1.5.1).

Der Beweis für diesen Abschnitt der Humifizierung wird in
der Existenz zahlreicher stabiler Komplexe der Huminstoffe mit Nicht-Huminstoffen in ihrer anfänglichen Bil-
dungsphase gesehen.

So können sich mit Huminstoffen u.a.

   Phenole   Aminosäuren   Peptide
   Kohlenhydrate   Steroide   Enzyme
   polycyclische Kohlenwasserstoffe

zu stabilen Produkten umsetzen.
Dieser Sachverhalt läßt die erhebliche, bislang zu wenig
beachtete aktive Rolle erkennen, die Huminstoffe im chemischen Geschehen des Bodens spielen.

Durch die Reaktivität der Radikale kommt es zur Bildung
neuer Kovalenzen, also C-C-Bindungen (durch Umsatz zweier
C-Radikale) oder C-O-C-Bindungen (durch Umsatz von C- mit
O-Radikalen).

Die Bildung eines Huminstoffsystems, die abschließende
Phase geht auf zwischenmolekulare Wechselwirkungen der
einzelnen (systemimmanenten) Fraktionen zurück und läßt

sich durch den Nachweis dieser Bindungsverhältnisse, also
H-Brücken und vor allem ϵ-Donator-Acceptor-Beziehungen
erkennen.

b)   Die Maillard-Reaktion

Die von L.C. Maillard 1912 beschriebene Umsetzung zwischen reduzierenden Zuckern und Aminosäuren führt auf einem, bislang noch nicht vollständig aufgeklärten Weg zu
braunen huminstoffähnlichen Produkten:

$$z.B. \quad \left. \begin{array}{l} \text{Glucose} \\ \text{Glycin} \end{array} \right\} \quad \xrightarrow[\text{(erwärmen)}]{\text{in } H_2O} \quad \text{Verbräunung}$$

Auf diese Weise werden z.B. zahlreiche Aromastoffe, Pig-
mente usw. gebildet.

Es sind für diesen Verlauf mehrere Phasen zu unterscheiden (Angrick u. Rewicki, 1980).

Kohlenhydrate reagieren mit Aminosäuren unter Bildung
polyfunktioneller Zwischenstufen:

mit
R'   Kohlenhydrat
R"   Aminosäurerest

Die sekundären Amine reagieren erneut mit der Glucose unter Glycosylamin-Bildung und einer Amadori-Umlagerung. Die "Diketose-Aminosäuren" zerfallen bei 100°C in schwach saurer Lösung rasch in Dicarbonylverbindungen. So vollzieht sich ein Zyklus, bei dem beliebige Mengen an Dicarbonylen gebildet werden, ohne daß die Aminokomponente verbraucht wird.

Diese Dicarbonylverbindungen werden unter milden Bedingungen durch

Isomerisierungen	Redoxreaktionen
Dehydratisierungen	C-C- Spaltungen

weiter chemisch verändert.

Im Einzelnen vollziehen sich folgende Umsetzungen:

∗ Glycosylaminierung
AMADORI-Umlgrg.

Hierbei können die Reste R_1 ein H-Atom oder ein Keto-
serest und R_2 ein Säurerest sein.

Schließlich erfolgt ein
   Strecker-Abbau zur Bereitstellung der Amino-
                      komponente:

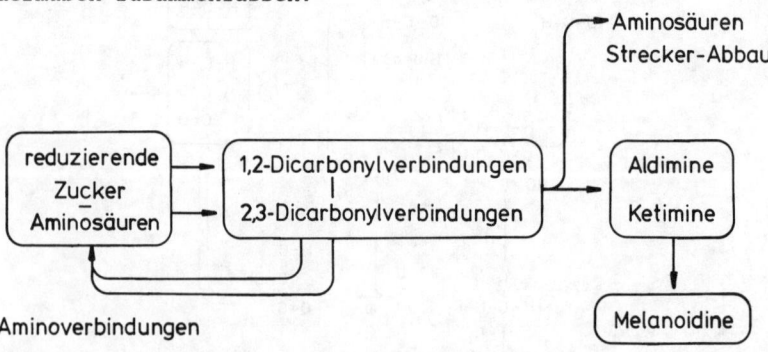

sowie Folgereaktionen und die Melanoidin-Bildung.
Systematisch läßt sich dieser komplizierte Prozeß folgendermaßen zusammenfassen:

1.5.4   Das Huminstoffsystem

Abweichend von der Behandlung anderer höhermolekularer
Naturstoffe ist es zweckmäßig, hier von einem Huminstoff-
System (Hmst-Sy) auszugehen. Es sind damit nicht eine
oder wenige Einzelfraktionen, sondern deren Gesamtheit,
also das System ins Blickfeld zu rücken. Der Systemcharakter beruht auf intermolekularen Wechselwirkungen zwischen den (systemimmanenten) Fraktionen, die z.B. dazu
führen, daß von außen auf bestimmte Fraktionen gerichtete
Wirkungen letztlich die übrigen auch betreffen. Die Abtrennung eines Systemteils mittels Ultrafiltration an einer Membran mit einer durchschnittlichen Porengröße von
50 Å verdeutlicht diesen Sachverhalt (Abb. 1.5.3). Nur
der schraffierte Teil des Huminstoffsystems kann die Membran passieren. Danach baut sich aus diesen Fraktionen
ein neues Huminstoffsystem mit nahezu identischer Massen-
verteilung auf, weil gilt:

$$HsV_1 \longrightarrow HsV_2 \ldots \xleftarrow{\ \ \longrightarrow\ \ } Hs_1 \longrightarrow Hs_2 \ldots$$

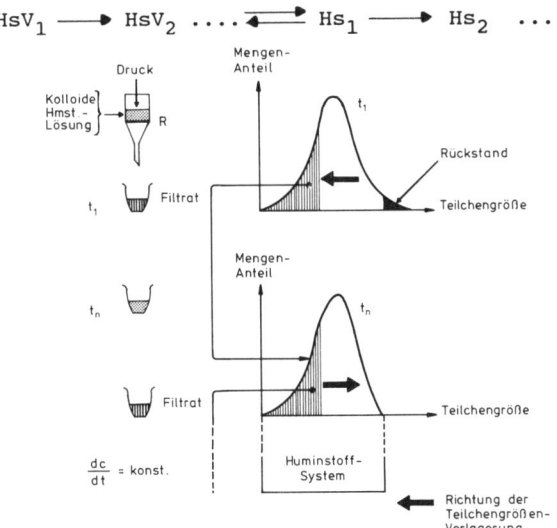

Abb. 1.5.3:   Auftrennung und Rückbildung eines Humin-
              stoff-Systems nach einer Ultrafiltration

Ein Huminstoffsystem repräsentiert eine komplexere
Einheit, in der sowohl Huminstoffe wie auch Nicht-Huminstoffe Systembestandteile mit unterschiedlichem Gewicht
sind. Seine Bildung durchläuft Stufen, in denen sehr abweichende Bindungsbeziehungen dominieren, nämlich Kovalenzen als interatomare und anschließend intermolekulare
Wechselwirkungen.

Hier sind es besonders Ladungsübertragungs- oder ϵ-Dona-
tor-Acceptor-Komplexe (ϵ-DAK), die einen wesentlichen
Teil der intermolekularen Wechselwirkungen ausmachen. Sie
gehen auf die ϵ-Donator- und ϵ-Acceptor-Qualitäten bestimmter Moleküle oder Molekülteile zurück, z.B.:

Dieser Elektronentransfer (daher auch Ladungsübertra-
gungs- oder charge transfer-Komplexe) führt zu mesomerie-
stabilisierten Zuständen. Damit kann die Humifizierung
als ein Naturprozeß betrachtet werden, der über die
Zwischenzustände von einer intramolekularen in eine
intermolekulare Mesomerie übergeht:

————————————— Humifizierung ————————————▶

Radikalphase   .... Hmst-System

intramolekular   intermolekular
mesomeriestabilisierte   mesomeriestabilisierte
Teilsysteme mit   Teilsysteme mit
    Kovalenzen ϵ-DAK
        als spezifische Bindungsform

Somit stellt die Bildung von ε-DA-Komplexen die natürliche Fortsetzung der Radikalbildung dar, um für das hu-
mifizierende Material eine optimale Stabilisierung zu erreichen.

Dies geschieht in der Endphase, nachdem die Radikale
durch Vermehrung der mesomeren Grenzzustände als Folge
der Teilchenvergrößerung stabilisiert und damit reak-
tionsträger werden (daher auch leicht in der Huminsäure-
fraktion nachzuweisen sind) durch Ausschöpfung zusätz-
licher, nun intermolekularer Bindungsformen.

Ein Modellversuch zur Bildung eines Huminstoffsystems

Die Autoxidation von Hydrochinon zu Synthesehuminstoffen
(S. 40) kann als Modellreaktion zur Humifizierung angesehen werden und bei bestimmten experimentellen Voraussetzungen ihre mathematische Behandlung erfahren.

Da das Humifizierungsgeschehen wesentlich vom zufälligen
Zusammentreffen zweier humifizierbarer Ausgangsmoleküle
abhängt, kann dieses als Markoff-Prozeß*) interpretiert
werden und mit dem vereinfachenden Reaktionsverlauf:

$$F_1 \longrightarrow F_2 \rightleftharpoons F_3 \longrightarrow F_4$$

aus einer zeitabhängigen Huminstoffmengenentwicklung in
den Fraktionen F auch die erforderlichen Übergangswahr-
scheinlichkeiten

---

*) Markoff-Prozesse: Unter einem Markoff'schen Prozeß sei
eine Folge von Ereignissen verstanden, bei denen das
Eintreten des Ereignisses E zum Zeitpunkt v , also E_v
nur vom vorhergehenden Ereignis E_{v-1} , nicht aber den
weiter zurückliegenden abhängt.

$P_{ij} (t_{v-1})$; $(i = 1, \ldots, n, \quad j = 1, \ldots, n)$

bestimmt werden.

Sie resultieren aus dem von der Fraktion F_i an die Fraktion F_j abgegebenen Massenanteil, der experimentell nach einer Auftrennung des Systems ermittelt wird.

In der Funktion

$$H = - \sum_{i=1}^{n} p_i \log p_i; \quad P_i = 0, \quad \sum p_i = 1$$

wurde eine Kenngröße gefunden, deren zeitliche Abhängigkeit die Huminstoffgenese, also die Bildung eines Huminstoffsystems, zu beschreiben vermag.

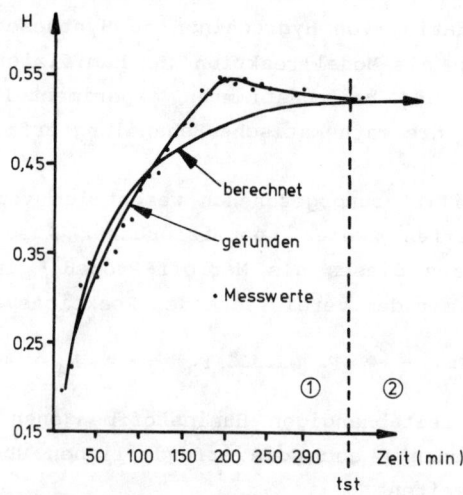

Abb. 1.5.4: Der Verlauf der H-Funktion während der Huminstoffbildung im Modellversuch
t_{st}: Beginn des stationären Zustands

Damit kann die Humifizierung für die genannten Bedingungen durch die zeitliche Abhängigkeit der H-Funktion beschrieben werden, womit zwei Phasen verifizierbar sind:

(1) mit $\lim\limits_{t\to\infty} \frac{dH}{dt} > 0$, das System in statu nascendi

(2) mit $\lim\limits_{t\to\infty} \frac{dH}{dt} = 0$, das System im stationären Zustand.

Nun tritt auch der Begriff eines Huminstoffsystems mit daraus resultierenden Anwendungen deutlicher hervor. Denn in diesem vereinfachten Modell kann die 1. Phase auf Radikalreaktionen, mit einer drastischen Änderung der Teilchenmassen bezogen werden (hohe Bindungsenthalpie, Kovalenzen), die 2. hingegen auf intermolekulare Wechselwirkungen, bei denen eine verhältnismäßig geringe Bindungsenthalpie zu keinen großen Verschiebungen der Mengenanteile in den Fraktionen führt.

Die H-Funktion verschwindet, wenn die Masse des "Systems" in einer Fraktion konzentriert ist. Sie erreicht hingegen ihr Maximum, wenn die Gesamtmasse des Systems gleichmäßig auf alle Fraktionen verteilt ist.

Also $p_i = \frac{1}{n}, \; i = 1, \dots, n$

und $H = -\sum\limits_{i=1}^{n} \frac{1}{n} \cdot \log \frac{1}{n}$

$= -\left(\frac{1}{n} \cdot \log \frac{1}{n} + \dots + \frac{1}{n} \cdot \log \frac{1}{n} \right)$

$= -\log \frac{1}{n} = \log n$

Einer Zunahme von H entspricht zunächst eine Teilchen(massen)-vergrößerung, die unter den gegebenen Bedingungen nur durch Zustandekommen neuer Hauptvalenzbindungen erfolgt, das System befindet sich in statu nascendi.

Für den stationären Zustand des Systems kommen vornehmlich zwischenmolekulare Wechselwirkungen in Betracht (Abb. 1.5.5).

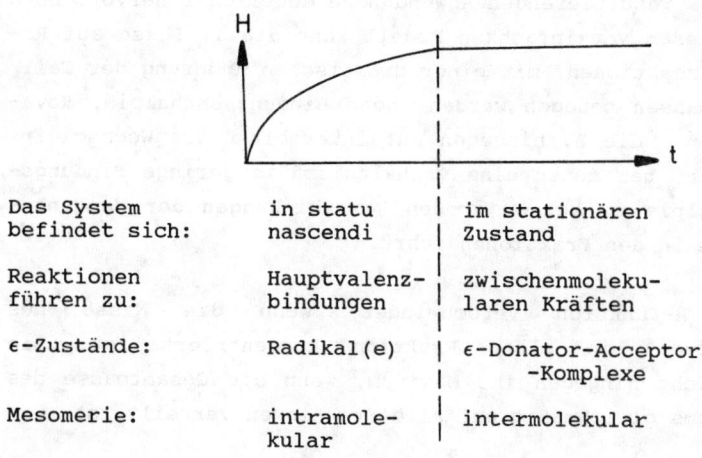

Das System befindet sich:	in statu nascendi	im stationären Zustand
Reaktionen führen zu:	Hauptvalenz-bindungen	zwischenmoleku-laren Kräften
ϵ-Zustände:	Radikal(e)	ϵ-Donator-Acceptor -Komplexe
Mesomerie:	intramole-kular	intermolekular

Abb. 1.5.5: Humifizierung und H-Funktion

1.5.5   Chemie, Physik und Kolloidchemie

Die Elementaranalyse der Huminstoffe weist nur wenige
Hauptelemente auf (Tab. 1.5.2), deren Gehalt in recht
weiten Grenzen schwankt und daher nicht geeignet ist, für
ihre Klassifizierung herangezogen zu werden.

Tab. 1.5.2:   Elementare Zusammensetzung der Huminstoffe

Element	mittlerer Gehalt %	Schwankung %
C	54	≈ 10
O	33	≈ 8
H	4,5	≈ 3
N	2,7	≈ 95

Als accessorische Elemente kommen neben den genannten
obligaten noch zahlreiche andere hinzu.

Obwohl heftig diskutiert, ist Stickstoff nicht als obli-
gates Element für Huminstoffe zu bezeichnen, da der
"Status der Huminstoffe" durchaus auch ohne dieses Element erreichbar ist (Synthesehmst.!) und ein Gehalt von
0,08 % bei aquatischen Huminstoffen hier sicher nicht ein
"essentielles" Element für Huminstoffe erkennen läßt.

Weitergehende Informationen für das chemische Verhalten
der Huminstoffe erbringen ihre funktionellen Gruppen
(Tab. 1.5.3).

Tab. 1.5.3:   Vorkommen und Herkunft funktioneller Gruppen
              in Huminstoffen

	funkt. Gruppe	Herkunft
-OH	Hydroxygruppe	Phenole (Ligninfragmente) Alkohole (Seitenkette d. Coniferylalk.u.a.)
-COOH	Carboxyl-Gruppe	Carbonsäuren (Aminosäuren)
>C=O	Carbonyl-Gruppe (zumeist in Chinonen)	Oxidationsprodukte d. Phenole
O	Ätherbrücken	Kohlenhydrate Lignine
-OCH$_3$	Methoxyl-Gruppe	Lignine
-NH$_2$	Aminogruppe	(biogene) Amine Aminosäuren
(Ring)	heterocyclischer Stickstoff	Heterocyclen z.B. Melanine

Die Anteile der sauren Gruppen von einer Synthesehuminsäure (1), vier Torfhuminsäuren (2 - 5) und vier Huminsäuren aus Ems-Sedimenten (6 - 9) sind in Tab. 1.5.4 zusammengestellt.

Durch das Überwiegen von Phenol- und Carboxylgruppen sind
Huminsäuren echte Säuren, die einer Salzbildung fähig
sind (Humate).

Huminstoffe sind, ihre Genese macht dies verständlich,
uneinheitliche Naturstoffe, und alle analytischen Werte
sollten auf die getrennten Fraktionen bezogen werden. Da

jedoch eine bis zu den "letzten" Einzelkomponenten rei-
chende Trennung nicht möglich ist, können diese nur durch
Mittelwerte charakterisiert werden.

Tab. 1.5.4: Quantitative Bestimmung der funktionellen
            Gruppen

	meq/g Gesamt-Acidität	meq/g Carboxyl	meq/g Ph. OH	meq/g Carbonyl	meq/g Methoxyl
1	13,59	8,11	5,48	3,43	--
2	9,96	6,10	3,86	1,72	2,10
3	10,82	7,31	3,51	1,10	1,56
4	10,98	6,73	4,25	2,20	1,76
5	11,12	6,42	4,70	1,80	1,88
Mittel-wert	10,72	6,64	4,08	1,70	1,82
6	5,33	2,26	3,07	2,73	1,78
7	6,71	2,12	4,59	2,68	1,37
8	6,82	3,10	3,72	1,14	0,97
9	5,93	3,44	2,49	1,62	1,26
Mittel-wert	6,20	2,73	3,47	2,04	1,34

1 = Synthese-Hmst, 2 - 5 Torf-Hmst,
6 - 9 Hmst aus Ems-Sedimenten

Dieser Sachverhalt wirkt sich auch auf die mittleren
Teilchenmassen aus, die, von zwischenmolekularen Kräften
abhängig, daher in beträchtlichen Grenzen schwanken
können (1000 - 10 000).

Von besonderem Interesse ist das Problem, in der Huminstoffmatrix aromatische bzw. nichtaromatische Strukturbe-
reiche zu erkennen. Die z.T. recht intensiv geführte Aus-
einandersetzung in dieser Sache führte zu Extrempositio-
nen, wenn man die Huminstoffe entweder als fast ausschließlich aromatische Naturstoffe ansah, weil sie sich

von den Ligninen ableiten oder sie als Aliphate verstand,
weil sie von Kohlenhydraten herstammen.

Sicher widersprechen beide Thesen dem eingangs darge-
stellten Modell, wonach sich die Sonderstellung der
Huminstoffe gerade vom Vereinheitlichungsprinzip aller im
Boden vorkommender Organica ableitet.

Das beachtliche Reaktionsvermögen der Huminstoffe
(hierzu Ziff. 3) beruht genauso auf der Betätigung der
aufgeführten funktionellen Gruppen wie auf der von zwischenmolekularen Kräften. Damit ist ein weiter Bereich
für chemische Umsetzungen der Huminstoffe zu erschließen,
in welchem jedoch nicht immer stabile Reaktionsprodukte
zu beobachten sein werden. Daher sind diese häufig
Zwischenprodukte, die entweder wieder in die Ausgangsstoffe zerfallen oder nach einem topochemischen Initial-
effekt der Fixierung zu stabilen Endprodukten nun mit
Hauptvalenzbindungen weiterreagieren.

Zahlreiche physikalische Meßverfahren sind mit Erfolg bei
Huminstoffen angewandt worden: So die Analyse ihrer

$$\text{UV-, vis-, nah IR-, IR-, Raman-, ESR-,}$$
$$\text{NMR-, } ^{13}\text{C-Spektren, sowie die der}$$

Fluorenszenz- und Phosphoreszenz-Emission.*)
Weiterhin sind kalorische Meßverfahren von Interesse, die
sich auf die Verbrennungsenthalpie, 3500 - 4500 cal/g für
Huminstoffe und ihre mittlere spezifische Wärme c_p beziehen.

---

*) vgl. Fußnote S. 276

Zahlreiche Messungen dieser Größe haben ihre Abhängigkeit
vom Humifizierungsgrad ergeben, so daß bei vergleichbaren
Huminstoffen, etwa eines Bodenprofils, eine Entscheidung
in relativ ältere und jüngere Huminstoffe getroffen werden kann. Damit geht die Bedeutung dieser Meßgröße hier
sicher auf ihren Zusammenhang mit der Entropie S zurück,
die allerdings für Huminstoffe kaum zu bestimmen sein
dürfte:

$$dS = \frac{c_p}{T} \cdot dT \qquad oder$$

$$S_T = \int_0^T \frac{c_p}{T} \cdot dT$$

Tab. 1.5.5: Mittlere spezifische Wärme von Hydrochinon-
Hmst. zwischen 78 und $295^{\circ}K$ in Abhängigkeit
der Oxidationszeit t für zwei Parallelan-
sätze (1) und (2)

t		c_p (1)		c_p (2)	
		cal g^{-1} Grad^{-1}	J g^{-1} Grad^{-1}	cal g^{-1} Grad^{-1}	J g^{-1} Grad^{-1}
(1)	4 Min	0.126	0.527	0.121	0.506
(2)	8 Min	-	-	0.121	0.506
(3)	15 Min	0.109	0.456	0.118	0.494
(4)	30 Min	0.105	0.439	0.112	0.469
(5)	60 Min	0.100	0.418	-	-
(6)	2 Tage	0.098	0.410	0.100	0.418

Die Meßwerte resultieren aus der auf S. 40 beschriebenen
Reaktion

Diese Ergebnisse und viele andere verdeutlichen: Im Verlauf der Humifizierung nimmt die mittlere spezifische Wärme der gebildeten Huminstoffe ab.

Für natürliche Huminstoffe sind Werte der gleichen Größenordnung bestimmt worden (Tab. 1.5.6).

Tab. 1.5.6: Die mittlere spezifische Wärme und die Humifizierungsgrade nach v. Post und Keppeler[*] von 10 Moorböden

Präparate	r-Wert (%) (Keppeler)	H-Wert (v.Post)	c_p cal g^{-1} Grad^{-1}	J g^{-1} Grad^{-1}
Weißtorf (Teufelsmoor)	28	3	0.180	0.753
Stade	43	8	0.176	0.736
Jerxheim	53	9	0.165	0.690
Stade I	57	3	0.200	0.837
Stade II	57	3	0.200	0.837
Stade III	57	3	0.200	0.837
Schwarztorf (Wiesmoor)	63	8	0.175	0.732
Schwarztorf (Wiesmoor)	65	7	0.134	0.561
Dümmer I	78	7	0.128	0.536
Dümmer II	78	7	0.128	0.536

Von weitreichender Bedeutung für das Verhalten der Huminstoffe und ihre Genese sind Elektronenübergänge. Diese bestimmen ihr Redoxverhalten und die Bildung von ϵ-Donator-Acceptor-Komplexen. Die elektrische Leitfähigkeit von

---

*) empirische, bzw. einfachere Labortestverfahren

Huminstoffen in festem Zustand ist ebenfalls eine bemerkenswerte Eigenschaft, die diese Naturstoffe von Ligninen, Proteinen, Kohlenhydraten u.a.- soweit Meßergebnisse
vorliegen - abhebt.

Mit polarographischen Parallelmessungen ergeben sich folgende Werte (Tab. 1.5.7)

Mittels geeigneter Reagenzien, z.B. dem 3-Äthylbenzthia-
zolon-(2)-azin sind ε-Übergänge spektroskopisch direkt
meßbar, da die einzelnen Redoxschritte durch unterschiedlich gefärbte Stufen repräsentiert werden.

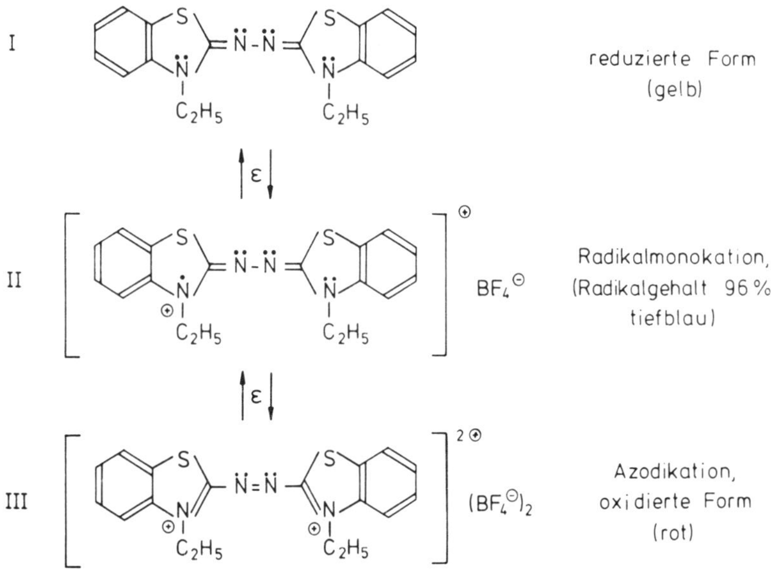

Abb. 1.5.6:   Verschiedene Oxydationsformen des 3-Äthyl-
              benzthiazolon-2-azins

Tab. 1.5.7 Verbrauch des Radikalmonokations durch Huminstoffe

	(A) spektroskopisch (bei 700 nm)			(B) polarographisch		
	(1) Einwaage mg	(2) Abnahme von (II) in µmol	(3) Abnahme von (II) in µmol auf 1 mg Hmst bezogen	(4) Einwaage mg	(5) Abnahme von (II) in µmol	(6) Abnahme von (II) in µmol auf 1 mg Hmst bezogen
Hydrochinon-Hmst	0.2	4.28	21.4	0.4	8.3	20.8
Brenzkatechin-Hmst	0.2	3.72	18.6	0.4	7.5	18.75
Na-Salz d. Moor-Hmst	0.2	1.44	7.2	0.4	2.88	7.2
Braunkohlen-Hmst	1.4	2.28	1.63	1.4	2.68	1.9

Die Messung der elektrischen Leitfähigkeit führte zu folgenden Ergebnissen:

Tab. 1.5.8: Die elektrische Leitfähigkeit div. Naturstoffe

$$\sigma\,[\,\Omega^{-1}\cdot\mathrm{cm}^{-1}\,]$$

Lignine	$10^{-16} - 10^{-17}$
Lignin-Sulfonate	$\approx 10^{-15}$
Tonminerale	$\approx 10^{-17}$
Ton-Lignin-Komplexe	$\approx 10^{-17}$

natürliche Huminstoffe

Huminsäure-Vorstufen	$\approx 10^{-13}$
Huminsäuren	$10^{-15} - 10^{-17}$

Synthese-Huminstoffe
(aus Polyphenolen)

Huminsäure-Vorstufen	$10^{-13} - 10^{-14}$
Huminsäuren	$10^{-16} - 10^{-17}$

Ton-Huminstoff-Komplexe $10^{-14} - 10^{-17}$

Damit können die Huminstoffe in einen Bereich zwischen Isolatoren und Halbleitern verwiesen werden.

Das Verhalten der Huminstoffe als Kolloide läßt sich unmittelbar von ihrem Systemcharakter her verstehen. Eine Analyse der Reversibilität bestimmter kolloider Zustände, die jeweils dem energetisch günstigsten Gleichgewichtszustand entsprechen, läßt zwischen gehemmten und ungehemmten Systemen unterscheiden. Für den ersten Fall sind chemisch und physikalisch induzierte Hemmungen zu berücksichtigen. Als gehemmt wird ein System dann beschrieben,

wenn es von sich aus dem Bestreben einer Veränderung der
Teilchenmassenverteilung entgegenwirkt, also eine gewisse
Stabilität besitzt.

Eine physikalisch bedingte Hemmung wird z.B. von den
Grenzflächen her bestimmt, etwa durch Ausbildung von
Grenzfilmen, Änderung der Oberflächenladung bei Ausbildung einer elektrischen Doppelschicht.

Chemisch induzierte Hemmungen gehen auf stärkere Bindungskräfte, z.B. Hauptvalenzbindungen zurück, wenn aus
kleineren Einheiten Makromoleküle entstehen. Enthemmt
wird ein solches System also dann, wenn diese Bindungen
aufgehoben werden.

Ungehemmte Systeme erfahren von selbst eine Assoziation
mit Bildung sog. Assoziationskolloide, die sich in einem
ungehemmten Gleichgewicht mit den Einzelpartikeln befinden.

Damit bestimmen vornehmlich oder ausschließlich Temperatur, Konzentration und reagierende Fremdkomponenten die
Lage des Gleichgewichtes.

Auf Grund der Bindungskräfte für Huminstoffsysteme können
diese als physikalisch gehemmt und ungehemmt vorliegen,
wobei sie dann, wie viele Experimente dies erweisen,
Assoziationskolloide sind (Tab. 1.5.9). Damit kann ihre
Entstehung aus dem Systemcharakter der Huminstoffe, wie
umgekehrt dieser aus ihrem kolloiden Zustand abgeleitet
werden.

Tab. 1.5.9 Kolloide Zustände von Huminstoffen

	chemisch gehemmte Systeme	physikalisch gehemmte Systeme	ungehemmte Systeme	Gesamtsystem
Verteilung	$A'_1, A'_2, \ldots A'_j$	$A''_1, A''_2, \ldots A''_j$	$A^o_1, A^o_2, \ldots A^o_j$	$\Sigma A_1, \Sigma A_2, \ldots \Sigma A_j$
Vorkommen	höhere Dispersitätsbereiche	alle Dispers.-Bereiche	alle Dispers.-Bereiche	und $\Sigma A_1 = \alpha A'_1 + \beta A''_1 + \gamma A^o_1$ mit $\alpha \neq \beta \neq \gamma$
Dispers.-Variabilität	dispersionsgehemmt	je nach Art assoziations- oder dispersionsgehemmt	ungehemmt, Gleichgewichte	
enthemmbar durch:	Aufspaltung kovalenter Bindungen	Aufhebung zwischenmolekularer Kräfte		
Größenordnung der erforderl. Energie	100 kcal/mol	10 kcal/mol		
Wechselwirkung	Hauptvalenzbindungen	zwischenmolekulare Kräfte	zwischenmolekulare Kräfte	
kolloider Status	Makromoleküle (Übermoleküle)	Dispersions- oder Assoziationskolloide	Assoziationskolloide	

Huminstoffe

1.5.6   Strukturprobleme

Die vorgetragenen Experimente machen hinreichend deutlich, daß Huminstoffe keine Strukturformel - nicht einmal
ein Bauprinzip haben können, welche für alle Partikel einer Fraktion verbindlich sein können. Von dieser unbe-
strittenen Tatsache, die gerade ein wesentliches Merkmal
dieser Naturstoffgruppe betrifft, kann ihre strukturche-
mische Stellung und damit Position anderen Naturstoffen
gegenüber verdeutlicht werden.

Mit den Parametern Grundeinheit (G, vergleichbar den
Monomeren), Bindungsform (B) und Substrat (S) nebst den
entsprechenden Qualitäten (Abb. 1.5.7) können in einem
dreidimensionalen Diagramm die wichtigsten höher- und
hochmolekularen Naturstoffe leicht eingeordnet werden
(Abb. 1.5.8).

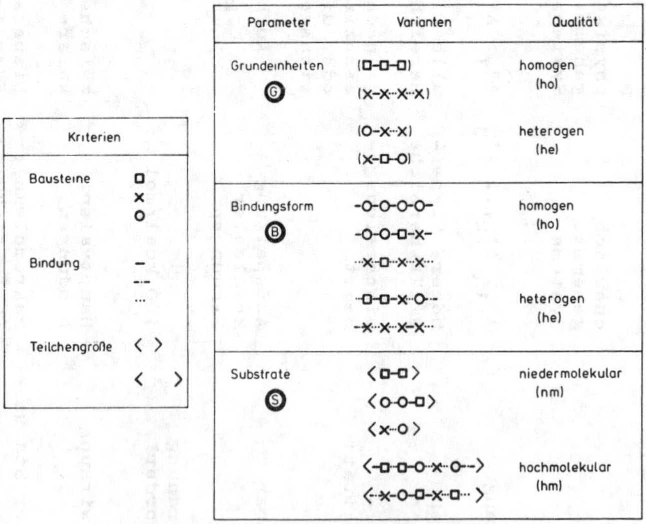

Kriterien	
Bausteine	□ × ○
Bindung	— ‐‐ ···
Teilchengröße	⟨ ⟩ ⟨ ⟩

Parameter	Varianten	Qualität
Grundeinheiten Ⓖ	(□-□-□) (X-X-X··X)	homogen (ho)
	(O-X··X) (X-□-O)	heterogen (he)
Bindungsform Ⓑ	-O-O-O-O- -O-O-□-X-	homogen (ho)
	··X-□-X··X··	
	··□-□-X··O-- -X··X-X-X···	heterogen (he)
Substrate Ⓢ	⟨□-□⟩ ⟨O-O-□⟩ ⟨X··O⟩	niedermolekular (nm)
	⟨-□-□-O-X··O--⟩ ⟨·-X-O-□-X-□···⟩	hochmolekular (hm)

Abb. 1.5.7:   Variationsmöglichkeiten der Parameter
               Grundeinheit, Bindungsform und Substrat

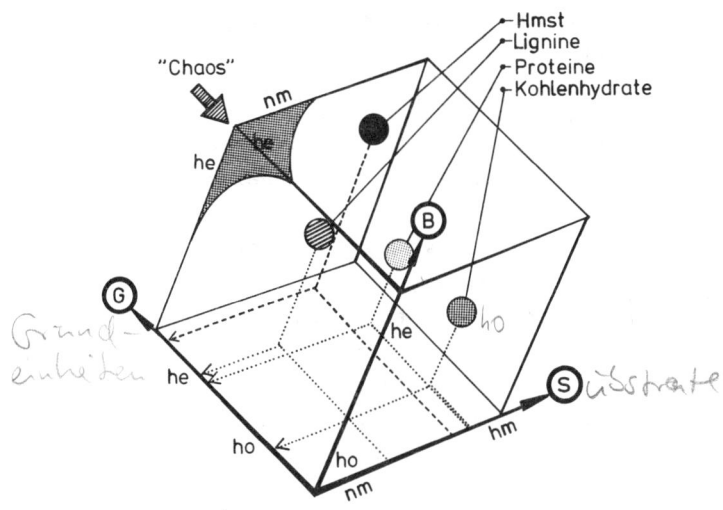

	Ⓢ	Ⓖ	Ⓑ
Proteine (Prim.–Str.) ◯	hm	he	ho
Kohlenhydrate ◉	hm	ho	ho
Lignine ◉	<u>nm</u> ↔ hm	he (ho)	he
Hmst ●	nm ↔ <u>hm</u>	he	he

Abb. 1.5.8: Zur strukturchemischen Stellung der Huminstoffe

Drei bemerkenswerte Fakten sind diesem Diagramm zu entnehmen:

1. Die Position der Huminstoffe ist quasi weitab von der
   der Kohlenhydrate und Proteine, aber "näher" zu den
   Ligninen hin orientiert.

2. Es kann nun in diesem Diagramm ein bestimmter Status postuliert werden, der sich durch

   heterogene Bindungsformen
   heterogene Grundeinheiten und
   ein niedermolekulares Substrat,

   also besonders "einfache" Gegebenheiten ausweist.

3. Dieser, von der klassischen präparativen Chemie meist ausgesparte Zustand kann als spezifisch für die Huminstoffe und ihre Genese angesehen werden: jedes Molekül jeder Verbindung kann im Prinzip mit jedem einer anderen reagieren. Der Zufall ist also das eigentliche Regulativ, wodurch Voraussetzungen gegeben sind, die für eine Chaos-Analyse anwendbar scheinen. Damit sind für den Ausgangszustand der Huminstoffgenese jene Kriterien zu erkennen, die als chemische Aspekte für das Phänomen "Chaos" gelten können:

(1) eine unübersehbare Vielfalt der Reaktionspartner,

(2) keine Dominanz irgendeiner Reaktion, die auf bestimmten funktionellen Gruppen beruht wie bei Kohlenhydraten oder Proteinen,

(3) jedes Molekül ist im Prinzip Reaktionspartner für jedes andere, weil

(4) keine steuernden und ordnenden Kräfte im Boden - Enzyme, sonstige Katalysatoren, energiereiche Verbindungen, Membranen - das Geschehen kontrollieren und deshalb

(5) alles letztlich dem Zufall überlassen bleibt.

Mit dem vorgetragenen Material kann gewiß keine umfassende Konstitutionsformel für Huminstoffe entworfen werden und dies keineswegs auf Grund noch nicht optimal entwickelter analytischer Methoden, weil eine Struktur im klassisch-chemischen Sinne diesen Stoffen a priori nicht zukommen kann. Dennoch kann versucht werden, unter Verzicht auf chemische Details ein Strukturmuster für Huminstoffe zu entwickeln, welches weder eine Strukturformel sein, noch eine solche ersetzen soll (Abb. 1.5.9).

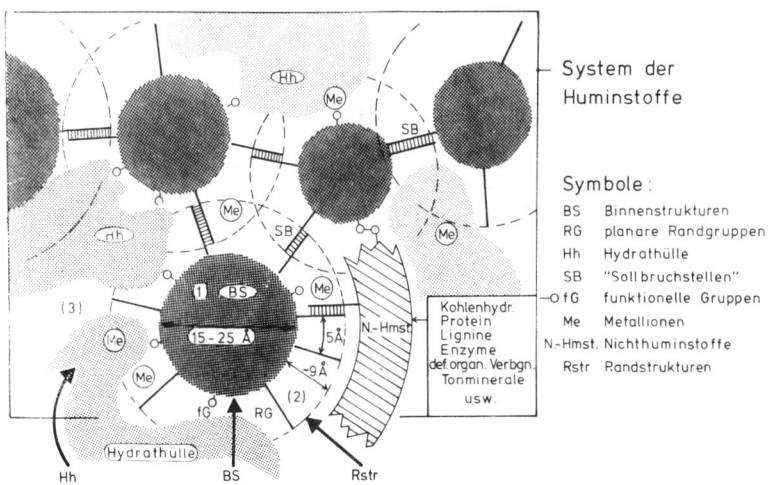

Abb. 1.5.9: Strukturmuster eines Huminstoff-Systems

Das Stukturmuster läßt als Primärmuster die durch Hauptvalenzbindungen gebildeten kugelförmigen Strukturen erkennen. Von diesen gehen intermolekulare Wechselwirkungen in den Raum, die zu einem Sekundärmuster führen. Getragen werden diese von planaren aromatischen und chinoiden Randgruppen (hierzu Formeln S. 46) als ϵ-DA-Wechselwirkungen ( )⎯ɯɯ⎯( ).

Damit werden die hier besonderen Bindungsverhältnisse, d.h. bestimmte ϵ-Zustände als dominierend für dieses Strukturmuster postuliert (Abb. 1.5.10).

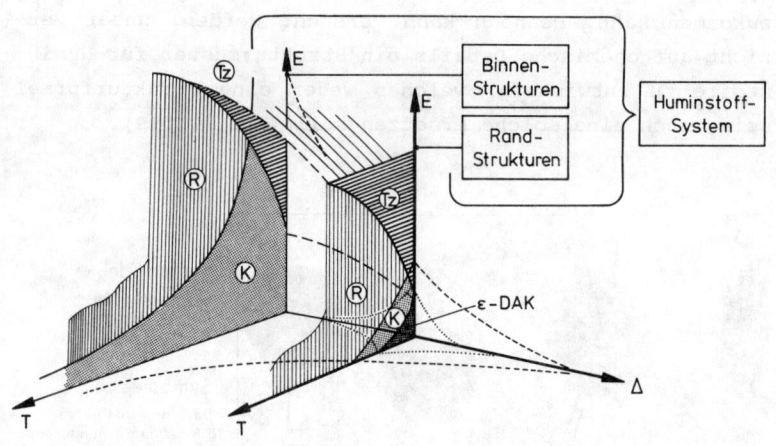

T	Temperatur	K	Kovalenzen
E	Energie	Tz	Triplettzustände
	Differenz zwischen	R	π-Radikale
	Ionisierungsenergie	ϵ-DAK	ϵ-Donator-Acceptor-
	und ϵ-Affinität		Kompl.

Abb. 1.5.10: Elektronen-Zustände in einem Huminstoff-System

Die Raumachse Δ gibt die Differenz zwischen den Ionisierungsenergien bzw. den Elektronenaffinitäten für zwei beliebige, gebundene Elemente wieder. Sind diese Energiebeträge gleich oder annähernd gleich, dann ist bei kleinem Δ der Bereich der Kovalenzbindungen gegeben. Dieser ist in Kernbereichen durch die E-T-Ebene dargestellt.

Bei hohen Temperaturen (T) oder hoher einwirkender Energie, z.B. Licht (E), treten Kovalenzbindungen zugunsten

von π-Radikalen (R) oder Triplettzuständen[*] (Tz) zurück.
ϵ-Donator-Acceptor-Komplexe (ϵ-DAK) sind unter diesen Bedingungen nicht nachzuweisen. Erst bei stärkeren Abweichungen bezüglich der Ionisierungsenergie und Elektronenaffinität sind ϵ-Donator-Acceptor-Komplexe möglich, die
allerdings auch nur bei niedrigen T- und E-Werten beständig sind und die Randstrukturen repräsentieren.

Hier, in den peripheren Bereichen treten auch vermehrt π-
Radikale und Triplettzustände auf, da für Kovalenzbindungen durch die stärkere Polarität der Bindungspartner nun
ungünstigere Bedingungen gegeben sind. Damit kann das
prinzipielle Strukturmuster (Abb. 1.5.9) durch ein spezifisches ϵ-Verteilungsmuster (Abb. 1.5.10) seine eigentliche Begründung erfahren. Diese Sachlage könnte für Huminstoffe auch durch die Bezeichnungen Primärmuster (a)
und Sekundärmuster (b) präzisiert werden, wobei unter (a)
Anordnung und räumliche Ausdehnung der Kernbestandteile
eines Huminstoffsystems (Kovalenzen), unter (b) von bestimmten ϵ-Zuständen abgeleitet, die Kern-Kern- und Kern-
Nicht-Huminstoff-Wechselbeziehungen zu verstehen sind.

Es muß allerdings betont werden, daß diesen Modellen vorerst der Charakter einer 1. Näherung an eine weitergehende Lösung des Strukturproblems zukommt. Dies bedeutet,
daß diese Modelle modifizierbar sind; neue Fakten müssen
eingearbeitet, überholte eliminiert werden.

Modelle dieser Art sollen vor allem den derzeitigen Stand
des Wissens verdeutlichen, indem sie Zusammenhänge zwi-

---

[*] hierzu Fußnote S. 276

schen erkannten Fakten oder besser, solche zwischen diesen und noch nicht gelösten Problemen offenlegen.

Von diesen Überlegungen und experimentellen Befunden
lassen sich nun einige Definitionen ableiten die abweichend von bislang stofflichen Aspekten, der Dynamik und
damit zusammenhängend dem Reaktionsvermögen eines Huminstoffsystems den Primat einräumen.

Als Humifizierung soll derjenige chemische Prozeß verstanden werden, der im terrestrischen oder aquatischen
Medium[*)] im Prinzip alle dort befindlichen Organica in
einen quasistabilen Zustand der Materie = "Zustand der
Huminstoffe" übergehen läßt. Hierfür ist, da eine ausge-
sprochene Nicht-Selektivität für die Ausgangsstoffe gegeben ist, die Dominanz von Radikalumsetzungen aufgrund einer intramolekularen Mesomerie (s.o.) Voraussetzung. Mit
einem typischen Verlauf der H-Funktion ist dieser Prozeß
zu charakterisieren, da gilt:

$$\lim_{t \to \infty} \frac{dH}{dt} > 0$$

Wenn noch berücksichtigt wird, daß im Ausgangszustand der
Humifizierung eine unbestimmte Menge reaktiver, niedermo-
lekularer Verbindungen vorhanden ist (vgl. Abb. 1.5.1),
deren Umsetzung wie gezeigt keiner oder nur einer minima-
len Kontrolle unterliegt, dann kann mit diesen Bedingungen ein chemisches Chaos postuliert werden, in dem die
Umsetzung zweier Reaktanten allein vom Zufall abhängt

---

*) Es sei angefügt, daß Huminstoffe aus aquatischen Me-
   dien mitunter sehr deutlich von Bodenhuminstoffen abweichen.

(und als Markoff-Prozeß beschrieben werden kann). Demnach ist die Huminstoffgenese eine Prozeßfolge, die ein bestimmtes Material aus dem Zustand eines chemischen Chaos in den einer Prä-Ordnung überführt (Ziechmann, 1980).

Huminstoffe repräsentieren einen Weg und einen Zustand der Materie, die aus einem Chaos in den einer beginnenden Ordnung (Präordnung) überleiten. Sie sind mit anderen Substanzen zusammen die konstitutiven Einheiten eines Huminstoffsystems.

Bei einem Huminstoffsystem wirken intermolekulare Kräfte über ein Huminstoffpartikel hinaus und bilden größere Einheiten, das System, in welchem auch Nicht-Huminstoffe integriert sind. Es können Primär- (Kernbereiche) von Sekundär-Mustern (Randbereiche nebst entsprechenden ϵ-Anordnungen) unterschieden werden.

Huminstoffsysteme sind die reaktiven Einheiten der Huminstoffe und es gilt für diese

$$\lim_{t \to \infty} \frac{dH}{dt} = 0$$

1.6   Tonorganische Komplexe

1.6.1   Vorbetrachtung

Den spezifischen Neubildungen im Boden, den Tonmineralen und Huminstoffen sind die Ton-organischen-(ToK) oder in einem weiteren Sinne die organo-mineralischen Komplexe (omK) an die Seite zu stellen, weswegen ihre Behandlung im Kapitel Primärprozesse erfolgt.

Tonorganische Komplexe stellen eine umfangreiche und uneinheitliche Gruppe von Bodeninhaltsstoffen dar, in der
etwa 60 - 90 % des organischen Kohlenstoffs gebunden und
vielfach auch stabilisiert vorliegt (Greenland, 1956).
Die Vielfalt und geringe Übersichtlichkeit dieser Stoffgruppe rührt vom reichen Angebot postmortaler Stoffe und
den sehr variablen Bindungskräften zwischen ihnen und der
Tonmatrix her (Tab. 1.6.1). Hinzu kommen als modifizie-
rende Faktoren noch die lokalen klimatischen und pedolo-
gischen Bedingungen.

Tab. 1.6.1: Organische Bodeninhaltsstoffe als Reaktionspartner von Tonmineralen

Niedermole- kulare	Höhermole- kulare	Hochmole- kulare
Alkohole, z.B. Glykol, Glycerin Aldehyde, Ketone Ether Fettsäuren, Fette.. Phenole Basen (Amine) Kohlenwasserstoffe Alkaloide Pestizide	Lignine Huminstoffe	Proteine Kohlenhydrate

Entsprechend der Bedeutung dieser, in tonreichen Böden
bestimmenden Stoffgruppe hat man sich sehr bald um die
äußeren Bedingungen ihrer Bildung und die möglichen Bindungskräfte bemüht. Natürlich sind hier kein einheitli-
ches Bild oder dominierende Bildungsprozesse zu erwarten.
Die derzeitig diskutierten Bindungsmodalitäten der organischen Substanz in Ton-organischen-Komplexen sind in
Tab. 1.6.2 zusammengefaßt.

Allerdings kann nur in seltenen Fällen aus der Bestimmung
der Bindungsart auf die vorausgegangene Genese geschlossen werden, allenfalls auf das chemische Verhalten der
reagierenden organischen Komponenten.

Hier sind es vor allem die Unregelmäßigkeiten, besonders
durch Bildung von Bruchkanten, Ecken, Verwerfungen usw.,
die bei Tonmineralen ein erhebliches Reaktionsvermögen
verursachen. Dies kann übrigens in der Technik für kata-
lytisch bedingte Umsetzungen nutzbar gemacht werden.

Ton-organische Komplexe, wobei hier in erster Linie die
wichtigsten Vertreter, nämlich Ton-Huminstoffkomplexe
(THK) berücksichtigt werden sollen, sind von erheblicher
Bedeutung für den chemischen und physikalischen Status
eines Bodens wie sein chemisches Potential. Damit inter-
essieren folgende Fragen:

(1) Welche organischen Verbindungen in Böden reagieren
    mit Tonmineralen unter Bildung stabiler Komplexe?

(2) Wie läßt sich ihre Genese beschreiben?

(3) Welche Bindungsformen liegen vor und

(4) welche Eigenschaften haben ton-organische Komplexe?

Aufgrund des mitunter geringen Anteils der organischen
Komponente in ihnen wird man die ton-organischen Komplexe
gewöhnlich in der Tonmineralfraktion des Bodens finden.

Eine schnelle und unmittelbare Erfassung und Bestimmung
dieser Fraktion macht allerdings Schwierigkeiten, wodurch
auch die derzeitigen Kenntnisse über diese wichtige
Gruppe von Bodeninhaltsstoffen recht ungeordnet erscheinen. Die Zusammenfassung mehrerer Analysen- und Präpara-
tionsverfahren führt hingegen zu klareren Vorstellungen
in dieser Sache.

Tab. 1.6.2: Bindungsmöglichkeiten der organischen
Substanz an Tonminerale

Bindungsart	Vorgang	Bemerkungen
(1) <u>kovalente Bindung</u>		teilweise in Abrede gestellt; offenbar nur Sonderfälle
(2) <u>elektrostatische Kräfte</u>		anorganische und organische Kationen
2.1 Oberfläche-Ion-Ww im Zwischenschichtbereich		
2.2 Oberfläche-Ion-Ion-Wechselwirkungen im Zwischenschichtbereich		
2.3 Oberfläche-Dipol-Wechselwirkungen im Zwischenschichtbereich		
2.4 elektrostatische Wechselwirkungen nach Protonentransfer		
(3) <u>Physikalische Effekte</u> 3.1 van der WAALS-Kräfte		
3.2 topochemisch-physikalische Effekte		Einschlußverbindungen
3.3 H-Brücken		z.B. bei H_2O, Glykol, Glycerin

1.6.2 Tonorganische Komplexe mit niedermolekularen
        organischen Verbindungen

Zahlreiche Untersuchungen erweisen die Fixierung nieder-
molekularer Organica an Tonmineralen z.B. durch eine Veränderung der Schichtabstände oder die Messung der Ein-
tauschisotherme. Häufig ist weniger ein spezifischer Bindungstyp als eine allgemeine, auch topochemische Beziehung zwischen beiden Komponenten festzustellen, weshalb
dann der hier wenig differenzierende Begriff "Adsorption"
verwendet wird.

Vornehmlich Moleküle mit hoher Dielektrizitätskonstante
oder der Möglichkeit Wasserstoffbrücken zu bilden, kommen
in Betracht. So kann die Möglichkeit des Montmorillonits
Glykol und Glycerin zu fixieren zur gravimetrischen
Bestimmung des Tonminerals genutzt werden.

In Anwesenheit von Ca^{2+}- oder Sr^{2+}-Ionen werden auch
Zucker mit einer deutlichen Erweiterung des Schichtabstandes gebunden. Ebenso werden Pyridin, α-Picolin und
andere aromatische Stickstoffbasen von Na-Montmorillonit
festgelegt, genau so wie kationische Oniumverbindungen
des Stickstoffs, Phosphors, Schwefels oder Sauerstoffs,
die schließlich in den Zwischenschichträumen zu finden
sind.

A. Weiss (1963) beschreibt die Bindung von n-Alkyl-
ammonium-Ionen an glimmerartige Schichtsilicate. Die Adsorption ist abhängig von der Länge des Alkylrestes, wobei die Bindungsstärke in der Reihenfolge:

$$\left[\begin{array}{c} H \\ | \\ R-N-R \\ | \\ R \end{array}\right]^{\oplus} \left[\begin{array}{c} H \\ | \\ R-N-R \\ | \\ H \end{array}\right]^{\oplus} \left[\begin{array}{c} H \\ | \\ R-N-H \\ | \\ H \end{array}\right]^{\oplus}$$

zunimmt, weil sterische Effekte die Fixierung beeinflussen.

Ein weiterer wichtiger Parameter für die Wechselwirkung beider Komponenten ist durch die Schichtladung des Montmorillonits gegeben: Eine niedrige negative Schichtladung führt zu einem geringen Schichtabstand von ca. 13 Å, der bei höherer Ladung Werte um 27,4 Å annehmen kann. In diesem Bereich ist z.B. das n-Dodecylamin-Kation in einmolekularer Schicht koaxial im Zwischenschichtraum oder im Extremfall senkrecht hierzu angeordnet (vgl. S. 192 f.)

1.6.3   Ton-Huminstoff-Komplexe (THK)

Die Häufigkeit beider Komponenten in Böden ist vor allem der Grund, daß diese Spezies zu den wichtigsten Vertretern organomineralischer Komplexe in Böden zählt.

Gewöhnlich erfolgt die Analyse dieser wichtigen Gruppe von Bodeninhaltsstoffen nach ihrer Isolierung als bereits gebildete Komplexe. Dieser Ansatz läßt allerdings zu ihrer Entstehung und den Bindungsverhältnissen kaum Erkenntnisse gewinnen. Es werden daher zunächst (Modell-) Versuche beschrieben, die eine Präparation von Ton-Huminstoff-Komplexen sowie geeignete Analysen zu ihrer Entstehung und ihrem Aufbau zum Gegenstand haben. Dabei wird von der Beobachtung ausgegangen, wonach Tonminerale eine katalytische Veränderung von geeigneten Phenolen und natürlichen Huminsäurevorstufen involvieren können, einer

Umsetzung übrigens, die zur experimentellen Unterscheidung von HsV und Hs genutzt werden kann (vgl. S. 40):

Phenole,
natürliche u. O_2
künstliche   ───────────────►   Hs
HsV   <Tonminerale>

Die Gewinnung von Ton-Huminstoffkomplexen im Modellversuch erfolgt zweckmäßig durch

a) Autoxidation von wechselnden Mengen Hydrochinon in Gegenwart von Ca-Bentonit (1.6.3.1) und

b) Umsetzung natürlicher Huminsäure-Vorstufen mit diversen Tonmineralen (1.6.3.2),

wobei keine Veränderung des pH-Wertes, der Temperatur usw. von außen, noch der Zusatz von Katalysatoren erfolgt.

1.6.3.1 Modellversuche mit Phenolen und Tonmineralen

Unter ständigem Rühren und nach mehrwöchiger Reaktionszeit in einem heterogenen System (Phenol in wässriger Lösung bzw. Suspension, festes Tonmineral) wird der Bodensatz getrennt und nach vorsichtigem Trocknen mit geeigneten organischen Lösemitteln in der Soxhlet-Apparatur ca. 10 Tage extrahiert, um nicht reagiertes Phenol und nicht fixierte Organica zu entfernen.

Mit den gereinigten Komplexen können folgende Analysen durchgeführt werden:

Glühverluste bei 600°C   Thermogravimetrie
IR-Spektroskopie   Kohlenstoffgehalte
Röntgenbeugung   Wasseraufnahmevermögen
Differenzthermoanalyse

Die erhaltenen Ergebnisse machen zweifelsfrei, daß eine
Umsetzung sowohl von Hydrochinon via Autoxidation, aber
auch die von natürlichen wie künstlichen Huminsäure-Vorstufen mit Tonmineralen zu tonorganischen Komplexen in
einem Medium stattfindet, welches genau den Bedingungen
eines natürlichen Bodens entsprach. Ebenso eindeutig
konnte erkannt werden, daß Huminsäuren weitaus weniger
für diese Reaktion geeignet sind.

An einigen Beispielen sei diese Beweisführung verdeutlicht.

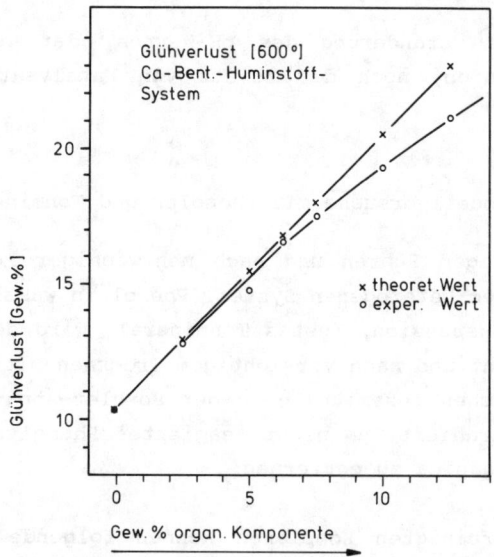

Abb. 1.6.1:   Glühverluste bei Ton-Huminstoff-Komplexen

Die Glühverluste bei 600 °C der nach a) hergestellten THK
ließen deutlich die chemische Umsetzung beider Komponenten erkennen. Denn dieser Meßwert sollte sich bei einem
Gemenge beider Komponenten additiv aus dem Gewichtsver-
lust des reinen Tons wie dem der organischen Substanz ergeben (obere Kurve in Abb. 1.6.1) Eine Abweichung der
Meßwerte von dieser errechneten Geraden ist ein Beweis
für entstandene Bindungsbeziehungen zwischen beiden Komponenten.

Auch im IR-Spektrum ist die Umsetzung beider Komponenten
deutlich zu erkennen, so im Bereich der Doppelbindungen
$1800 - 1200$ cm^{-1} $(5,5 - 8$ $\mu)$. Der Unterschied der Spektren 2.1 und 2.2 nach der oben beschriebenen Umsetzung
gegenüber dem mechanischen Gemisch von Ca-Bentonit mit
Huminstoffen (Spektrum 3) beweist, daß eine echte chemische Umsetzung bei den Milieubedingungen eines natürlichen Bodens erfolgt ist (Abb. 1.6.2).

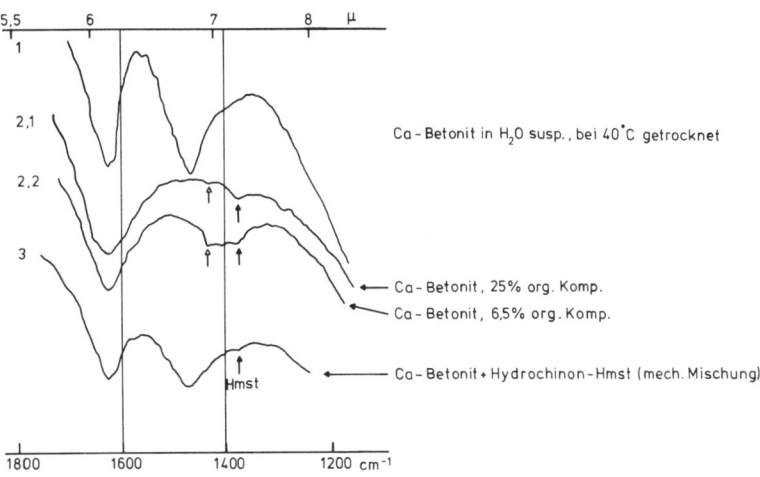

Abb. 1.6.2: IR-Spektren von
1   Ca-Bentonit
2.1 THK
2.2 "
3   Gemisch von Ca-Bentonit
     und Hydrochinon-Hmst

Nach Auswertung der Röntgenbeugung konnte erneut die Komplexbildung und damit die Existenz einer eigenständigen Substanzgruppe nachgewiesen werden (Tab. 1.6.3).

Tab. 1.6.3: d-Werte der Basisinterferenzen von THK und reinen Tonmineralen

Präparat	Hydrochinon im Ansatz %	d Å	Bemerkungen
Na-Bentonit	-	12.3 ˚	
Ca-Bentonit	-	12.5	
Ca-Bentonit/H_2O	-	12.1	schlecht kristallisiert
Ca-Bentonit/Ether	-	12.7	
Ca-Bentonit/Ethanol	-	13.4	
Ca-Bentonit, Synth.HsV zugesetzt	6.25	14.3	mit Ethanol extrahiert, bei 40°C im Vakuum getrocknet
Ca-Bentonit, "	10	14.7	"
Ca-Bentonit, "	12.5	14.7	"
Ca-Bentonit, "	25	14.7	"
Ca-Bentonit, "	25	14.8	"

1.6.3.2 Komplexe mit natürlichen Huminstoffen

Lufttrockene Böden wurden mit Ether, Ethanol und 1,4-Dioxan extrahiert, die Qualität der Extrakte als Huminsäure-Vorstufen nachgewiesen, dann wie beschrieben mit diversen Tonmineralen unter bodeneigenen Bedingungen in einem heterogenen System umgesetzt und entsprechend analysiert. Zum Vergleich wurden mit 0,1 N NaOH gewonnene Huminsäurepräparate parallel untersucht.

Bei den so isolierten Proben wurde nach Umsetzung mit diversen Tonmineralen keine bemerkenswerte Änderung des Gitterabstandes (d_{001}) festgestellt. Lediglich beim Ethanolextrakt wurde eine deutliche Aufweitung gemessen (Tab. 1.6.4), wodurch bewiesen wurde, daß ethanollösliche Huminstoffe (Huminsäure-Vorstufen) im Zwischengitter eingelagert worden sind.

Deutlich davon abweichend wurde bei der Zugabe einer endoxidierten Huminsäure (Präparat 3 in Tab. 1.6.4) nach der gleichen Prozedur keine nennenswerte Erweiterung des Tonmineralgitters festgestellt.

Tab. 1.6.4: d-Werte der Basisinterferenzen einiger Tonminerale (TM) und ihrer Reaktionsprodukte mit natürlicher HsV sowie ihrer Gemenge mit einer Synthese-Hs

	1	2	3	4
(1) TM rein	7,15	10,5	12,1	12,9
(2) TM + Ethanolextrakt (HsV)	7,24	11,62	14,48	16,5
(3) TM + Hs	7,15	10,9	12,35	13,2

Reaktionszeit: Tonminerale als Reaktionspartner:
35 Tage
          1 Kaolinit (ZSM[*])
          2 Palygorskit (DSM)
          3 Sepiolit (DSM)
          4 Na-Bentonit (DSM)

Als Kationenaustauscher im Boden sind Tonminerale, aber vor allem organische Substanzen von Bedeutung. Tonminerale können an ihrer Oberfläche sowohl Gase aus der Bodenatmosphäre, wie Kohlendioxid, Sauerstoff, Stickstoff, Ammoniak und Oxide des Schwefels, als auch Moleküle und Ionen aus wässrigen Lösungen adsorbieren. Die Adsorption von Ionen ist meist mit der Desorption einer

---

[*] ZSM = Zweischichtmineral
DSM = Dreischichtmineral

äquivalenten Menge primär fixierter Ionen verknüpft, die
dann in die Lösung übergehen.

Es ist nun von Interesse, ob durch die Aufnahme organischer Verbindungen, besonders der Huminstoffe, die Kationenaustauschkapazität verändert wird (Tab. 1.6.5).

Tab. 1.6.5: Kationenaustauschkapazität (mval/100g) eini-
             ger Tonminerale (TM) und ihrer Reaktionspro-
             dukte mit natürlichen HsV sowie ihrer Ge-
             menge mit Hs

	1	2	3	4	5
(1) TM_{rein}	8,1	62,0	80,5	92,8	115,2
(2) TM + Ethanol-extrakt (HsV)	9,6	69,2	88,7	102,3	128,2
(3) TM + Dioxan-extrakt (HsV/Hs)	8,8	66,0	84,4	96,2	119,4
(4) TM + Hs (1%) (gerührt)	9,0	65,8	84,0	95,8	115,6

Reaktionszeit: Tonminerale als Reaktionspartner:
   35 Tage   1 Kaolinit   (ZSM)
                          2 Palygorskit (DSM)
(4) mit 1% Hs gerührt   3 Sepiolit · (DSM)
                          4 Na-Bentonit (DSM)
                          5 Vermiculit (DSM)

In Übereinstimmung mit anderen Beobachtungen konnten auch
hier bei den Ethanolextrakten die größten Effekte festgestellt werden. Damit erwies sich erneut, daß es vor allem
Huminsäure-Vorstufen sind, die sich besonders mit Dreischichttonmineralen umsetzen, hierbei die größte Gitteraufweitung verursachen und eine erhebliche Erhöhung der
Kationenaustauschkapazität bewirken.

Zur Analyse der Stabilität der gebildeten Ton-Huminstoff-
Komplexe und um Hinweise für deren Aufbau zu erhalten,
werden diese zweckmäßig einer Ultraschallbehandlung unterworfen .

Die Ultraschallwelle durchdringt das zu dispergierende
Teilchen und ruft dabei an verschiedenen Stellen dessel-
ben unterschiedliche Beschleunigungen beweglicher Anteile
hervor. Es tritt somit eine Kraft auf, die bestrebt ist,
das Teilchen, d.h. Bindungen zu sprengen. Die entstehende
Beschleunigungsänderung Δ g ist unter anderem von der
Teilchengröße Δ x in Richtung der Schallausbreitung abhängig:

$$\Delta g = \frac{P \cdot 4\pi}{\varsigma \cdot \lambda^2} \cdot \Delta x$$

P = Druckamplitude
ς = Dichte des Teilchens
λ = Schwingungswellenlänge

Die erzeugte Kraft ist in den meisten Fällen ausreichend
zur Dispergierung der Proben.

Es wurden 0,4 g THK in 10 ml dest. H_2O suspendiert und
5, 15, 30 Minuten einer Ultraschallbehandlung (Us) unterworfen. Es wurde bei 300 Watt gearbeitet.
Nach der erfolgten Us-Behandlung der Komplexe wurde die
Suspension filtriert und somit die Rückstände von den
überstehenden Lösungen (Wasserextrakte, W-E) abgetrennt
und wie bereits dargestellt analysiert.

Abhängig vom Herkommen, der Korngröße und der Behandlungsdauer konnten in Anwesenheit diverser Lösemittel
nach Ultraschalleinwirkung Ton-Huminstoff-Komplexe sukzessive und weitgehend zerlegt und die Fragmente z.T. in
Lösung überführt werden.

Die Analyse der IR-Spektren der abgetrennten organischen
Bestandteile der natürlichen Ton-Huminstoff-Komplexe
weist aus, daß nach Ultraschallbehandlung erhebliche
Huminstoffanteile aus dem Komplex entfernt werden können.

Dies gilt für natürliche THK wie Modellkomplexe. Unter
den gleichen Bedingungen erfolgt keine Amorphisierung des
reinen Bentonits, weswegen eine Interpretation der Meßergebnisse möglich ist.

Der Gehalt an freigesetzten Huminstoffen nimmt mit zunehmender Behandlungsdauer zu und ist von der Korngröße der
Tonminerale abhängig (Tab. 1.6.6).

Tab. 1.6.6: Prozentualer Gehalt an Kohlenstoff in natürlichen THK nach verschiedenen Behand-
lungen

	C_m	C_g	S_m	S_g	R_m	R_g
unbehandelt	5,03	6,21	2,86	4,10	1,73	2,52
nach der Extraktion mit oLM u. 0,1 N NaOH	0,75	2,35	0,60	0,90	0,72	0,98
nach Us-Behandlung (30 Min) und Extraktion mit oLM und 0,1 N NaOH	0,19	0,29	0,04	0,02	0,13	0,06

THK aus: C Carbonatanmoor   Korngrößen:
            S Schwarzerde   m mittel 0,2 - 0,63 μ
            R Rendzina   g grob   0,6 - 2,0 μ

Aus dem relativ engen C-Gehalt der Huminstoffe läßt sich
aus diesen Angaben leicht der Anteil dieser Stoffgruppe
in den Komplexen errechnen.

Restreaktivität

Die Abtrennung der organischen Komponente von der Tonmatrix durch Ultraschall sollte vor allem Aufschluß darüber
geben, ob der Huminstoff durch die Komplexbildung wesentlich verändert wurde oder z.B. noch eine gewisse Reakti-
onsfähigkeit, die Restaktivität erhalten blieb.

Unter "Restaktivität" ist hier die noch verbliebene Möglichkeit eines Übergangs von Huminsäure-Vorstufen in Huminsäuren im Verlaufe einer Humifizierung zu verstehen. Sie wird an einer zunehmenden Farbvertiefung, Sauerstoffaufnahme oder durch andere Methoden erkannt, wenn die fraglichen Huminstoffe mit Sauerstoff (Luft) in alkalischem Medium behandelt werden (vgl. S. 40). Nachdem die abgetrennten Huminstoffe in die wässrige Lösung übergingen, konnte nach 7 Tagen unter den aufgezeigten Bedingungen die Farbvertiefung bei 400 nm gemessen werden (Tab. 1.6.7).

Tab. 1.6.7: Extinktionswerte von aus THK durch Ultraschall abgetrennte Hmst

Bodenart für die Gew. von Hmst.	Korngröße	Lösemittel	Extinktion bei 400 nm nach 7 Tagen nach Zusatz von		E
			H_2O	0,1 NaOH	
Carbonatanmoor	m	Ethanol	0,10	0,195	0,095
		1,4-Dioxan	0,07	0,080	0,010
		DMF	1,38	1,62	0,24
	g	Ethanol	0,435	1,250	0,815
		1,4-Dioxan	0,075	0,130	0,055
		DMF	1,65	1,67	0,01
Schwarzerde	m	Ethanol	0,480	1,190	0,710
		1,4-Dioxan	0,040	0,110	0,070
		DMF	1,66	1,67	0,01
	g	Ethanol	0,095	0,325	0,230
		1,4-Dioxan	0,030	0,120	0,090
		DMF	1,48	1,53	0,05
Rendzina	g	Ethanol	0,730	0,790	0,06
		1,4-Dioxan	0,030	0,090	0,06
		DMF	1,54	1,55	0,01
	m	Ethanol	0,335	0,490	0,155
		1,4-Dioxan	0,020	0,060	0,04
		DMF	1,43	1,46	0,03

Böden: DMF = Dimethylformamid
nach Korngrößen fraktioniert
  m mittel: 0,2 - 0,63 μ
  g grob : 0,63 - 2,0 μ

Wie zu erwarten war, können mit den benutzten Lösemitteln
Huminstoffe in abweichenden Mengen und Qualitäten isoliert werden. In allen Fällen wurde eine Farbvertiefung
nach Zusatz von Natronlauge beobachtet, ein Beweis, daß
eine Restaktivität noch gegeben war, also vornehmlich
Huminsäure-Vorstufen an der Umsetzung mit Tonmineralen in
natürlichen Böden beteiligt sind und diese auch als solche an (in) der Tonmatrix stabilisiert werden. Dies
zeigte sich am deutlichsten bei den Ethanolextrakten und
beweist, daß durch die Huminstoffgewinnung mit organischen Lösemitteln abweichende Fraktionen dieser Naturstoffe gewonnen werden.

Kohlenstoffanalyse

Die Bestimmung des Kohlenstoffgehalts eines Ton-Humin-
stoff-Komplexes und die auf S. erwähnte Umrechnung läßt
den Huminstoffanteil in einem solchen Substrat relativ
genau abschätzen.

Huminstoffe wurden aus dem B_h-Horizont eines Podsol-
Bodens (Fuhrberg/Hannover) mit diversen organischen Lösemitteln isoliert. Wie beschrieben wurden diese Extrakte
dann mit verschiedenen Tonmineralen umgesetzt und wiederum mit den gleichen Lösemitteln extrahiert (Tab.
1.6.8).

Es wird ein erheblicher Anteil der im Komplex fixierten
Huminstoffe wieder von der Tonmatrix entfernt. Beim
Ethanol-Extrakt hingegen bleiben nicht geringe Quanti-
täten an Tonmineral zurück

Tab. 1.6.8: C-Gehalte von reinen Tonmineralen und THK
mit natürlichen Podsol-Hmst

A) reine TM	C-Gehalt %
1 Kaolinit	0,243
2 Palygorski	0,415
3 Sepiolit	0,477
4 Na-Bentonit	0,472
5 Vermiculit	0,610

B) THK, mit Ether extrahiert		vor	nach Extr.
1 +	Etherextrakt	0,75	0,32
2 +	"	1,26	0,48
3 +	"	1,30	0,46
4 +	"	1,92	0,62
5 +	"	2,30	0,75

THK, mit Ethanol extrahiert		vor	nach Extr.
1 +	Ethanolextrakt	1,22	0,52
2 +	"	1,80	0,72
3 +	"	2,15	0,79
4 +	"	2,68	0,84
5 +	"	2,95	0,92

THK, mit Dioxan extrahiert		vor	nach Extr.
1 +	Dioxanextrakt	0,93	0,40
2 +	"	0,95	0,52
3 +	"	1,40	0,64
4 +	"	1,86	0,71
5 +	"	2,60	0,78

1.6.3.3 Diskussion der Ergebnisse

Tonminerale sind in der Lage unter milden Bedingungen mit
Huminstoffen stabile Komplexe in Böden zu bilden und
diese zu stabilisieren. Eine chemische Umsetzung erfolgt

vor allem mit den reaktiveren Huminsäure-Vorstufen, während höhermolekulare Huminsäuren, wenn überhaupt, dann an den Kanten adsorbiert werden.

Der Umsetzung mit Huminsäure-Vorstufen oder deren Ausgangsstoffe (As) geht deren katalytische Veränderung voraus:

$$\begin{array}{c} As \\ \hline HsV \quad - \epsilon \end{array} \longrightarrow Hs$$

die von einer Elektronenabgabe eingeleitet und von den Tonmineralen bewirkt wird. Silicium kann hier durchaus als ϵ-Acceptor fungieren:

$$Si + 2\epsilon \longrightarrow Si^{2-}$$

ϵ-Struktur $3\ s^2p^2$ $\qquad$ $3\ s^2p^2d^2$ oder als Hybrid $3\ s^1p^3d^2$,

da diesem Element im Gegensatz zu Kohlenstoff unbesetzte d-Elektronenorbitale zur Verfügung stehen.

Von dieser Reaktion kann die Wechselwirkung zwischen beiden Komponenten im Modellversuch verstanden werden: die Tonminerale verändern das organische Ausgangsmaterial und schaffen sich so einen Reaktionspartner "nach Maß". Damit sind für die Bildung von Ton-Huminstoff-Komplexen im Modellversuch folgende Phasen zu unterscheiden (Tab. 1.6.9):

Tab. 1.6.9 Phasen der Bildung THK während der Autoxidation von Hydrochinon

	Vorgang	Folge	Beweis	
(1)	gelöstes Hydrochinon gelangt in der Tonmineralsuspension an und in die Zwischenschichträume	Verringerte Beweglichkeit in der Lösung, Akkumulation humifizierbaren Materials an der Tonmatrix	mit organischen LM kann nur ein Teil des eingesetzten Hydrochinons zurückgewonnen werden Vergrößerung der Basisinterferenzen	TM
(2)	Tonmineralzwischenschichtflächen wirken als ε-Acceptoren gegenüber Hydrochinon	Einleitung einer topochemisch induzierten Hmst-Genese	zunehmende Braunfärbung der Lösung Vergrößerung der Basisabstände	TM
(3)	Die Hmst-Genese setzt sich auch in den Außenraum fort	(topochemische) Fixierung der gebildeten Huminstoffe (HsV, Hs): Bildung von THK als Einschlußverbindungen mit "sektkorkenartigen" Strukturen	Glühverluste IR-Spektren Röntgenbeugung Differentialthermoanalyse Thermogravimetrie C-Gehalte H_2O-Aufnahmevermögen	TM TM Tonmineral

Ein starkes Argument für dieses Modell ist in der Beziehung der Basisabstände (d_{001}-Werte) bei Ton-Huminstoff-Komplexen mit veränderten Huminstoffgehalten zu sehen (Abb. 1.6.3).

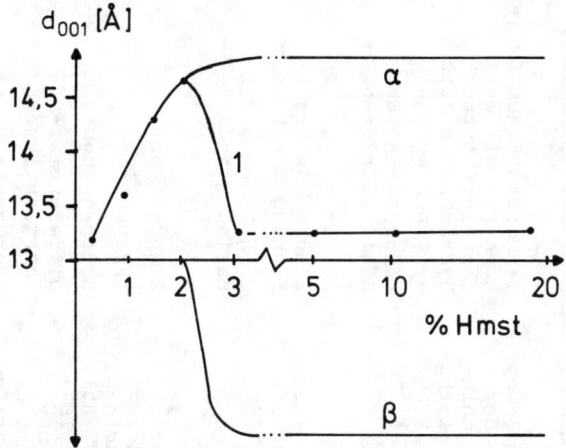

Abb. 1.6.3: d_{001}-Werte für natürliche Ton-Huminstoff-komplexe in Abhängigkeit des Huminstoffgehalts   1 = Messkurve

Die Zunahme des Basisabstandes mit steigenden Huminstoffanteilen als Reaktionspartner ist einleuchtend. Die Abnahme ab ca. 2 % kann hingegen nur erklärt werden, wenn einem fördernden Effekt (α) ein entgegengesetzter (ß) gegenübergestellt wird, der mit steigendem Huminstoffgehalt eine Abnahme des Basisabstandes involviert.

Auf das dargestellte Modell übertragen resultiert für die Phase (3) ergänzend: Die Huminstoffgenese verlagert sich von den Zwischenschichträumen in den Außenbereich, nachdem die Basisabstände maximal erweitert worden sind. Die

sich dadurch bildenden sektkorkenartigen Strukturen bein-
halten eine Fixierung der Huminstoffe auch an den Kanten,
wodurch weitere Bindungskräfte wirksam werden (ß, Abb.
1.6.3).

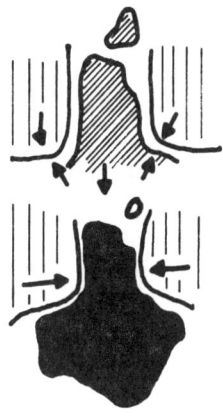

Beide Effekte (α und ß) zu-
sammengenommen ergeben als
Resultierende die Kurve 1 (Abb.
1.6.3)

Somit erhellt, daß bei geringem Huminstoffangebot eine
Gitteraufweitung die Folge der Komplexbildung sein muß
(α). Eine Zunahme der Huminstoffkonzentration nach der
Besetzung des Zwischenschichtraumes muß dann auch Bindungsbeziehungen zu den Tonmineralkanten herbeiführen,
weswegen eine Kontraktion erfolgt (ß).

Die Ultraschallbehandlung und sukzessive Abtrennung der
Huminstoffe von der Tonmatrix lassen sich mit diesem
Modell in Einklang bringen. Auch dieser Vorgang vollzieht
sich bei Auswahl geeigneter experimenteller Parameter in
mehreren Phasen:

Experiment	Vorgang	Folgerung/ Beweis
(1) Us-Behandlung in Wasser	Lösung der an den Kanten gebundenen Hmst	Hmst im Aussenraum werden abgetrennt: Abnahme des C-Gehalts, Gitterabstand unverändert
(2) weitere Us-Behandlung Lösemittel: 0,1 N NaOH	die hohe Löslichkeit der Hmst in NaOH läßt auch Teil der eingeschl. Hmst herauslösen	weitere Abnahme des C-Gehalts, Gitterkontraktion
(3) weitere Us-Behandlung	Erneute Komplexbildung, nun an den Kanten	Zunahme des C-Gehalts, aber verminderter Gitterabstand

Damit lassen sich drei verschiedene Varianten von Ton-
Huminstoff-Komplexen unterscheiden.

  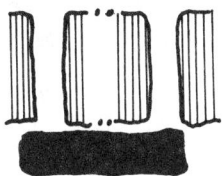

a   b   c

(a): Sektkorkenartige   Umsetzung von HsV oder
     Strukturen, als   As mit TM und tonkata-
                               lysierte Humifizierung
                               in den Außenraum.

(b): Organische Substanz   aus (a) durch mikro-
     in den Zwischen-   bielle, chemische oder
     schichträumen, nach-   mechanische (Us) Ein-
     dem: wirkung die Hmst des
                               Außenraums abgetrennt
                               wurden.

(c): Organische Substanz   Umsetzung mit Hs, denen
     an den Kanten des   das Eindringen in die
     Tonminerals nach   Zwischenschichträume
     erneuter   nun verwehrt ist.

Dieses Modell findet seine weitere Bestätigung durch

    Messung der Basisabstände und die C-Gehalte der
    verbleibenden Präparate.

Das verwendete Tonmineral, ein Ca-Bentonit mit dem einge-
lagerten Huminstoff erfuhr eine Schichtaufweitung auf
15,22 Å. Nach der Us-Behandlung ging diese auf 14,71 Å
zurück.

Die C-Gehalte von Komplexen aus Ca-Bentonit mit autoxidierendem Hydrochinon (A) und dem gleichen Tonmineral mit

natürlichen Huminsäure-Vorstufen (Ethanolextrakt aus na-
türlichem Boden, B) zeigten mit zunehmender Us-Behandlung
die gleiche Tendenz: zunächst eine Abnahme, dann wieder
eine Zunahme (Abb. 1.6.4).

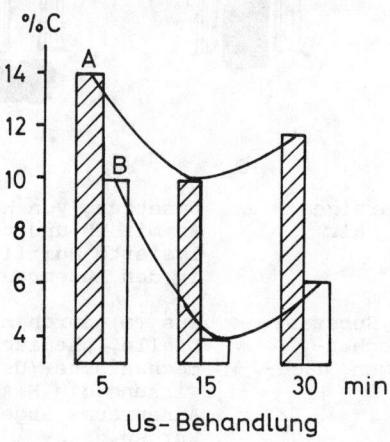

Abb.1.6.4:   C-Gehalte in THK nach Us-Behandlung

1.6.4   Ton-Lignin-Komplexe

Der Bedeutung des Lignins zufolge sollten auch tonorganische Komplexe mit dieser organischen Komponente zu erwarten sein.

Aufgrund der auch hier schwierigen analytischen Ausgangsbedingungen wurden unter bodentypischen Bedingungen aus
Tonmineralen und Lignin Komplexe präparativ hergestellt
und diese und die Ausgangsbedingungen analysiert.

Unter milden Bedingungen, d.h. in neutraler Lösung werden
suspendierte bzw. gelöste Lignine mit suspendierten Ton-

mineralen längere Zeit (35 Tage) geschüttelt, das Reaktionssystem aufgetrennt (Abb. 1.6.5) und seine Komponenten untersucht.

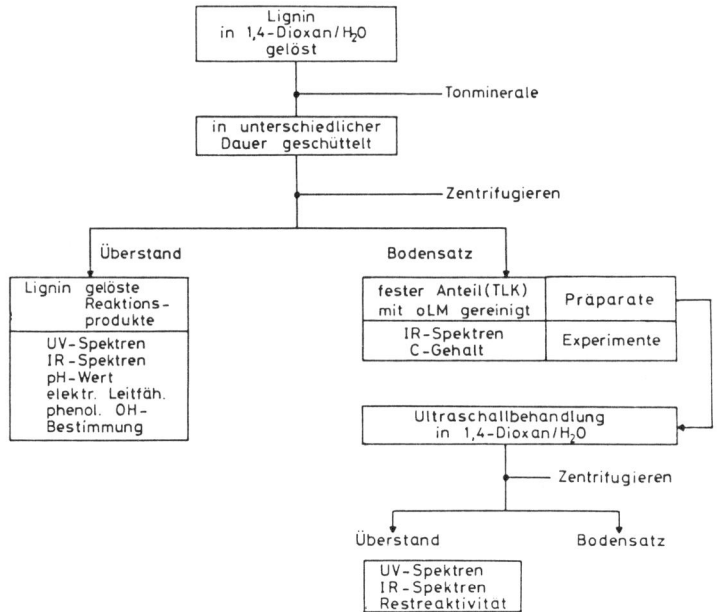

Abb. 1.6.5: Gewinnung der Ligninpräparate und der Ton-Lignin-Komplexe (TLK)

UV-Spektren

Die UV-Spektren der Präparate 0 bis 5[*] weisen so eklatante Abweichungen auf, daß auf eine drastische Veränderung des Lignins in Gegenwart von Ca-Bentonit geschlossen werden muß (Abb. 1.6.6).

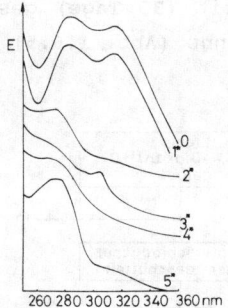

260 280 300 320 340 360 nm

Abb. 1.6.6:   Die UV-Spektren von unverändertem (0,1*)
              und in Gegenwart von Ca-Bentonit veränder-
              tem Lignin (2*-5*)

Das erste Maximum des unbehandelten Stroh-Lignins (Präp.
0) bei 283 nm, offensichtlich verursacht durch
sauerstoffsubstituierte Benzolringe, ist nach der
Reaktion mit Ca-Bentonit verschwunden. An dessen Stelle
tritt ein neues Maximum bei 276 nm. Das zweite Maximum
bei 315 nm ist möglicherweise auf die Veresterung des
Lignins mit p-Cumar- und Ferulasäure zurückzuführen.
Diese Bande ist nach der Reaktion entweder ganz
aufgehoben (Präp. 3* und 4*) oder sie zeigt nur eine
Schulter (Präp. 2* und 5*). Bei Präp. 3* ist ein neues
Maximum um 305 nm zu beobachten. Lignin in Dioxan (Präp.
1* ohne Ca-Bentonit), das wie die Präparate Nr. 2*-5*
behandelt wurde, zeigt im Vergleich mit dem unbehandelten
Lignin (Präp. 0) ein unverändertes Spektrum. Damit ist
eine Veränderung durch Dioxan ausgeschlossen, die jedoch
durch Zusatz von Ca-Bentonit durch die veränderten UV-
Spektren (Abb. 1.6.6) erwiesen worden ist.

CPMAS-^{13}C-NMR-Spektroskopie der Lignine

Zur Verfolgung der Veränderung des Lignins nach der Wechselwirkung mit den Tonmineralen wurde neben der IR-Spektroskopie auch die CPMAS-Kohlenstoff-13-NMR-Spektroskopie eingesetzt.

Das NMR-Spektrum des Strohlignins nach Wechselwirkung mit Fe-Bentonit weist eine deutliche Abweichung vom originären Präparat auf, die der anderen Ligninpräparate zeigen im Gegensatz zu den IR-Spektren keine nennenswerten Veränderungen gegenüber dem nativen Lignin. Es sei noch erwähnt, daß im NMR-Spektrum des Ligninpräparates nach der Wechselwirkung mit Na-Bentonit das schwache Signal des nativen Lignins um 60.6 ppm nur noch als eine schwache Schulter zu sehen ist. Weiterhin sind zu nennen: Abnahme bei 82.5 ppm und bei 23-32 ppm; geringfügige Abnahme bei 161.6 ppm und geringfügige Zunahme um 183 ppm. Wie bereits dargestellt (Tadjerpisheh, Ziechmann 1984) weisen die IR-Spektren eine drastischere Veränderung der Ligninpräparate nach der Wechselwirkung mit Tonmineralen auf. Es finden nach einer Wechselwirkung des Lignins mit dem Fe-Bentonit folgende Veränderungen statt:

Intensitätszunahme um	60.6 - 63.2 ppm
Intensitätsverschiebung	von 73.3 ppm nach 71.6 ppm
Intensitätsverminderungen bei	20 - 50 ppm (Aliphaten)
	100 - 133 ppm (Aromaten)
	geringfügige Abnahme bei 147.7 ppm und 161.6 ppm

Kationenaustauschkapazität (KAK)

Nach der Reaktion, also nach erfolgter Komplexbildung, zeigen die Reaktionsprodukte eine geringere KAK gegenüber den unbehandelten Tonmineralen. Dieser Sachverhalt ist

durch die Blockierung der Zwischenschichträume bzw. Ab-
schirmung der Austauschplätze auf der Tonmineraloberfläche durch die adsorbierte organische Substanz zu deu-
ten. Die Abnahme der Kationenaustauschkapazität liegt
immerhin zwischen 6,8 und 10,2 %. Am stärksten nimmt die
KAK bei Mg- und Fe-Bentonit ab. Fe-Bentonit zeigt die
niedrigste KAK.

Tab. 1.6.10: Kationenaustauschkapazität (KAK) der Ton-
              Lignin-Komplexe

Präparat	KAK (mval/100 g)
Na-Bentonit	120.1
Na-Bentonit/Strohlignin in 1,4-Dioxan-H_2O 20 Tage geschüttelt, Bodensatz	111.9
Fe-Bentonit	76.3
Fe-Bentonit/Strohlignin in 1,4-Dioxan-H_2O 20 Tage geschüttelt, Bodensatz	66.9
Ca-Bentonit	99.9
Ca-Bentonit/Strohlignin in 1,4-Dioxan-H_2O 20 Tage geschüttelt, Bodensatz	91.1
Mg-Bentonit	96.6
Mg-Bentonit/Strohlignin in 1,4-Dioxan-H_2O 20 Tage geschüttelt, Bodensatz	86.7

Die dargestellten Ergebnisse zeigen, daß in Gegenwart von
Tonmineralen unter den Bedingungen eines natürlichen
Systems (Bodens) eine Veränderung des an sich schwer zer-
setzbaren Lignins und die Bildung von Ton-Lignin-
Komplexen erfolgt.

Die Eigenschaften der Ton-Lignin-Komplexe weichen deutlich von denen ihrer Komponenten ab. Es ist also damit zu rechnen, daß diese bislang noch nicht beschriebene Gruppe von Bodeninhaltsstoffen die Eigenschaften und das chemische Potential eines Bodens durchaus mitbestimmen.

Die kurze Darstellung dieser Ergebnisse läßt die Annahme zu, daß es sich bei dieser Art der Wechselwirkung um eine Polymerisation und Reduktion gewisser Ligninbausteine handelt.

Die abgelaufenen Vorgänge für diese Komplexe könnte man in folgendem Modell zusammenfassen:

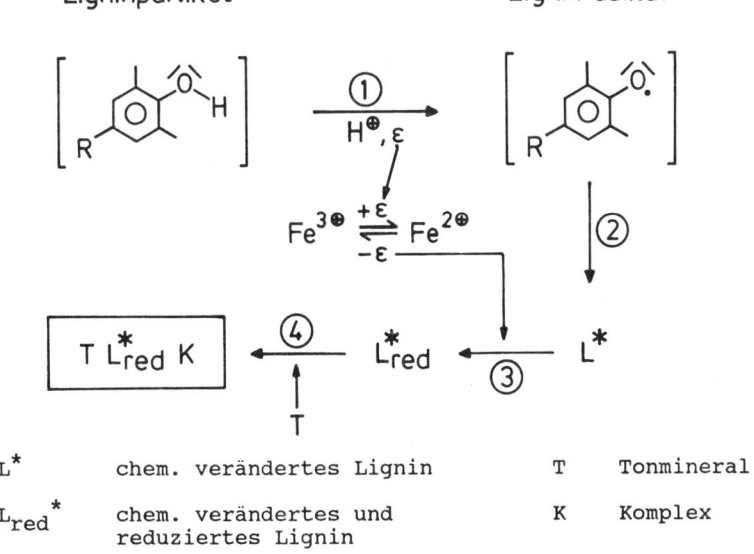

L^*	chem. verändertes Lignin	T	Tonmineral
L_{red}^*	chem. verändertes und reduziertes Lignin	K	Komplex

Vorgang	Indiz
(1) Radikalbildung bzw. Existenz von Radikalen	Literatur
(2) Polymerisation (Vernetzung)	Abnahme der OH-Gruppen
(3) Reduktion	IR-Spektrum: $-C\begin{smallmatrix}O\\H\end{smallmatrix} \rightarrow -\begin{smallmatrix}H\\C\\H\end{smallmatrix}-OH$
(4) TL^*_{red}K-Bildung	C-Analysen Spektroskopie thermische Analyse

Möglicherweise wird diese Funktion vom Eisen übernommen ($Fe^{2+} \rightleftharpoons Fe^{3+} + \epsilon$), woraus sich dann die Sonderstellung der Fe-Bentonit-Lignin*-Komplexe ableiten könnte.

Eine Dehydrierung und anschließende Elektronenabgabe beim Lignin würde zur Bildung von O- und C-Radikalen führen, die dann eine Polymerisation der Ligninbausteine vorantreiben. Bei diesem Prozeß würde Lignin als Elektronendonator fungieren.

Nach dieser Phase werden Ligninbruchstücke von der Tonmineralmatrix sorbiert und bilden schließlich die Ton-Lignin*-Komplexe, die im vorliegenden Falle (Strohlignin, in 1,4-Dioxan-H_2O gelöst, 20 Tage geschüttelt mit Fe-Bentonit, Rückstand) als Ton-Lignin$^*_{red}$-Komplexe (TL^*_{red}K) zu bezeichnen sind. Diese Sorption wurde durch Kohlenstoffanalyse, Glühverlust, thermische Analyse und IR-Spektroskopie nachgewiesen.

1.7 Literatur

ANGRICK, M. und D. REWICKI
Die Maillard-Reaktion
Chemie in unserer Zeit, 14, 149 (1980).

ELLER, W.
Künstliche und natürliche Huminsäuren
Brennstoff-Chemie, 2, 129-133 (1921).

FLAIG, W., H. BEUTELSPACHER and E. RIETZ
Soil components, Vol. 1, ed. by J.E. Gieseking,
New York, Heidelberg, Berlin (1975).

GREENLAND, D.J.
Soil Sci., 7, 319-329 (1956).

KONONOVA, M.M.
Soil organic matter, its nature, its role in soil
formation and in soil fertility
Oxford, ... (1966).

SCHEFFER, F. und B. ULRICH
Humus und Humusdüngung
Stuttgart (1960).

SCHNITZER, M. u. S.U. KHAN
Humic substances in the environment
New York (1972).

THENG, B.K.G.
The Chemistry of Clay-organic Reaktions
London (1974).

WEISS, A.
Angew. Chemie, 75, 113-122 (1963).

ZIECHMANN, W.
Huminstoffe
Verlag Chemie (1980).

2   Sekundärprozesse

Sekundärprozesse stellen die chemischen Vorgänge dar, die
die spezifischen Reaktionen des Bodens bestimmen. Es wird
also hier über all jene Prozesse zu berichten sein, die
in der Summe das Verhalten des Bodens ausmachen. Dabei
wird weitestgehend nur auf solche eingegangen, die sich
bodenintern, also ohne Eingriff von außen vollziehen. Daneben sind einige chemische Grundprozesse abzuhandeln,
die für die Einzeldarstellungen von Wichtigkeit sind.

2.1   Bodenlösung

Der Hauptanteil der chemischen Reaktionen im Boden spielt
sich in Lösung ab, zumindest aber an der Grenzfläche von
Lösung zu Festkörper. Transportvorgänge über größere Ent-
fernungen sind ebenfalls in aller Regel auf die gelöste
Phase angewiesen. Nicht zuletzt der Pflanzenwuchs auf dem
Boden ist ohne die gelöste Phase undenkbar. Dem Wasser,
als einzig im Boden natürlich vorkommendem Lösungsmittel,
kommt dabei eine herausragende Rolle zu.

2.1.1   Bodenwasser

Bei der Betrachtung des Wassers im Boden wird zuerst
stets an das den Wasserhaushalt des Bodens entscheidend
regelnde physikalische Verhalten gedacht. Chemisches und
physikalisch-chemisches Verhalten hingegen treten oft in
den Hintergrund, dabei sind es auch diese Grundlagen, die
zur Klärung vieler Fragen beitragen.

Wasser besteht aus Dipolmolekülen und tritt daher mit allen geladenen Teilchen in Wechselwirkung, also auch mit

sich selbst. Es bilden sich Wasserstoffbrücken zwischen den Sauerstoff- und Wasserstoffatomen aus, die zu einer festen Vernetzung der Moleküle untereinander führen. Hierin sind die im Vergleich zum ähnlich aufgebauten Schwefelwasserstoff (H_2S) deutlich höheren Schmelz- und Siedepunkte begründet: Beim Wasser ist der Bindungswinkel der Wasserstoffatome mit 105° stärker gewinkelt als bei Schwefelwasserstoff (180°). Dies führt zur Ausbildung eines größeren Dipolmomentes und damit dann auch zur erheblich verstärkten Ausbildung von Wasserstoffbrücken.

Neben der Bindung der Wassermoleküle untereinander ist die Wechselwirkung mit geladenen Drittsubstanzen von Interesse. Alle Ionen in der Bodenlösung sind von einer Hülle Wassermoleküle umgeben, die je nach Ladung und Größe des Ions mehr oder weniger fest sitzt. Dies bewirkt eine Vergrößerung des effektiven Ionenradius. Da die Wassermoleküle dieser Hydrathüllen auch mit anderen vernetzt sind, ist über die Zunahme der Größe hinaus eine deutliche Einschränkung der Beweglichkeit der Ionen festzustellen.

Die wäßrige Lösung stellt eine Voraussetzung für alle weiteren in diesem Kapitel abgehandelten Vorgänge und Zusammenhänge dar.

2.1.2 Massenwirkungsgesetz

Für die folgenden Betrachtungen wird von einer reversiblen chemischen Reaktion ausgegangen, wie sie in großer Anzahl in der Bodenlösung ablaufen (2.1.1). Nach dem zweiten Hauptsatz der Thermodynamik kommt es für reversible Reaktionen zur Einstellung eines Gleichgewichtes.

(2.1.1) $A + B \rightleftharpoons C + D$

Dieses Gleichgewicht wird durch die Geschwindigkeiten der Hin- und Rückreaktionen ausgedrückt, die sich aus Änderungen der Konzentrationen der Teilchen A bzw. B mit der Zeit ergeben, für die Rückreaktion entsprechend (2.1.2).

(2.1.2) $v_1 = - \dfrac{d\,[A]}{dt} = - \dfrac{d\,[B]}{dt}$

Zunächst sind die Ausgangsstoffe A und B allein vorhanden. Die Geschwindigkeit der Hinreaktion (v_1) wird also groß sein, verglichen mit der der Rückreaktion (v_2). Die Einstellung des chemischen Gleichgewichtes wird durch (2.1.3) dokumentiert. Bei gleicher Geschwindigkeit beider beteiligter Reaktionen (Abb. 2.1.1, Ziechmann, 1973) befindet sich das System im Gleichgewicht.

(2.1.3) $v_1 = v_2$

Für die Konzentrationsprodukte ($[A] \cdot [B]$, bzw. $[C] \cdot [D]$) gilt, daß sie nach der Zeit der Gleichgewichtseinstellung konstant aber nicht gleich sind.

Da die Geschwindigkeit einer chemischen Reaktion proportional zum Produkt der beteiligten Konzentrationen verläuft, kann aus 2.1.4 und 2.1.5 die klassische Form des Massenwirkungsgesetzes abgeleitet werden.

(2.1.4) $a \cdot A + b \cdot B \rightleftharpoons c \cdot C + d \cdot D$

$$v_1 = k_1 \cdot [A]^a \cdot [B]^b \text{ und}$$

$$v_2 = k_2 \cdot [C]^c \cdot [D]^d$$

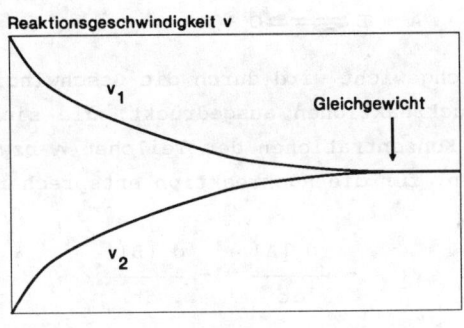

Abb. 2.1.1: Veränderung der Geschwindigkeiten v_1 und v_2
             mit der Zeit

$$(2.1.5) \qquad k_1 \cdot [A]^a \cdot [B]^b = k_2 \cdot [C]^c \cdot [D]^d$$

Aus diesen Gleichungen ergibt sich für die Geschwindig-
keitskonstanten k_1 und k_2 der Reaktionen das Massenwirkungsgesetz (2.1.6) unter der Voraussetzung, daß jeder
Zusammenstoß zweier Teilchen der betrachteten Sorte wirk-
lich zur Reaktion führt.

$$(2.1.6) \qquad \frac{[C]^c \cdot [D]^d}{[A]^a \cdot [B]^b} = \frac{k_1}{k_2} = K$$

Das Massenwirkungsgesetz gilt nur für eine bestimmte,
konstante Temperatur.

Bei einer Reaktion bestehen zwei prinzipielle Möglichkeiten des energetischen Verlaufs bezüglich der Endprodukte
(Abb. 2.1.2). Zum einen ist das Endprodukt energiereicher
als das Ausgangsprodukt, zum anderen wird Energie bei der
Bildung des Endproduktes frei. Unabhängig davon ist häu-

fig die Aufwendung von Energie notwendig, um eine Reaktion überhaupt ablaufen zu lassen (Aktivierungsenergie).

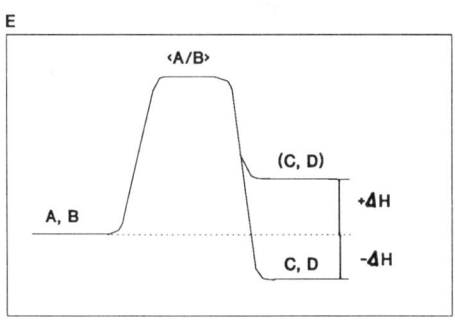

Abb. 2.1.2:   Energien von Ausgangs-, Zwischen- und End-
              produkten bei chemischen Reaktionen

Ohne äußere Einwirkungen können in diesem System nur die
Reaktionen ablaufen, die zu einer Freisetzung von Energie
führen ($-\Delta H$). Ist ΔH positiv, so muß Energie aufgewandt
werden, um die Endprodukte zu erhalten.

2.1.3   Dissoziation

Das oben dargestellte Massenwirkungsgesetz (2.1.6) erfaßt
die Dissoziation (2.1.7) einer Verbindung AB quantitativ
und gibt mit K_D eine wichtige Stoffkonstante für AB
(2.1.8). Für Elektrolyte entstehen durch die Dissoziation
Anionen und Kationen.

(2.1.7) $AB \rightleftharpoons A + B$

(2.1.8) $\dfrac{[A] \cdot [B]}{[AB]} = K_D$

Für die Dissoziation der Elektrolyte können die folgenden
Klassen aufgestellt werden (Tab. 2.1.1).

Tab. 2.1.2: Einstufung der Elektrolyte nach ihrer Disso-
            ziation

K_D (T=293 K)	Elektrolyt	Beispiel
$<10^{-5}$	schwach	$Al(OH)_3$, NH_4OH
10^{-5}	mittelschwach	$H_3C-COOH$
10^{-3}	mittelstark	Zitronensäure
$>10^{-3}$	stark	KCl, NaCl

Ein bedeutender Sonderfall der Dissoziation einer Verbindung ist die des Wassers. Die in (2.1.9) und (2.1.10)
dargestellten Reaktionen lassen sich zu (2.1.11) vereini-
gen.

(2.1.9) $H_2O \rightleftharpoons H^+ + OH^-$

(2.1.10) $H_2O + H^+ \rightleftharpoons H_3O^+$

(2.1.11) $H_2O + H_2O \rightleftharpoons H_3O^+ + OH^-$

Bei der Betrachtung dieser Reaktionen zeigt sich, daß das
Wasser hier sowohl als Säure (Protonendonator) als auch
als Base (Protonenakzeptor) fungiert. Durch Einsatz der
Gleichung in das Massenwirkungsgesetz (2.1.6) wird die
Dissoziationskonstante des Wassers (K_W) für 25 °C definiert (2.1.12). Das Wasser ist ein sehr schwacher Elektrolyt.

(2.1.12) $\dfrac{[H^+] \cdot [OH^-]}{[H_2O]} = K_W = 1,8 \cdot 10^{-16}$

Da bei dieser geringfügigen Dissoziation davon auszugehen
ist, daß die Konzentration des undissoziierten Anteils
mit 55,5 mol/l unverändert bleibt, läßt sich (2.1.12)
vereinfachen zu (2.1.13).

(2.1.13) $[H^+] \cdot [OH^-] = K_W \cdot 55,5 = 1,01 \cdot 10^{-14}$

oder

(2.1.14) $[H^+] \cdot [OH^-] = 10^{-14}$

Mit (2.1.14) ist das Ionenprodukt des Wassers definiert.
Hieraus ergibt sich die Möglichkeit, Abweichungen von
diesem Gleichgewicht quantitativ zu betrachten. Für den
Gleichgewichtszustand gilt (2.1.15). Durch Logarithmieren
leitet sich der pH ab. Er ist eine einfacher zu handha-
bende Größe als die tatsächliche Konzentration (2.1.16).

(2.1.15) $[H^+] = [OH^-] = 10^{-7}$

(2.1.16) $pH = -lg\ [H^+]$ bzw. $pH = -\ lg\ [H_3O^+]$

Es bleibt anzumerken, daß in wäßriger Lösung die Protonen
fast vollständig gemäß (2.1.10) an Wassermoleküle zu
H_3O^+-Ionen gebunden werden.

2.1.4   Säure-Base-Reaktionen

Die Reaktion einer Säure mit einer Base führt zu einem
Salz und Wasser (2.1.17), wobei der eigentliche Vorgang
auf der Bindung von Protonen und Hydroxyionen zu Wasser
beruht (2.1.18).

(2.1.17) $H_2CO_3 + Ca(OH)_2 \rightleftharpoons CaCO_3 + 2\ H_2O$

(2.1.18) $H^+ + OH^- \rightleftharpoons H_2O$

Eine Erweiterung auf solche Basen, die keine Hydroxyionen
abzudissoziieren in der Lage sind, ergibt sich durch das
Brönsted-Konzept, das die Säuren zwar weiterhin als Pro-
tonendonatoren auffaßt, Basen hingegen als Proto-
nenakzeptoren (2.1.19). Damit kann z.b. das basische Verhalten von Ammoniak (NH_3) erklärt werden, ohne daß die
nicht nachgewiesene Verbindung NH_4OH konstruiert werden
muß.

(2.1.19) $HA \rightleftharpoons H^+ + A^-$ Säure

               $B + H^+ \rightleftharpoons BH^+$ Base

               $HA + B \rightleftharpoons A^- + BH^+$ Gesamtreaktion

In der Gesamtreaktion wird deutlich, daß durch die Über-
tragung eines Protons wieder eine Base im Sinne eines
Protonenakzeptors entstanden ist (A^-) und ebenso eine
Säure als Protonendonator (BH^+). Diese neu gebildeten
Säuren und Basen werden zur Unterscheidung als konju-
gierte Säure bzw. Base bezeichnet.

Die quantitative Erfassung wird wiederum durch das Massenwirkungsgesetz (2.1.6) vollzogen, wobei zur Vereinfachung sowohl für die Säure als auch die Base von der jeweiligen Form des Protonendonators ausgegangen wird, so
daß sich für die Gleichgewichtskonstanten (2.1.20) ergibt.

(2.1.20) $$\frac{[A^-] \cdot [H^+]}{[HA]} = K$$

               $$\frac{[B] \cdot [H^+]}{[BH^+]} = K$$

Ein großer K-Wert hat also für eine Säure und eine Base eine durchaus unterschiedliche Bedeutung: Er zeigt eine starke Säure an, also eine weitgehende Dissoziation in wäßriger Lösung zu Proton und Anion, für eine Base hingegen zeigt er ein weitgehendes Verharren bei den Ausgangsprodukten an, also, daß eine schwache Base vorliegt.

In Analogie zum pH-Wert wird für diese Konstanten der negative Logarithmus verwendet, um sie besser handhaben zu können. Es gilt für Säure und Base (2.1.21).

(2.1.21) $pK = -lg\ K$

Bei der Verwendung der pK-Werte ist unbedingt zu beachten, daß es sich um die negativen Logarithmen der K-Werte handelt, daß große K-Werte kleine pK-Werte bedingen. Starke Säuren werden kleine pK-Werte aufweise, teilweise auch negative, starke Basen sind hingegen durch große pK-Werte gekennzeichnet.

Aus (2.1.20) und (2.1.21) kann nun (2.1.22) abgeleitet werden und entsprechend der Definition des pH-Wertes dann (2.1.23). Die sich ergebende Gleichung wird als Henderson-Hasselbalch-Gleichung bezeichnet. Sie stellt einen Zusammenhang her zwischen den Dissoziationskonstanten der Säuren und Basen und der in der Lösung anzutreffenden Protonenkonzentration. Für den Aufbau von Puffersystemen spielt sie eine bedeutende Rolle.

(2.1.22) $lg[A^-] + lg[H^+] - lg[HA] = lg\ K = -pK$

(2.1.23) $pH = pK + lg\ \dfrac{[A^-]}{[HA]}$

2.1.5   Löslichkeitsprodukt

Zur quantitativen Beschreibung von Systemen mit unterschiedlichen Phasen wird ebenfalls das Massenwirkungsgesetz (2.1.6) herangezogen. Für die Betrachtung wird davon
ausgegangen, daß ein Bodenkörper eines Salzes (AB) von
einer Lösung seiner Ionen (A^-, B^+) überschichtet ist. Die
ablaufenden Vorgänge lassen sich in zwei Schritten charakterisieren. Zum ersten werden die Ionen miteinander
reagieren und die gelöste Verbindung $(AB)_{gel}$ bilden
(2.1.24), was durch das Massenwirkungsgesetz quantitativ
zu erfassen ist.

(2.1.24) $A^- + B^+ \rightleftharpoons (AB)_{gel}$

Zum zweiten werden die Ionen aber auch AB in der Form der
festen Phase bilden, wobei die Anzahl freier Plätze (Z)
auf dem Festkörper für die Geschwindigkeit dieser Reaktion (2.1.25), neben den Konzentrationen der Ionen in der
Lösung, entscheidend sind.

(2.1.25) $v_1 = k_1 \cdot Z_{(A)} \cdot Z_{(B)} \cdot [A^+] \cdot [B^-]$

Die Auflösung des Bodenkörpers, die im Zustand des
Gleichgewichts in der Lösung sich mit der gleichen
Geschwindigkeit vollzieht wie die Neubildung, also $v_1 = v_2$ ist, ist lediglich proportional zur Anzahl der betei-
ligten Ionen in der Oberfläche des Festkörpers (2.1.26).

(2.1.26) $v_2 = k_2 \cdot Z_{(A)} \cdot Z_{(B)}$

Für die Betrachtung des Gesamtvorganges ergibt sich im
Gleichgewichtszustand somit (2.1.27) und (2.1.28).

(2.1.27) $k_1 \cdot Z_{(A)} \cdot Z_{(B)} \cdot [A^+] \cdot [B^-] = k_2 \cdot Z_{(A)} \cdot Z_{(B)}$

(2.1.28) $[A^+] \cdot [B^-] = \dfrac{k_1}{k_2} = L$

Das Löslichkeitsprodukt L einer Verbindung ergibt sich aus dem Produkt der Konzentrationen der in Lösung befindlichen Ionen. Ist dieses Produkt kleiner als das Löslichkeitsprodukt, das ebenfalls nur für eine bestimmte Temperatur gilt, so erfolgt eine weitere Auflösung des Festkörpers, bis die Gleichung (2.1.28) erfüllt ist. Ist das Produkt größer, setzt bis zum Erreichen der Bedingung (2.1.28) eine Ausfällung der Verbindung ein.

Besondere Beachtung muß hier die Tatsache finden, daß das Produkt zweier Ionenkonzentrationen die entscheidende Größe ist, die Einzelkonzentration mithin von geringerem Interesse. Quantitative Ausfällungen von Verbindungen erklären sich durch den Einsatz eines Überschusses. Die vollständige Auflösung eines Festkörpers wird durch die Entfernung eines Ions aus der überstehenden Lösung plausibel.

2.1.6   Ionen in wäßriger Lösung

Bei allen Betrachtungen ist davon auszugehen, daß Ionen in wäßriger Lösung nie frei vorliegen, sondern entweder umgeben sind von Wassermolekülen oder mit anderen Ionen in Interaktion treten durch Bildung von Ionenpaaren oder Komplexionen. Diese Wechselwirkungen verändern die Eigenschaften der Ionen gegenüber dem freien Zustand teilweise erheblich. Eine Änderung ist dabei für die Betrachtung der Reaktivität von Ionen in Lösungen von großer Bedeutung: die der Beweglichkeit.

Durch die unterschiedlichen Interaktionen sind die Teilchen Kräften ausgesetzt, die die Wahrscheinlichkeit er-
folgreicher Zusammenstöße verringern. Die Konzentrationen
spiegeln nicht die tatsächlich reagierenden Teil-
chenzahlen wieder. Es besteht daher die Notwendigkeit,
Korrekturen einzuführen (2.1.29). Die Aktivität a(i) eines Stoffes i in wäßriger Lösung setzt sich aus seiner
Konzentration C(i) und dem Aktivitätskoeffizienten f(i)
zusammen, der die effektive Konzentrationsverminderung
erfaßt.

(2.1.29) $a(i) = f(i) \cdot C(i)$

Mit der Verminderung der Konzentration nähern sich die
natürlichen Systeme dem idealen Zustand an, so daß für
sehr kleine Konzentrationen der Aktivitätskoeffizient 1
wird und damit Aktivität und Konzentration korrespondie-
ren (2.1.30).

(2.1.30) $\lim\limits_{C \to 0} f = 1$

Die Aktivitäten von Salzen in wäßriger Lösung sind mit
(2.1.31) zu umschreiben. Anzumerken ist allerdings, daß
für die im Bereich der Bodenkunde durchgeführten über-
schlagsmäßigen Rechnungen auf den Einsatz von Aktivitäten
und -koeffizienten teilweise bei ausreichender Genauigkeit verzichtet werden kann.

(2.1.31) $a(KNO_3) = f(K^+) \cdot C(K^+) \cdot f(NO_3^-) \cdot C(NO_3^-)$

Für die Gesamtlösung ergibt sich aus der Summe der Konzentrationen M(i) und der Ladungen Z(i) der beteiligten
Ionen (i) die Ionenstärke I (2.1.32) als eine charakteristische Größe.

(2.1.32) $I = 1/2 \ \Sigma \ M(i) Z^2(i)$

Die Aktivitätskoeffizienten für die einzelnen Ionen können aus der Debye-Hückel-Beziehung oder einer ihrer Er-
weiterungen errechnet werden. Hier sei auf einschlägige
Literatur der physikalischen Chemie hingewiesen.

Durch die Interaktion von Ionen in Lösung untereinander
kommt es zur Ausbildung von Ionenpaaren und Komplexionen.
Bei beiden Formen handelt es sich um Produkte von Reaktionen, so daß die Ionen ihre Identität verlieren. Für
die Bildung von Ionenpaaren wird davon ausgegangen, daß
die Interaktionen zwischen den beiden beteiligten Partnern elektrostatisch über die Hydrathüllen der getrennt
hydratisierten Ionen vollzogen wird. Es erfolgt also
nicht, wie bei den durch Ionenbeziehung verknüpften
undissoziierten Teilchen, die Bildung einer gemeinsamen
Hydrathülle. Die wirkenden Kräfte können dennoch, besonders bei starken Elektrolyten, erheblich sein.

Unter Komplexionen soll in diesem Zusammenhang die Assoziation von Liganden an ein zentrales Kation verstanden
werden. Dabei sind Liganden als Ionen oder Moleküle aufzufassen, die sich in der Koordinationssphäre des Zentralions befinden. Wasser ist dabei ein bedeutender Li-
gand, wie die Beispiele des $Al(H_2O)_6^{3+}$ und $Fe(H_2O)_6^{3+}$
zeigen.

2.1.7   Literatur

ZIECHMANN, W.
Chemie, Enke Verlag, Stuttgart, 1973

2.2   Adsorptionsphänomene

Atome und Moleküle, die sich an der Oberfläche einer
Phase befinden, unterscheiden sich von denen, die im Volu-
men, also dem Inneren der betrachteten Phase, anzutreffen
sind. Jene an der Grenzfläche sind nicht symmetrisch von
benachbarten Teilchen umgeben (Abb. 2.2.1), sie können
daher mit ihren nicht abgesättigten Valenzen die Bindung
von Fremdatomen oder Molekülen an der Oberfläche vollziehen. Dieser Vorgang, die Bindung von Fremdatomen an der
Phasengrenze, wird als Adsorption bezeichnet.

Die Adsorption hängt von einer Reihe von Faktoren ab.
Einen entscheidenden Einfluß üben die Temperatur und die
Konzentration der gelösten Verbindung, bei Gasen der
Druck aus. Zunächst aber sind die Art der adsorbierten
Partikel und die Substanz von Bedeutung, die die Grenz-
flächen aufbauen.

Für eine sinnvolle Bearbeitung dieser Fragen muß eine Be-
griffsbestimmung durchgeführt werden. Unter Adsorption
soll, da es sich um einen reinen Oberflächeneffekt handelt und nicht das Eindringen in die Phase betrachtet
wird, eine Anreicherung an einer Grenzschicht verstanden
werden. Die Phase, an deren Grenzschicht die Adsorption
stattfindet, ist als Adsorbens zu bezeichnen. Für die im
Boden zu betrachtenden Vorgänge ist das Adsorbens meist
eine feste Phase.

Die Teilchen, deren Adsorption erfolgt, stellen das Adsorptiv. Der Anteil, der bereits adsorbiert ist, wird als
Adsorpt bezeichnet. Adsorbens und Adsorpt werden zum Adsorbat zusammengefaßt (2.2.1).

Adsorbens + Adsorpt = Adsorbat
                    ↑
              Adsorptiv

Loriot (zyst großen...

hier weist fest ?

(2.2.1)   Adsorbens + Adsorptiv = Adsorbat

Adsorbens <————┴————> Adsorpt

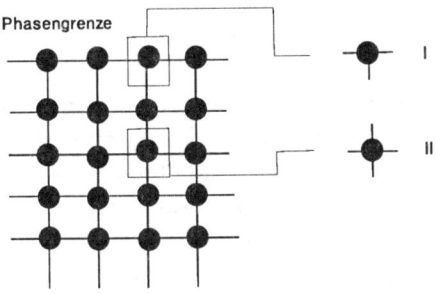

Abb. 2.2.1: Teilchen an der Phasengrenze (I) und im In-
             nern der Phase (II)

Unterscheidungen der Einzelprozesse anhand der Sorptionswärmen, in Adsorption (<10 kcal/mol) und Chemiesorption
(>10 kcal/mol), erscheinen recht willkürlich. Eine mehr
an physikalisch-chemischen Gegebenheiten orientierte Einteilung zeigt das folgende Beispiel: Die Einwirkung reaktiver Gase, etwa Sauerstoff, auf Adsorbentien wie Metalle
führt schon bei Raumtemperatur zur Ausbildung chemischer
Verbindungen an deren Oberfläche. Die Sorptionswärmen
entsprechen in diesem Fall vollkommen den Bindungswärmen,
so daß die Adsorption identisch ist mit einer chemischen
Reaktion, was die Bezeichnung Chemiesorption zuläßt.

Wirken hingegen vollkommen inerte Gase auf eine Oberfläche ein, werden die Atome dort adsorbiert. Dabei liegen
dann die Sorptionswärmen in der Größenordnung der Konden-

sationswärmen, so daß die Bindung an der Oberfläche lediglich durch Dispersionskräfte zustande kommt. Die Wechselwirkung ist rein physikalisch, sie kann als Physisorption bezeichnet werden. Physisorption und Chemi-
sorption stellen mithin die Extrempunkte der Adsorption
dar. Werden die Bindungskräfte näher bezeichnet, ist der
Begriff Adsorption allerdings hinreichend.

Im Gegensatz zur Bildung einer chemischen Verbindung
weist das Adsorpt unter bestimmten Voraussetzungen eine
gewisse Beweglichkeit auf der Oberfläche auf. Dieses gilt
sowohl für die Adsorption von Gasen an Festkörper als
auch für die im Bereich des Bodens mehr interessierenden
Wechselwirkungen der flüssigen und gelösten Substanzen
mit der festen Phase.

Zur Charakterisierung der Wechselwirkung einer Substanz
mit einer Oberfläche ist es sinnvoll, eine möglichst prä-
zise Beschreibung der Bindungsphänomene vorzunehmen, um
auch über den individuellen Fall hinausgehende Aussagen
vornehmen zu können.

2.2.1 Adsorptionskräfte

Als Bindungskräfte für Adsorptionsphänomene sind prinzipiell alle Bindungsformen der Chemie und Physik möglich,
wobei allerdings die Atombindung als Extremfall anzusehen
ist. Da hier die Probleme des Bodens abgehandelt werden
sollen, können all jene Kräfte, die auch in der Summe die
Energie der Brown'schen Molekularbewegung nicht übistei-
gen aus den Betrachtungen herausgenommen werden, da sie
zu keiner Bindung führen und daher auch keine Anreicherung von Teilchen an einer Grenzschicht stattfinden wird.

Es bleiben daher folgende Bindungskräfte zu betrachten: van der Waals Kräfte, Wasserstoffbrücken, hydrophobe Bindung, Ligandenaustausch, Elektronen-Donator-Akzeptor-Komplexe, Ionenbeziehung und koordinative Bindung.

2.2.1.1 Van der Waals Kräfte

In der van der Waals Gleichung (2.2.2) sind die Anziehungskräfte formuliert für ein Gas mit den Molvolumen V.

$$(2.2.2) \qquad RT = (V - b)(p + \frac{a}{V^2})$$

Als Maß für die attraktiven Kräfte kann der Proportionalitätsfaktor (a) herangezogen werden. Es handelt sich dabei um jene Kräfte, die bewirken, daß selbst Edelgase nicht dem idealen Gasgesetz entsprechen, sondern auch hier Anziehungskräfte der einzelnen Atome untereinander wirken. Die Existenz dieser Kräfte offenbart sich schon dadurch, daß Edelgase in den flüssigen Zustand übergehen können.

Ausgehend von einer vollständig gleichmäßigen Elektronenverteilung in einem Atom ergibt sich in der Schnittebene für die Ladungsverteilung das in Abb. 2.2.2, I dargestellte Bild. Bei einer statistischen Veränderung der Elektronenverteilung durch ein äußeres elektrisches Feld (E) entstehen nun Partialladungen innerhalb der Hülle, die sich durch eine unsymmetrische Ladungsverteilung in der Schnittebene bemerkbar machen (Abb. 2.2.2, II). Die entstandenen Partialladungen induzieren bei benachbarten Atomen und natürlich auch Molekülen eine ähnliche Änderung der Ladungsverteilung, allerdings mit geändertem

Vorzeichen (Abb. 2.2.2, III), so daß beide Partikel nun
einer anziehenden Kraft unterworfen sind (2.2.3). Hierin
geht die Polarisierbarkeit a des Moleküls ein, die sich
aus dem induzierten Dipolmoment (μ_{ind}) und der Stärke des
elektrischen Feldes (F) ergibt (2.2.3).

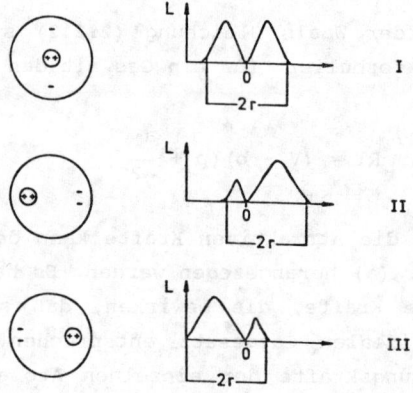

Abb. 2.2.2:   Schematische Darstellung der Änderung der
              statistischen Ladungsverteilung. I symme-
              trische Ladungsverteilung, II Änderung der
              Verteilung durch ein äußeres Feld, III
              durch II induzierte ähnliche Verteilung der
              Ladung.

(2.2.3) $a = \dfrac{\mu_{ind}}{F}$

Unter Heranziehung der Polarisierbarkeit ergibt sich für
die Bindungsenergie zweier unpolarer Teilchen mit induzierten Dipolmomenten (2.2.4).

(2.2.4) $$E_{London} = \frac{3}{4} \cdot hv \cdot \frac{a^2}{2r^6}$$

Die Wechselwirkungsenergie ist somit proportional dem Quadrat der Polarisierbarkeit und reziprok proportional der sechsten Potenz des Molekülabstandes (r). Diese Art der van der Waals Energie, bei der der Proportionalitätsfaktor für eine Reihe von Molekülen gleich groß ist, wird nach London auch als London'sche Dispersionsenergie bezeichnet.

Die zweite Art von van der Waals Kräften findet zwischen einem induzierten und einem stationären Dipolmoment statt, wobei das induzierte Moment durch das stationäre hervorgerufen wird. Die Größe des Momentes hängt wiederum von der Polarisierbarkeit des Moleküls und der Größe des elektrischen Feldes ab, das vom stationären Moment erzeugt wird (2.2.3).

Da die potentielle Energie in einem elektrischen Feld aber nur halb so groß ist wie die eines stationären, die Ladungstrennung erfordert einen zusätzlichen Arbeitsaufwand, ergibt sich für die Bindungsenergie (E_{ind}) die Gleichung 2.2.5.

(2.2.5) $$E_{ind} = 2 \frac{a|\mu|^2}{r^6}$$

Die Interaktion zweier stationärer Dipole mit den Momenten μ_i und μ_j und dem Abstand r_{ij} ist ebenfalls mit dem van der Waals Ansatz zu beschreiben. Es ergibt sich dann für die Bindungsenergie zweier ungleicher Dipole (2.2.6) mit der Boltzmannkonstanten k. Die mittlere Dipol-Dipol-

energie ist umso größer, je größer die Momente der beiden
Moleküle sind.

$$(2.2.6) \qquad E = \frac{2|\mu_i|^2 \, |\mu_j|^2}{3kT \, r^6_{ij}}$$

Der reziproke Einfluß der Temperatur wird ebenfalls deutlich. Bei der Interaktion nur einer Molekülsorte (i = j)
wird (2.2.6) umgewandelt in (2.2.7).

$$(2.2.7) \qquad E_{D-D} = \frac{2|\mu|^4}{3kT \, r^6}$$

Für alle drei Arten der van der Waals Bindung ist damit
die reziproke Abhängigkeit der Bindungsenergie von der
sechsten Potenz des Teilchenabstandes deutlich. Je nach
betrachteter Teilchensorte können einzelne, aber auch
mehrere dieser Wechselwirkungen gemeinsam auftreten. Im
letzteren Fall ist eine Differenzierung nur möglich, wenn
es sich um einfache Moleküle oder Atome handelt, denn die
drei Arten der Wechselwirkung sind in durchaus unterschiedlichem Ausmaß an der Bindungsenergie beteiligt.

Sind bei der van der Waals Wechselwirkung induzierte Dipole beteiligt, so nimmt diese mit steigender Masse der
beteiligten Teilchen zu, da mit der steigenden Oberfläche
auch eine zunehmende Polarisierbarkeit einhergeht. Weiterhin ist, besonders für größere Moleküle, davon auszugehen, daß pro Teilchen nicht nur eine Wechselwirkung
dieser Art stattfindet, sondern mehrere oder gar viele.
Die Summe der im einzelnen vergleichsweise schwachen Interaktion kann eine erhebliche Gesamtenergie ergeben. Als
Beispiel sei hier auf die höheren Kohlenwasserstoffe ver-

wiesen, die zum Teil nicht mehr unzersetzt zu destil-
lieren sind.

2.2.1.2 Wasserstoffbrückenbindungen

Die Ausbildung von Wasserstoffbrücken setzt die Beteiligung bestimmter funktioneller Gruppen voraus und unterscheidet sich damit von den vorangehend beschriebenen
Wechselwirkungen. Als funktionelle Gruppen sind besonders
OH- und NH-Gruppen in unterschiedlichster Umgebung inter-
essant. Der Wasserstoff ist in diesen funktionellen Gruppen an ein elektronegatives Element gebunden, so daß eine
Polarisierung der Bindungselektronen erfolgt (2.2.8).

(2.2.8)   R—N̄➡H

                δ^- δ^+

Diese positive Polarisierung des Wasserstoffes ermöglicht
durch eine, wenn auch nur geringfügige, Durchdringung der
beteiligten Orbitale: dem s-Orbital des Wasserstoffs und
dem doppelt besetzten Orbital des freien Elektronenpaars
eines als Protonenakzeptor ausgewiesenen Atoms. Es ergibt
sich dann die folgende Formulierung (2.2.9).

(2.2.9)   R—N̄—H....:Y

                δ^- δ^+

Folgen solcher Wasserstoffbrückenbindungen werden beim
Vergleich der Siedepunkte des Wassers und des Schwefel-
wasserstoffs offenbar: Wasser mit einem Siedepunkt von
100 °C steht dem Schwefelwasserstoff (H_2S) mit einem Sie-

depunkt von - 61 °C gegenüber. Diese erhebliche Differenz
ist auf die deutlich stärkere Polarisierung des Wassers,
bedingt durch die größere Elektronegativität des Sauerstoffs, zurückzuführen und damit darauf, daß die Moleküle
untereinander starke Wasserstoffbrücken ausbilden.

Da Atome mit freien Elektronenpaaren und Protonenakzep-
tor-Funktion auch in anorganischen Bodenbestandteilen
eine weite Verbreitung erfahren, sie finden sich etwa in
Tonmineralen, Oxiden und Hydroxiden, wird dieser Art der
Wechselwirkung von Adsorptionsphänomenen im Boden eine
große Bedeutung zuzumessen sein.

2.2.1.3 Elektronen-Donator-Akzeptor-Komplexe

Für die Reaktion organischer mit anorganischen Molekülen
ist das von Lewis (1923) entwickelte Konzept der Elektro-
nenpaardonatoren und -akzeptoren von grundlegender Bedeutung. Solche Reaktionen führen zur Ausbildung von Ionen.
Bei rein organischen Verbindungen ist die Entstehung von
Ionen über den Mechanismus des direkten Elektronenaustau-
sches recht unwahrscheinlich. Ein Zwischenzustand sieht
zwar eine Übertragung von Ladung von einem Elektronendonator auf einen Akzeptor vor, allerdings ohne daß ein
vollständiger Elektronenaustausch stattfindet. Ein Zustand intermolekularer Mesomerie wird aufgebaut (2.2.10).

$$(2.2.10) \qquad D + A \; \rightleftharpoons \; (\underline{D....A} \; \longleftrightarrow \; D^+....A^-)$$

Die im Grundzustand überwiegend nichtionare Verbindung
bezieht ihre Bindungsenergie aus der Mesomerieenergie R_N.
Ein vollständiges quantenmechanisches Modell für diese
Molekülverbindungen wurde von Mulliken (1950, 1951, 1952)
entwickelt. Da diese Kräfte einerseits an der Bindung ei-

ner Vielzahl von Substanzen im Boden beteiligt sein können, andererseits aber noch weitgehend unbeachtet sind, soll eine Betrachtung vorgenommen werden.

Wird davon ausgegangen, daß sich ein Elektronendonator und ein Elektronenakzeptor in unendlichem Abstand voneinander befinden, so ist deren Energie gleich Null zu setzen. Dabei sei ein Elektronendonator ein Neutralmolekül, mit einem teilweise auch nur partiellem Elektronenüberschuß, ein Elektronenakzeptor entsprechend ein Neutralmolekül mit einem teilweise auch nur partiell ausgebildeten Elektronenmangel. Nähern sich diese Moleküle auf den Gleichgewichtsabstand von 0,32 bis 0,35 nm an, wird die intermolekulare Bindungsenergie ΔH freigesetzt. Diese Energie setzt sich, wie in Abb. 2.2.3 dargestellt ist, aus der van der Waals Energie (W_0) und der Mesomerieenergie R_N zusammen (2.2.11).

(2.2.11) $\Delta H = W_0 + R_N$

Da beide Energien freigesetzt werden, ergibt sich auch für die Gesamtenergie im Grundzustand ein negativer Betrag.

Die so entstandene Molekülverbindung kann durch die Zuführung eines ganz bestimmten charakteristischen Energiebetrages, der Elektronenüberführungs- oder chargetransfer Energie ($E_{CT} = h \cdot \nu_{CT}$), aus dem Grundzustand in den angeregten Zustand überführt werden. Die notwendige Energie kann der Molekülverbindung durch Einstrahlung von Licht einer bestimmten Wellenlänge zugeführt werden, wodurch sich der Übergang der Verbindung aus dem Grundzustand in den angeregten Zustand durch Absorption der ent-

sprechenden Wellenlängen messen läßt. Durch die Anregung
erfolgt eine Bevorzugung des ionaren Zustandes (2.2.12).

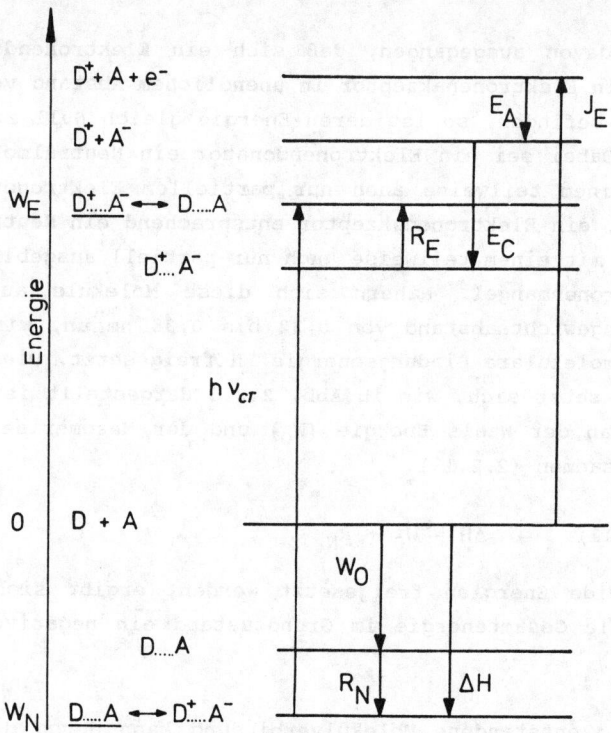

Abb. 2.2.3: Energieschema für die Bildung von Elektro-
nen-Donator-Akzeptor-Komplexen   D-Donator,
A-Akzeptor, E_A-Elektronenaffinität, E_C-Cou-
lombenergie, ΔH-Bildungsenthalpie des Kom-
plexes, I_E-Ionisierungsenergie, R_E-Reso-
nanzenergie des angeregten Zustandes, R_N-
Resonanzenergie des Grundzustandes, W_E-En-
ergie des angeregten Zustandes, W_N-Energie
des Grundzustandes, W_0-van der Waals Energie

(2.2.12) $(\underline{D}...A<\!\!-\!\!-\!\!>D^+...A^-)<\!\!\xrightarrow{hv_{CT}}\!\!>(D...A<\!\!-\!\!-\!\!>D^+...A^-)$

Das Energieniveau des angeregten Zustandes W_E wird durch
die folgenden Einzelschritte erreicht: Vom Donator wird
durch die Zuführung der Ionisierungsenergie I_E ein Elektron entfernt, der Donator wird zum Kation. Bei der Übertragung auf den Akzeptor entsteht ein Anion und die Elektronenaffinität E_A wird freigesetzt. Beide Ionen D^+ und
A^- werden nun auf den interionaren Abstand angenähert,
wobei die Coulombenergie E_C abgegeben wird. Da neben dieser Ionenbeziehung im mesomeren Gleichgewicht auch die
nichtionare Wechselwirkung vorgesehen ist, wird unter
Aufwendung der Resonanzenergie R_E der angeregte Zustand
des Molekülkomplexes erreicht. Für die Energie dieses Zustandes ergibt sich somit (2.2.13).

(2.2.13) $W_E = I_E - E_A + E_C + R_E$

Die Donatoren und Akzeptoren werden je nach beteiligten
Elektronen in unterschiedliche Gruppen eingeteilt.

- π-Akzeptoren - Neutralmoleküle mit abgeschlossenem π-
  Elektronensystem, relativ großer Elektronenaffinität
  ($E_A = 0,5 - 2$ eV), die in der Lage sind, ein Elektron
  in ein unbesetztes Orbital aufzunehmen. In diese
  Gruppe sind neben den aromatischen Kohlenwasserstoffen
  mit elektrophilen Substituenten auch die Chinone einzuordnen.
- σ-Akzeptoren - Neutralmoleküle mit σ-Bindungen (z.B.
  J_2), im Boden von geringerer Bedeutung.
- π-Donatoren - Neutralmoleküle von relativ leichter
  Ionisierbarkeit ($I_E = 5 - 9$ eV), bei denen das abzuge-
  bende Elektron aus einem abgeschlossenen π-Elektronen-
  system stammt (z.B. aromatische Kohlenwasserstoffe).

- n-Donatoren - Neutralmoleküle, bei denen das an der
Reaktion beteiligte Elektron aus einem nichtbindenden
Orbital stammt. Hierunter sind Moleküle mit freien
Elektronenpaaren einzuordnen wie Amine, Alkohole und
Ether.

- σ-Donatoren - Neutralmoleküle, die über polare σ-
Bindungen verfügen (z.B. Alkylhalogenide).

Obwohl die Bindungsenergie dieser Elektronen-Donator-Akzeptor-Komplexe mit einigen kcal/mol relativ gering ist,
spielen sie doch gerade bei der Bindung organischer Chemikalien im Boden eine erhebliche Rolle, da über sie häufig eine erste Fixierung der Moleküle an der Bodenmatrix
erfolgt. Weitere Reaktionen können dann zu einer festeren
Bindung führen.

2.2.1.4 Hydrophobe Bindung

Unter dieser Art chemischer Bindung sollen solche Wechselwirkungen verstanden werden, die ausschließlich in Lösung ablaufen. Als Reaktionspartner sind zwei gleiche
oder auch unterschiedliche hydrophobe Moleküle anzunehmen.

Die Überführung eines einfachen Kohlenwasserstoffmoleküls
aus der Gasphase in wäßrige Lösung, wie in der Abbildung
2.2.4 (I) dargestellt, ist mit einer Entropieänderung
(ΔS_h^o) verbunden, die sich aus der Gleichung 2.2.14
ergibt.

(2.2.14) $\qquad \Delta S_h^o = S_2^o - S_2^\Theta(g) < 0$

Da diese Entropie der Hydratation mit einem negativen
Vorzeichen versehen ist, kann davon ausgegangen werden,
daß die gemeinsame Hydratation zweier inerter, unpolarer

Moleküle zu einer Bindung der beiden Teilchen führt, wie
sie in Abb. 2.2.4 (II) dargestellt ist.

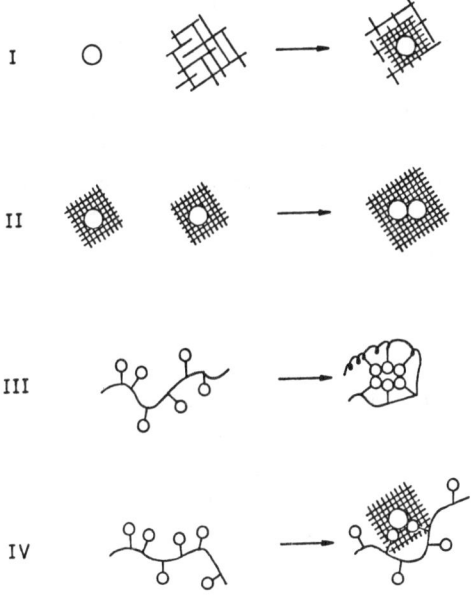

Abb. 2.2.4: Schematische Darstellung der Hydratation
eines unpolaren Moleküls (I), der hydropho-
ben Bindung zweier unpolarer Moleküle (II),
der Stabilisierung eines größeren Moleküls
über unpolare funktionelle Gruppen (III)
und der Bindung eines unpolaren Moleküls an
Huminstoffe durch hydrophobe Bindung (IV)
(vgl. Franks, 1975)

Die Verknüpfung ist dabei als eine teilweise Umkehrung
des thermodynamisch ungünstigen Prozesses der Lösung aufzufassen. In dieser Weise können auch erheblich kompli-
ziertere Moleküle aneinander gebunden werden, bzw. durch

innere Verknüpfung eine Stabilisierung erfahren (Abb. 2.2.4, III).

Hier wird nun auch die große Bedeutung deutlich, die dieser Bindungsform im Boden beizumessen ist. Diese Bindungsenergie wird im Einzelfall relativ gering sein. Für die Bindung unterschiedlichster unpolarer organischer Moleküle steht aber mit den Huminstoffen im Boden eine umfangreiche Matrix als Bindungspartner zur Verfügung, der über ebenfalls unpolare Bindungsstellen verfügt (Abb. 2.2.4, IV).

2.2.1.5 Ionenbeziehung

Bei der Aufwendung der Ionisierungsenergie I_E entsteht durch die Abstraktion eines Elektrons aus der Valenzelektronenschale eines unbeschädigten Atoms ein Kation (2.2.15). Entsprechend wird die Aufnahme eines Elektrons in die Valenzelektronenschale unter Freisetzung der Elektronenaffinität E_A zu Ausbildung eines Anions führen.

$$(2.2.15) \qquad \cdot A \underset{-1\ \epsilon}{\overset{+I_E}{\rightleftharpoons}} A^+$$

$$:\dot{B}: \underset{-E_A}{\overset{+1\ \epsilon}{\rightleftharpoons}} :\ddot{B}:^-$$

Der durch die Elektronenaufnahme bzw. -abgabe erreichte Zustand wird sich natürlich nur dann als bevorzugt herausstellen, wenn durch den Elektronenübergang eine besonders stabile Elektronenverteilung erreicht wird. Dies ist

bei den Hauptgruppenelementen mit Erreichen des Oktetts
der Fall. Für die Nebengruppenelemente sind neben einer
abgeschlossenen Elektronenkonfiguration noch weitere Zwischenstufen möglich.

Daß die Bildung der Kationen bevorzugt bei geringer Ionisierungsenergie, die Anionenbildung besonders bei großer
Elektronenaffinität erfolgt, läßt bestimmte Elemente für
diese Art der Wechselwirkung besonders geeignet erscheinen.

Die gebildeten Ionen werden gemäß dem Coulomb'schen Gesetz miteinander in Wechselwirkung treten (2.2.16), so
daß die Anziehungskraft K proportional den Produkt der
beiden Ladungen der Ionen (q^+, q^-) und umgekehrt proportional dem Quadrat des Abstandes r ist. Die hier wirkenden elektrostatischen Anziehungskräfte sind ungesättigt,
die von einem Kation ausgehende Wirkung wird sich auf
mehr als ein Anion erstrecken. Darüber hinaus sind die
Kräfte ungerichtet, also in alle Richtungen des Raumes
wirkend.

(2.2.16)
$$K = \frac{q^+ \cdot q^-}{r^2}$$

Diese Kräfte können nun einerseits zur Bildung von Ionen-
gittern und damit zur Ausbildung von Festkörpern führen,
andererseits aber auch nur zur Assoziation von Anion und
Kation im gelösten Zustand. Die Bildung eines solchen Io-
nenpaares kann dann zur Festlegung eines Partners führen,
wenn der andere Bestandteil eines nur dispergierten
großen Teilchens ist.

2.2.1.6 Atombindung

Im Gegensatz zur Ionenbeziehung ist die Atombindung ge-
richtet und abgesättigt, mit der Verknüpfung zweier Partner ist die Reaktivität bezüglich dieser Bindungsstellen
erschöpft. Die Bildung größerer Aggregate kann nur über
weitere abgesättigte Bindungen erfolgen.

Voraussetzung für die Knüpfung einer Atombindung ist, daß
beide Partner über ein Atomorbital verfügen, das jeweils
nur mit einem Elektron besetzt ist. Bei der Annäherung
dieser beiden Teilchen auf den Bindungsabstand durch-
dringen sich diese Atomorbitale und bilden ein doppelt
besetztes gemeinsames Molekülorbital (Abb. 2.2.5).

Handelt es sich bei den beiden Partnern um gleiche Atome,
entsteht ein homonucleares Molekül, die verknüpfende
Atombindung ist vollkommen unpolar.

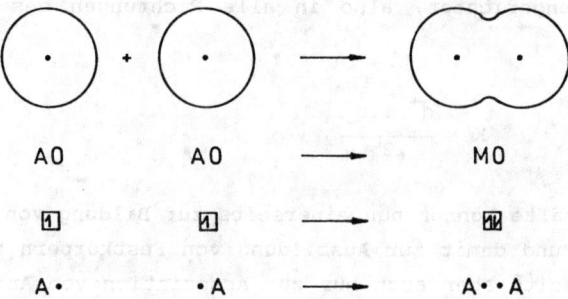

Abb. 2.2.5:   Knüpfung einer Atombindung am Beispiel ei-
              nes homonuclearen Moleküls.

Mit der Bindung zweier unterschiedlicher Atome oder Atomgruppen mit unterschiedlicher Elektronegativität (EN) ändert sich auch der Charakter der Atombindung: Es entstehen polarisierte Atombindungen (2.2.17). Der elektronegative Partner weist einen höheren Anteil an den Bindungselektronen aus. Diese Polarisierung wird naturgemäß mit zunehmendem Unterschied in der Elektronegativität jeweils größer und geht letztendlich in die Ionenbeziehung über.

(2.2.17) $\quad$ A $\quad$: $\quad$ A $\qquad$ homonucleares Molekül, reine Atombindung

$\qquad$ $A^{\delta-}$ $\quad$: $\qquad$ $B^{\delta+}$ $\quad$ $EN_A > EN_B$, polarisierte Atombindung

$\qquad$ A^-: $\qquad\quad$ C^+ $\quad$ $EN_A \gg EN_C$, Ionenbeziehung

Abweichend von diesem Grundmuster der Knüpfung einer Atombindung sind auch andere Mechanismen denkbar, von denen einer erläutert werden soll. Ein Partner der zu bindenden Teilchen verfügt bei den Valenzelektronen über ein doppelt besetztes Orbital, das nicht an einer Bindung beteiligt ist, d.h. ein nichtbindendes oder n-Elektronenpaar. Da gemäß dem Pauliprinzip nicht mehr als zwei Elektronen in einem Orbital vorhanden sein dürfen, kann es nur zur Knüpfung einer Bindung und Ausbildung eines Molekülorbitals kommen, wenn der Partner über ein nach den Quantenzahlen vorgesehenes aber unbesetztes Orbital verfügt. Es kann dann (2.2.18) ein gemeinsames bindendes Elektronenpaar gebildet werden.

(2.2.18) $\qquad$ D: $+$ E $\longrightarrow$ D : E

$\qquad\quad$ H_3N: $+$ $H^+ \longrightarrow NH_4^+$

2.2.2 Quantitative Beschreibung der Adsorption

Im folgenden sind nun Möglichkeiten darzustellen, die die
Adsorption quantitativ beschreiben. Allen Ansätzen gemeinsam ist zunächst, daß sie für das am besten zu be-
schreibende System der Adsorption von Gasen an einen
Festkörper aufgestellt wurden. Daraus ergibt sich zwangsläufig die Frage, in welchem Umfang sie für die im Boden
zu betrachtende Interaktion von gelöster Substanz mit der
Bodenmatrix heranzuziehen sind.

2.2.2.1 Freundlich-Gleichung

Die Freundlich-Gleichung (2.2.19) ist auf rein empirische
Befunde zurückzuführen. Sie zeigt einen exponentiellen
Zusammenhang zwischen dem Quotienten aus der Menge Adsorpt (x) und der Menge Adsorbens (m) und der in der
überstehenden Lösung zu messenden Gleichgewichtskonzentration (C) auf, wobei K die Gleichgewichtskonstante des
Systems und n eine Materialkonstante ausdrücken.

$$(2.2.19) \qquad \frac{x}{m} = K \ C^{1/n}$$

Da Adsorptionsphänomene auf die Anzahl reagierender Teilchen ausgerichtet sind, sollten Konzentrationsangaben
stets in mol erfolgen. Nur so ist eine Vergleichbarkeit
auch bei unterschiedlichen Verbindungen als Adsorpt gesi-
chert.

Die Adsorptionsisothermen werden dadurch erhalten, daß
die gemessene Gleichgewichtskonzentration C der Lösung
aufgetragen wird gegen die errechnete Menge gebundenen
Adsorpts pro Gramm Adsorbens. Es ergeben sich Kurven, wie

sie in der Abbildung 2.2.6 für vier unterschiedliche
Triazine dargestellt sind.

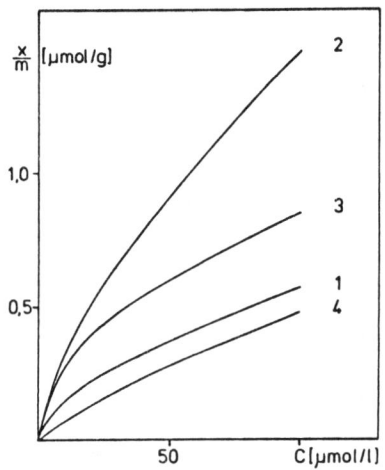

Abb. 2.2.6: Adsorptionsisothermen nach Freundlich für
die Adsorption unterschiedlicher Triazin-
herbizide an Carbonat-Anmoor (1-Ametryn, 2-
Metoprotryn, 3-Prometon, 4-Atrazin) (Müller-Wegener, 1984)

Zur Ermittlung der Freundlich-Konstanten K und n bietet
sich die Umwandlung der Exponentialfunktion durch Logarithmieren in eine Gerade an (Abb. 2.2.7). Die Freundlich-Gleichung erhält damit die Form (2.2.20).

(2.2.20)   lg x/m = lg K + 1/n lg C

Die Konstanten können nun entweder graphisch oder rechne-
risch durch Entlogarithmieren des Ordinatenabschnitts (K)
und Bildung des Reziprokwertes der Steigung (n) aus der
erhaltenen Geraden ermittelt werden.

Tab. 2.2.1: Konstanten K und n der Freundlich-Gleichung
             für die Adsorptionsisothermen der Abbildung
             2.2.6

Nr. der Isothermen in Abb. 2.2.5	K	n
1	0,038	1,72
2	0,066	1,49
3	0,086	2,00
4	0,0085	1,14

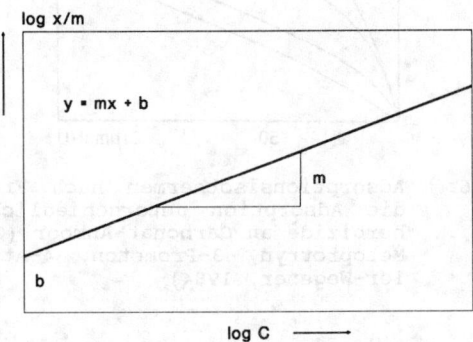

Abb. 2.2.7: Freundlich-Adsorptionsisotherme in der dop-
             pelt logarithmischen Auftragung

Die Bedeutung der Konstanten für die Form der Freundlich-
Isothermen ist aus der Tabelle 2.2.1 zu ersehen, wo die
Konstanten der in der Abbildung 2.2.6 dargestellten Isothermen aufgelistet sind. Je kleiner der Wert für K desto
flacher verläuft die zugehörige Isotherme und je stärker
n sich 1 nähert, desto stärker nähert sich die Exponentialfunktion einer Geraden an (2.2.21). Wird n kleiner als
1, so ergibt sich ein für Adsorptionsphänomene nicht mehr

zu erklärender Verlauf, mit steigendem C steigt die adsorbierte Menge exponentiell an.

$$(2.2.21) \quad \frac{x}{m} = K \; C^{1/1}$$

Die Konstante K gibt die Menge Adsorpt an, die bei einer Gleichgewichtskonzentration von C = 1, in der Regel $\mu mol/l$, von einer Gewichtseinheit des Adsorbens, zumeist g, gebunden wird.

Bei der Freundlich-Gleichung handelt es sich um eine reine Exponentialfunktion, was zu zwei Differenzen zwischen beobachtetem und tatsächlichem Verhalten führt. Die Freundlich-Gleichung sieht bei der Belegung der adsorbierenden Oberfläche zum einen keine Begrenzung für steigende Gleichgewichtskonzentrationen vor. Die Oberfläche weist mithin unendlich viele Adsorptionsplätze auf. Dies führt bei hohen Gleichgewichtskonzentrationen zu einer Überbewertung der Adsorption, da die Bindungsplätze selbstverständlich begrenzt sind.

Zum zweiten wird, abweichend zum tatsächlichen Verlauf, auch bei sehr kleinen Gleichgewichtskonzentrationen schon eine exponentielle Abhängigkeit angenommen. Die Werte der Adsorptionsisothermen zeigen aber hier einen annähernd linearen Anstieg mit der Gleichgewichtskonzentration. Trotz dieser Schwächen weist die Freundlich-Gleichung für Untersuchungen in mittleren Konzentrationsbereichen eine erstaunlich gute Übereinstimmung mit gemessenen Werten auf, so daß sie, wegen der einfachen Anwendung, auch weiterhin benutzt werden sollte.

2.2.2.2 Langmuir-Gleichung

Die zweite wichtige Gleichung für die Beschreibung von Adsorptionsphänomenen wurde von Langmuir (1916) entwikkelt. In ihrer Urform, wo sie ebenfalls für die Beschreibung der Adsorption von Gasen an Festkörper verwendet wurde, ist sie in (2.2.22) wiedergegeben,

$$(2.2.22) \qquad \Gamma_1 = \frac{\Gamma_0 \cdot x}{x + b}$$

wobei Γ_1 den Anteil der Oberfläche darstellt, der mit Gas belegt ist, x den Molenbruch (p/p_0) und Γ_0 und b Konstanten des Systems, die mit der Adsorption und Desorption in Beziehung zu setzen sind.

Für die Anwendung dieser Gleichung sind fünf Annahmen zu machen:

- Die einmal an einer Stelle adsorbierten Partikel verbleiben dort unbeweglich.
- Nur ein Partikel je Adsorptionsstelle wird adsorbiert, es bildet sich also eine monomolekulare Schicht des Adsorpt auf dem Adsorbens.
- Zwischen den einzelnen adsorbierten Partikeln wirken keine Kräfte.
- Die Energie der Adsorption ist an allen Stellen gleich.
- Zwischen den adsorbierten Partikeln und denen in der Gasphase herrscht ein Gleichgewicht.

Da besonders die Forderungen drei und vier von realen Systemen, wie sie hier zu betrachten sind, nicht erfüllt werden, gab es zunächst keine Möglichkeit, die Langmuir-

Gleichung auf das System Boden-Wasser anzuwenden. Brunauer et al. (1967) relativierten aber dann diese Forderungen und erkannten als die wichtigste Komponente, die in die Konstante b eingeht, die Adsorptionswärme. Eine mögliche Anwendung wurde mit folgender Begründung als zulässig erkannt. Da die meisten Oberflächen energetisch heterogen sind, also Bindungsstellen mit unterschiedlicher Energie aufweisen, ist besonders bei einer geringen Belegung davon auszugehen, daß zuerst die Bindungsplätze besetzt werden, die die höchste Energie aufweisen. Daher ergibt sich dann eine abfallende Funktion, wenn der Belegungsgrad des Adsorbens (B) gegen die Adsorptionswärme (E_{AD}) aufgetragen wird (Abb. 2.2.8 a).

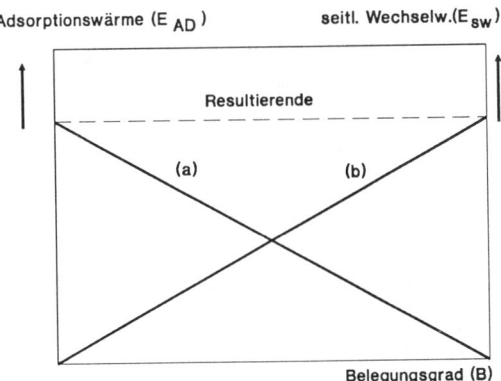

Abb. 2.2.8: Schematische Darstellung des Belegungsgrads der Oberfläche eines Adsorbens (B) in Abhängigkeit der bei der Adsorption frei werdenden Adsorptionswärme (E_{AD}) (a) und der Energie der seitlichen Wechselwirkungen (E_{SW}) der adsorbierten Moleküle (b)

Daneben ist aber auch zu beachten, daß durch seitliche Wechselwirkungen adsorbierter Moleküle die Adsorptions-

wärme erhöht wird. Je größer also die Belegung der Oberfläche ist, desto größer wird auch der Einfluß der late-
ralen Wechselwirkungen auf die Adsorptionswärme sein.
Daraus resultiert eine ansteigende Funktion bei der Auftragung der Energie der seitlichen Wechselwirkungen E_{SW}
gegen den Belegungsgrad (Abb. 2.2.8 b).

Diese beiden gegensätzlichen Effekte sind in der Vielzahl
der Fälle in der Lage, sich zu kompensieren, so daß sich
eine annähernd gleiche Adsorptionswärme für alle Bindungsplätze ergibt. Die Langmuir-Gleichung kann auch für
die Beschreibung solcher Phänomene herangezogen werden,
bei denen energetisch inhomogene Oberflächen und laterale
Wechselwirkungen auftreten.

In einer für die hier zu untersuchenden Systeme besser
geeigneten Form ist die Gleichung in (2.2.23) aufgeführt,

$$(2.2.23) \qquad \frac{x}{m} = \frac{k_1 \cdot C}{C + k_2}$$

wobei x und m wieder für die Menge Adsorpt bzw. Adsorbens, C für die Gleichgewichtskonzentration in der überstehenden Lösung und k_1 und k_2 Konstanten des Systems
darstellen.

Anhand von zwei Sonderfällen ist nun der von der Freund-
lich-Isothermen abweichende Verlauf zu erkennen: das Verhalten bei sehr kleinen und sehr großen Gleichgewichtskonzentrationen. Für sehr kleine Gleichgewichtskonzentrationen wird der Therm C im Nenner von 2.2.22, der hier
als Summand auftritt, zu vernachlässigend klein. Die
Gleichung reduziert sich auf (2.2.24). In diesem niedrigen Konzentrationsbereich ist die pro Gewichtseinheit Ad-

sorbens gebundenen Menge Adsorpt direkt proportional der
Gleichgewichtskonzentration, es besteht eine lineare Abhängigkeit. Dieser Verlauf wird durch Experimente bestätigt.

$$(2.2.24) \qquad \frac{x}{m} = \frac{k_1}{k_2} \cdot c \qquad \text{für sehr kleine } c$$

Die zweite Abweichung ergibt sich für sehr große Gleichgewichtskonzentrationen. Hier ist die gebundene Menge Adsorpt unabhängig von der Gleichgewichtskonzentration,
denn nun ist c in Gleichung (2.2.23) sehr groß gegenüber
k_2, so daß letzteres im Nenner als Summand vernachlässigt
werden kann. Damit ergibt sich dann nach Kürzen (2.2.25).

$$(2.2.25) \qquad \frac{x}{m} = k_1 \qquad \text{für sehr große } c$$

Für x/m stellt sich ein konstanter Wert ein. Damit ergibt
sich für die Langmuir-Adsorptionsisothermen das typische
Bild einer Sättigungskurve mit zu Anfang linearem Anstieg, einer Exponentialphase und einem zur Abszisse pa-
rallelen Verlauf am Ende.

Den Konstanten k_1 und k_2 können reale Bedeutungen zugeordnet werden. Aus (2.2.25) folgt, daß k_1 die Menge Adsorpt ist, die bei unendlich großer Gleichgewichtskonzentration pro Einheit Adsorbens gebunden werden kann. k_1
gibt also direkt Auskunft über die Anzahl von Bindungs-
plätzen, die am Adsorbens zur Verfügung stehen (2.2.26).

$$(2.2.26) \qquad k_1 = (x/m)_{max}$$

Die zweite Konstante ist ein Maß für die Affinität des
Adsorptivs zum Adsorbens. Sie bezeichnet die Gleichgewichtskonzentration C, die notwendig ist, um die Hälfte
aller Plätze am Adsorbens zu belegen. Dies wird deutlich,
wenn in 2.2.23 für x/m $(x/m)_{max}/2$ eingesetzt wird, wobei
der besseren Übersichtlichkeit halber k_2 durch k_G ersetzt
wird (2.2.27). Durch Kürzen ergibt sich dann 2.2.28.

$$(2.2.27) \qquad \frac{(x/m)_{max}}{2} = \frac{(x/m)_{max}}{k_G + C} \, C$$

$$(2.2.28) \qquad k_G = C$$

Die Konstante k_G gibt also die Konzentration an, die notwendig ist, um eine halbmaximale Belegung des Adsorbens
zu gewährleisten. Der Bezug von k_G zur Affinität ist ein
reziproker, denn eine hohe notwendige Gleichgewichtskonzentration für eine halbmaximale Belegung des Adsorbens ist mit einer geringen Affinität zwischen Adsorbens
und Adsorptiv gleichzusetzen.

Die Ausgangsgleichung in der hier nun verwendeten Form
(2.2.29) kann durch die Bildung der jeweiligen Reziprok-
werte in eine Geradengleichung umgeformt werden (2.2.30),
so daß sich durch die Auftragung von 1/(x/m) gegen 1/C
eine Gerade ergibt (Abb.2.2.9), aus der nun graphisch
oder mathematisch die beiden Konstanten ermittelt werden
können. Der reziproke Ordinatenabschnitt zeigt die maximale Bindungskapazität $(x/m)_{max}$, aus der Steigung ist k_G
zu errechnen.

$$(2.2.29) \qquad \frac{x}{m} = \frac{(x/m)_{max}}{k_G + C} \, C$$

$$(2.2.30) \qquad \frac{1}{x/m} = \frac{k_G}{(x/m)_{max}} \; \frac{1}{C} + \frac{1}{(x/m)_{max}}$$

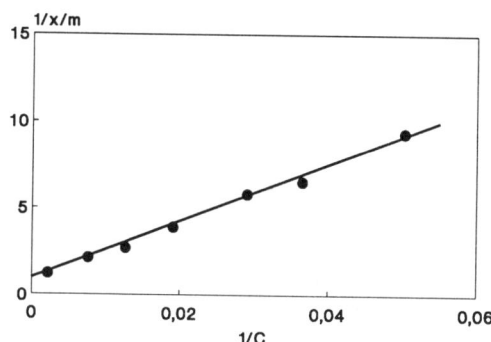

Abb. 2.2.9: Langmuir-Adsorptionsisotherme in der reziproken Auftragung für die Adsorption von Atrazin an Montmorillonit (Müller-Wegener, 1984)

2.2.3   Literatur

BRUNAUER, S., COPELAND, L.E., KANTRO, D.L.
     The Langmuir- and BET-theories in the solid-gas interface. In: FLOOD, E.A., The solid-gas interface. New York, 1967

FRANKS, F.
     Water. Vol 4, 1, Plenum Press, New York, 1975

LANGMUIR, I.
     J. Am. Chem. Soc. 38, 2221, 1916

LEWIS, G.N.
     Valence and the structure of atomes and molecules, New York, 1923

MÜLLER-WEGENER, U.
      Neue Erkenntnisse zur Wechselwirkung zwischen s-
      Triazinen und organischen Stoffen in Böden, Göttin-
      gen, 1984

MULLIKEN, R.S.
      J. Am. Chem. Soc. 72, 600, 1950

MULLIKEN, R.S.
      J. Chem. Phys. 19, 514, 1951

MULLIKEN, R.S.
      J. Phys. Chem. 56, 801, 1952

MULLIKEN, R.S.
      J. Am. Chem. Soc. 74, 811, 1952

2.3   Kationenadsorption

Die feste Phase Boden kann als Adsorbens sowohl Gase (N_2,
O_2, NH_3, SO_2, SO_3) fixieren als auch geladene und ungeladene Teilchen aus der flüssigen Phase adsorbieren.
Bei der Bindung von Anionen und Kationen an der Oberfläche ist, über die Phänomene der Adsorption ungeladener
Moleküle hinaus, festzustellen, daß die Adsorption eines
Kations oder Anions an der Bodenoberfläche stets die
Desorption eines entsprechend geladenen Teilchens zur
Folge hat. Adsorptionsvorgänge bei geladenen Teilchen
vollziehen sich in der Form des Austausches, die Plätze
am Adsorbens sind somit nicht frei, sondern bereits durch
andere Ionen belegt. Hintergrund für diese Verhal-
tensweise ist dabei stets die Notwendigkeit, zur Ladungsneutralität in den einzelnen Kompartimenten des betrachteten Systems zu gelangen.

Die negative Ladung der Oberflächen im Boden hält über
elektrostatische Kräfte Kationen aus der Bodenlösung zu-

rück, so daß eine deutliche Verminderung des Abtranspor-
tes von Ca^{2+}, Mg^{2+}, K^+ und Na^+ mit dem Sickerwasserstrom
resultiert. Diese vier Ionen stellen die Hauptmenge, von
weiteren Ionen werden im Vergleich bedeutend geringere
Anteile sorbiert. Die besondere Bedeutung dieser Ionen
ergibt sich dadurch, daß es sich bei drei der genannten
vier Ionen um Makronährstoffe für die Pflanze handelt.
Diese Ionen sind zwar an die Bodenmatrix gebunden, werden
aber relativ leicht durch andere desorbiert und sind damit auch für die Pflanze verfügbar. Sie werden als austauschbare Kationen bezeichnet und stehen als eine der
drei wichtigen Fraktionen im Boden neben denen der festen
Phase und den gelösten Ionen.

Alkali- und Erdalkalimetallkationen verbleiben zunächst
in der Bodenlösung in höheren Konzentrationen und können
an die negativen Bodenoberflächen adsorbiert werden. Sie
sind damit ebenfalls austauschbar. Die Kationen der Über-
gangsmetalle und des Aluminiums bilden in der Regel Niederschläge als Hydroxide oder Silikate und kommen daher
in der Bodenlösung unter Normalbedingungen nur in geringen Konzentrationen vor.

2.3.1 Austauschbare Kationen

Die Kationen der Bodenlösung werden in der Regel durch
Verwitterung mineralischen oder durch den Abbau organischen Materials frei. Sie variieren erheblich in ihren
physikalisch-chemischen Eigenschaften und damit natürlich
auch in ihrer Affinität zur Oberfläche der festen Phase,
so daß die austauschbaren Kationen als ein Teil der
adsorbierten Kationen aufzufassen sind.

Eine engere Definition umreißt die austauschbaren Kationen als solche, die durch Lösungen neutraler Salze von
den Adsorbentien desorbiert werden, wohingegen lösliche
Salze schon durch Wasser allein entfernt werden können.

Die Verteilung der austauschbar gebundenen Kationen in
landwirtschaftlich genutzten Böden wird in (2.3.1) angegeben, wobei es sich nur um eine sehr allgemeine und summarische Aussage handelt.

$$(2.3.1) \qquad Ca^{2+} > Mg^{2+} > K^+ \approx NH_4^+ \approx Na^+$$

Obwohl in unterschiedlichen Böden die Ausgangsminerale
ebenso unterschiedlich sind wie die ablaufenden Verwitte-
rungsprozesse, ist die Zusammensetzung der austauschbaren
Kationen in den so gebildeten Böden offensichtlich sehr
viel einheitlicher als zunächst zu erwarten. Drastischere
Veränderungen der bodenbildenden Faktoren allerdings bedingen dann auch eine abweichende Zusammensetzung der
austauschbaren Kationen, wie für einige Beispiele in der
Tab. 2.3.1 gezeigt ist.

Durch die aufgelisteten Kationen wird zumeist der Hauptanteil austauschbarer Kationen erfaßt, so daß die Summe
ihrer Konzentrationen der Kationenaustauschkapazität angenähert ist. Die Austauschkapazität schwankt bei den unterschiedlichen Böden erheblich und kann Werte zwischen
10 und 1000 $mmol \cdot kg^{-1}$ annehmen.

Betrachtungen des Kationenaustausches weisen ihn immer
wieder als schnell ablaufende, reversible Reaktion aus,
die annähernd nach stöchiometrischen Grundsätzen verläuft. Dabei zeigt es sich, daß auch relativ fest gebundene Kationen durch geeignete Lösungen zumeist desorbiert

werden können. Einige polyvalente Kationen sind allerdings auszunehmen. Sie sind irreversibel an die organische Substanz des Bodens gebunden. Große organische Kationen sind häufig nicht mehr von der Matrix zu lösen, da sterische Momente das Hinzutreten desorbierender Kationen verhindern. Mehrfach geladene Ionen, die an mehrere anionische Ladungszentren gleichzeitig gebunden sind, sind ebenfalls häufig irreversibel fixiert.

Tab. 2.3.1: Austauschbare Kationen in einer Auswahl unterschiedlicher Böden (vgl. Bear, 1964)

Böden	pH	KAK [mmol $\cdot kg^{-1}$]	Ca^{2+}	Mg^{2+}	K^+	Na^+	Al^{3+}
			als % der Gesamtmenge				
Durchschnitt landw. Böden Niederlande	7	383	79	13	2	6	0
Durchschnitt landw. Böden Californien	7	203	66	26	5	3	0
Schwarzerde (UDSSR)	7	561	84	11	2	3	0
Salzboden (Californien)	10	189	0	0	5	95	0
ungekalkt (Schweden)	4,6	173	48	16	2	1	33
gekalkt (Schweden)	5,9	200	69	11	2	1	17

Die Austauschreaktionen verlaufen wie die meisten Ionenreaktionen sehr schnell, eine Begrenzung der Geschwindigkeit erfolgt nur durch die Diffusion der Ionen zu den Oberflächen der Adsorbentien, die durch kleine Poren oder relativ dicke Schichten stagnierenden Wassers stark eingeschränkt sind. In Gegensatz zu den Bedingungen des gewachsenen Bodens sind im Laborexperiment, wo die Proben in Lösung geschüttelt werden, nur sehr dünne Filme

und gleichmäßigere Lösungskonzentrationen vorhanden, so
daß hier die Austauschgeschwindigkeiten höher sind.

Da die betrachteten Reaktionen reversibel sind, ist auf
sie das Massenwirkungsgesetz anzuwenden, was zur Be-
schleunigung von Austauschreaktionen und zur Belegung von
Proben mit bestimmten Kationen durch Einsatz hoher Konzentrationen ausgenutzt wird. Die Bildung unlöslicher
Niederschläge ($CaCO_3$) oder volatiler Gase (NH_3) stellen
weitere Möglichkeiten der Beeinflussung der Gleichge-
wichtslage der Austauschreaktionen nach dem Massenwirkungsgesetz dar.

Der Kationenaustausch verläuft zumeist nach den Regeln
der Stöchiometrie (2.3.2). Die Summe der austauschbaren
Kationen, die Kationenaustauschkapazität, wird durch pH
und die Art der Austauschlösung bestimmt und hängt bei
konstantem pH-Wert nur unwesentlich von der Zusammensetzung des Kationenbelages ab.

(2.3.2) $Al^{3+}X + 3 NH_4^+ \rightleftharpoons (NH_4^+)_3X + Al^{3+}$

              mit X als Bindungsplatz am Austauscher

Die starke pH-Abhängigkeit der Austauschkapazität macht
die Differenzierung in die potentielle und effektive
Kationenaustauschkapazität notwendig. Mit der potenti-
ellen wird ein auf pH 7 - 7,5 normierter Wert angegeben,
der in natürlichen Böden nur in Anwesenheit von $CaCO_3$ erreicht wird, wohingegen die effektive bei den jeweiligen
aktuellen pH-Werten des Bodens ermittelt wird.

2.3.2   Theorie der Kationenadsorption

Für die Betrachtung wird zunächst von lufttrockenem Boden
ausgegangen, bei dem die Kationen direkt auf der Oberfläche der Adsorbentien aufliegen. Die negativen Ladungen
der Matrix, z.B. Tonminerale, und die adsorbierten Kationen bilden zusammen eine Doppelschicht, die als Helm-
holtz-Doppelschicht bezeichnet wird (Abb. 2.3.1).

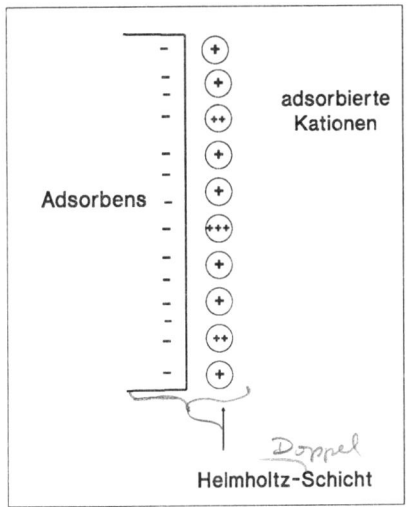

Abb. 2.3.1:   Kationenadsorption in lufttrockenem Boden
               (vgl. Nielsen et al., 1972)

Die Kationen werden durch Coulombkräfte an den Adsorpti-
onsplätzen gehalten. Beim Zutritt von Wasser beginnt eine
zweite, entgegengesetzte Kraft zu wirken, die Diffusion.
Die Kationen werden damit nicht mehr so dicht an der Adsorbensoberfläche gehalten, was zur Ausbildung eines
starken, von der Oberfläche wegweisenden, Konzentra-

tionsgefälles führt. Die Diffusion zeigt hierbei eine
solch bedeutende Wirkung, daß das Konzentrationsgefälle
zwischen der Bodenlösung und der Adsorbensoberfläche bis
zu drei Zehnerpotenzen betragen kann.

Die negative Ladung der Bodenoberflächen wird bei der
Anwesenheit von Wasser nicht mehr durch eine exakt zu be-
grenzende Schicht von Kationen neutralisiert, sondern
durch einen Schwarm von Kationen. Abbildung 2.3.2 zeigt,
daß sie zunächst mit einer ausschließlich kationischen
Schicht belegt ist.

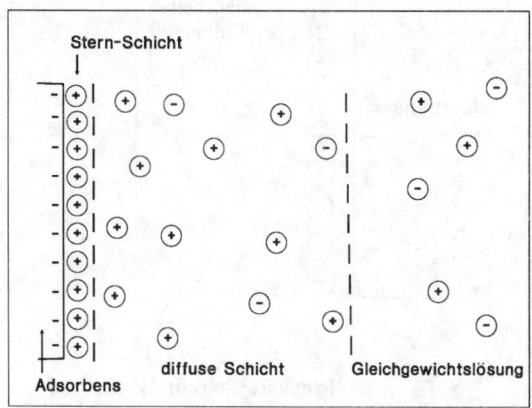

Abb. 2.3.2:   Ionenverteilung an anionischen Austauscher-
               oberflächen nach dem Modell von Gouy und
               Stern

An diese Stern-Schicht schließt sich die diffuse Schicht
an, die durch stark abnehmende Kationenkonzentration und
zunehmende Anionenkonzentration gekennzeichnet ist und in
die Gleichgewichtslösung übergeht. Der Aufbau dieser
Ionenverteilung wird als diffuse Doppelschicht bezeich-

net. Die Grenze zwischen Gleichgewichtslösung und diffu-
ser Doppelschicht wird dort gezogen, wo eine Beeinflussung der Lösung durch die negativ geladene Oberfläche
nicht mehr vorhanden ist. Die parallel mit der Kationenanziehung verlaufende Anionenabstoßung durch die gleich-
geladene Oberfläche, im Kapitel 2.4.1 behandelt, ist als
beteiligter Prozeß zu erwähnen. Damit sind für den Kationenaustausch die Kationenadsorption, die Diffusion und
die Anionenabstoßung als bestimmende Einzelreaktionen
aufzufassen. Die Ionenkonzentrationen sind in der Abbildung 2.3.3 für zwei Konzentrationen der Bodenlösung aufgetragen.

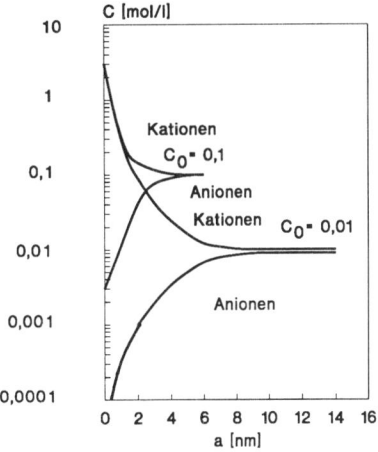

Abb. 2.3.3: Konzentrationsverlauf für Anionen und Kationen in der diffusen Doppelschicht eines
Kationenaustauschers für zwei unterschiedliche Konzentrationen der Bodenlösung (C_0)
(vgl. Nielsen et al., 1972)

Die Dicke der jeweiligen Doppelschicht erweist sich somit
als umgekehrt proportional zur Konzentration der Gleich-

gewichtslösung. Bei gleicher Konzentration ist sie bei
mehrwertigen Kationen geringer als bei einwertigen (Tab.
2.3.2), da sich mehrwertige Kationen wegen der festeren
Adsorption bevorzugt in der Stern-Schicht anreichern. Daneben wird hier auch sicher bei höherwertigen Kationen
die verminderte Teilchenzahl für die Neutralisation der,
in der Austauscheroberfläche vorhandenen, negativen Ladung eine Rolle spielen.

Die Dicke der diffusen Doppelschicht (1.000 bis 50.000
nm) stimmt häufig recht gut mit der Dicke des Wasser-
films in relativ trockenen Böden überein. Andererseits
muß davon ausgegangen werden, daß nicht immer ausreichend
Wasser im Boden vorhanden ist (etwa bei tonhaltigen Böden
mit großen inneren Oberflächen), um eine vollständige
Doppelschicht ausbilden zu können.

Tab. 2.3.2: Dicke der diffusen Doppelschicht für ein ty-
             pisches Bodenkolloid in Abhängigkeit der
             Elektrolytkonzentration in der Gleichge-
             wichtslösung (vgl. van Olphen, 1963)

Gleichgewichts-konzentration [mol/l]	Dicke der Doppelschicht [nm]	
	einwertige	zweiwertige Kationen
10^{-5}	10	5
10^{-3}	1	0,5
10^{-1}	0,1	0,05

Die positive Ladung der diffusen Doppelschicht setzt sich
aus zwei Anteilen zusammen, die zwar quantitativ nicht
differenziert werden können, wohl aber unterschiedliches
Verhalten zeigen: adsorbierte Kationen und gelöste Kationen. Die gelösten befinden sich im Bereich der diffusen

Schicht und neutralisieren die Ladungen jener Anionen,
die durch die Diffusion auch gegen die elektrostatischen
Kräfte durch Diffusion auf die negative Austauscheroberfläche hin bewegt werden. Sie sind zumindest formal nicht
an das Adsorbens gebunden.

Das Modell der diffusen Doppelschicht macht drei Annahmen, die in natürlichen Systemen nicht vorzufinden sind.
Die austauschbaren Kationen sollen als Punktladungen vorliegen, und die Oberfläche des Adsorbens muß planar und
unbegrenzt sein. Die negative Ladung soll gleichmäßig
über die Oberfläche des Adsorbens verteilt sein.

Trotz dieser Einschränkungen stimmen die theoretisch und
experimentell ermittelten Werte gut überein, so daß anzunehmen ist, daß sich auch hier die Ungenauigkeiten teilweise aufheben.

Mit dem Modell der Kationenadsorption an negativ geladenen Oberflächen des Bodens, soll nun zusammenfassend
einmal das Verhalten der Konzentrationen von Kationen und
Anionen zwischen zwei benachbarten Adsorptionskörpern beschrieben werden. Für die Kationenanziehung und Anionenabstoßung gilt das Coulomb'sche Gesetz (2.2.16), wobei
die Ladungen sowohl von der Oberfläche als auch von Anionen und Kationen gestellt werden.

Gegen diese Kraft, die zur diskontinuierlichen Verteilung
von Anionen und Kationen führt, wirkt die Diffusion. Sie
ist bestrebt, eine einheitliche Ladungskonzentration her-
zustellen. Die Zusammenführung beider Kräfte erfolgt in
der Boltzmanngleichung (2.3.4). Dabei stellt C die
Konzentration eines Ions in bestimmter Entfernung vom
Adsorbens dar, C_0 die Konzentration eines Ions in der

Gleichgewichtslösung, Z die Valenz des betrachteten Ions, e die elektronische Ladung, ψ das elektrische Potential, k die Boltzmannkonstante und T die absolute Temperatur. Die Boltzmanngleichung beschreibt die Verteilung der Anionen und Kationen in der diffusen Doppelschicht.

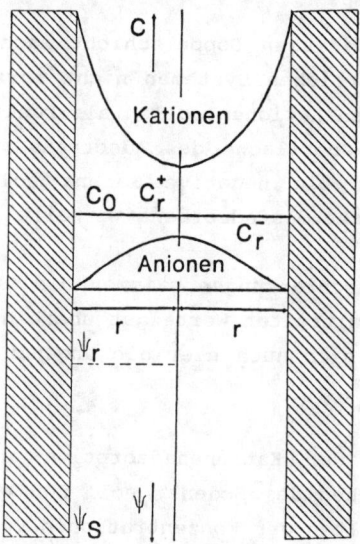

Abb. 2.3.4: Verlauf des elektrischen Potentials und der Ionenkonzentration C zwischen zwei eng zusammenliegenden Adsorptionsflächen, die durch einen Wasserfilm miteinander verbunden sind. C_0 - Konzentration in der Gleichgewichtslösung, C_r - Konzentration am halben Abstand der Flächen, ψ_r - elektrisches Potential am halben Abstand der Flächen, ψs - elektrisches Potential der Oberfläche (vgl. Bohn et al., 1985)

(2.3.4) $\qquad C = C_0 e^{-\dfrac{\psi \cdot Z \cdot e}{k \cdot T}}$

Der Konzentrationsverlauf für zwei dicht benachbarte Aus-
tauscherflächen ist nun in Abb. 2.3.4 wiedergegeben.

Die Kationenkonzentration (c^+) sinkt zwischen den Flächen
von ihrem höchsten Wert in der Stern-Schicht auf c_r^+, das
Minimum auf der Hälfte des Abstandes. Entsprechend steigt
die Konzentration des Anions, wenn auch geringer. Das
elektrische Potential sinkt von dem der Oberfläche (Ψ_s)
ebenfalls ab.

Im Vergleich zur Gleichgewichtslösung ist die Konzentration der Kationen deutlich erhöht. Es entsteht ein osmo-
tischer Gradient, der solange zur Quellung des Systems
führt, bis die Wasseraufnahme eine Konzentrationverminde-
rung auf die Gleichgewichtslösung bewirkt hat.

den Wort der ?

2.3.3 Kationenaustauschgleichung

Das Phänomen des Kationenaustausches bedarf der quantitativen Beschreibung. Die Beurteilung von Düngungsproblemen
oder auch der Verlagerung toxischer Metallkationen in Böden machen diese Notwendigkeit eindringlich deutlich.
Trotz einer Vielzahl unterschiedlicher Ansätze werden bei
allen übereinstimmend eine Reihe von Grundannahmen gemacht. So wird der Kationenaustausch zumeist nur für einzelne, zwar verschiedene Kationen beschrieben, nicht aber
für den gleichzeitigen Austausch. Den Austauschern wird
eine konstante Austauschkapazität zugeschrieben, Änderungen mit der Art des eingetauschten Kations, der Salzkonzentration oder dem pH werden in den Berechnungen zumeist
nicht berücksichtigt. Auch wird bezüglich der Ladung ein
einfaches stöchiometrisches Verhalten angenommen. Abweichungen werden durch die Austauschgleichungen zumeist

nicht beschrieben. Zuletzt wird dann auch von einer vollständigen Reversibilität der Austauschvorgänge ausgegangen.

Für die quantitative Behandlung der Austauschvorgänge
wird von der Reaktion 2.3.5 ausgegangen und durch Einsetzen in das Massenwirkungsgesetz die Gleichung 2.3.6 erhalten, wobei X jeweils die Bindungsstelle am Adsorbens
und die Klammern die Aktivitäten der gebundenen bzw.
freien Kationen darstellen.

$$(2.3.5) \qquad K^+X + Na^+ \rightleftharpoons Na^+X + K^+$$

$$(2.3.6) \qquad K_K = \frac{(Na^+X) \cdot (K^+)}{(K^+X) \cdot (Na^+)}$$

Nach geringfügiger Umstellung wird eine gängige Form der
Kerr-Austauschgleichung erhalten (2.3.7).

$$(2.3.7) \qquad \frac{(K^+X)}{(Na^+X)} = K_k \frac{(K^+)}{(Na^+)}$$

Offensichtlich wird ein generelles Problem der Austauschgleichungen: Aktivitäten der austauschbar gebundenen
Kationen sind nicht exakt zu bestimmen. Eine häufig
geübte Praxis ist daher, erst bei Konzentrationen, die
10^{-3} mol/l übersteigen, die Aktivität einzusetzen, bei
geringeren hingegen mit den Konzentrationen zu rechnen.
In einer Näherung wurde daher von Kerr vorgeschlagen,
generell die Konzentrationen für die Austauschgleichungen
zu verwenden und darüber hinaus auch noch eine lineare
Abhängigkeit zwischen Konzentration und Aktivität anzunehmen. Trotz dieser Prämissen, die die natürlichen
Verhältnisse erheblich idealisieren, werden für engere

Konzentrationsbereiche mit diesem Ansatz häufig gute Ergebnisse erhalten, so daß für erste Näherungen mit ver-
minderten Anforderungen an die Genauigkeit dieser einfache Ansatz eine gute Grundlage bietet. Alle theoretischen
Ansätze, die austauschbar gebundenen Kationen mit in die
Betrachtung einzubeziehen, reduzieren sich zudem auf die
Gleichung (2.3.7), wenn sie auf gleich geladene Kationen
angewandt werden.

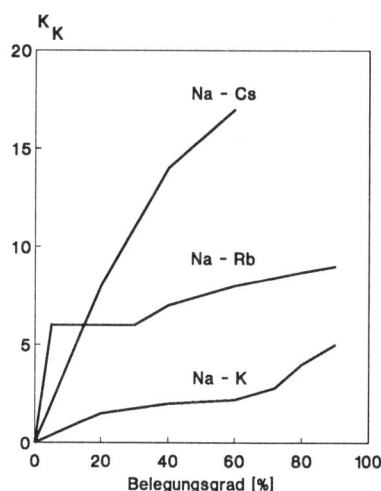

Abb. 2.3.5:   Verlauf der Austauschkoeffizienten aus der
               Kerr-Gleichung (K_K) für drei Kationenpaare
               mit der Belegung des Austauschers durch
               Na^+-Ionen (vgl. Marshall, Garcia, 1959)

Die Abbildung 2.3.5 verdeutlicht, daß die "Konstanten"
selbst bei gleich geladenen Ionen vom relativen Anteil
der beiden Kationen am Austauscher abhängig sind und nur
kleine konstante Bereiche verbleiben. Die Bezeichnung
als Kationenaustauschkoeffizient trifft daher besser.

Eine häufig verwendete Form der Austauschgleichung ist
die Gapon-Gleichung (2.3.9), in der sowohl die austauschbar adsorbierten Kationen als auch die gelösten Konzentrationen berücksichtigt werden. Die Gleichung geht von
einer Reaktion aus, in die die Kationen in la-
dungsäquivalenter Form eingehen (2.3.8). Die Koeffizien-
ten aus der Gapon- und der Kerr-Gleichung sind nicht miteinander vergleichbar, was schnell deutlich wird, wenn
die Kerr-Gleichung für den Austausch eines monovalenten
gegen ein divalentes Kation umgeformt wird.

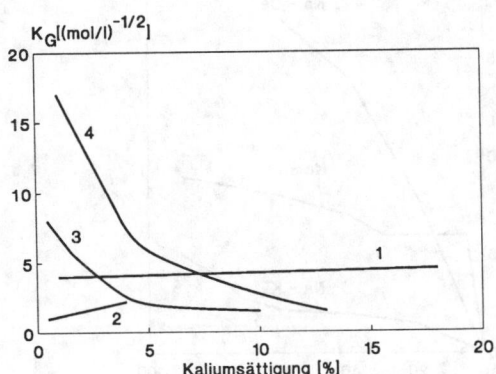

Abb. 2.3.6:   Gapon-Koeffizienten (K_G) für das Kationen-
               paar K/Ca in Abhängigkeit von der K-Sätti-
               gung des Austauschers: 1 Montmorillonit, 2
               Anmoor, 3 Sandlöß, 4 Illit (vgl. Scheffer,
               Schachtschabel, 1982)

(2.3.8) $(Ca)_{1/2}X + Na^+ \qquad NaX + 1/2\ Ca^{2+}$

(2.3.9) $\dfrac{[NaX]}{[Ca_{1/2}X]} = K_G\ \dfrac{[Na^+]}{[Ca^{2+}]^{1/2}}$

An einem Beispiel sei der Verlauf der Gapon-Koeffizienten
für unterschiedliche Austauscher in Abhängigkeit von der
K-Sättigung des Austauschers dargestellt (Abb. 2.3.6).

Für einige Austauscher werden annähernd konstante Koeffi-
zienten erhalten (Montmorillonit, Anmoor), wohingegen Illit und Sandlöß einen starken Anstieg bei geringer K-Sättigung zeigen. Dieses Verhalten läßt auf spezifische Ad-
sorptionsstellen schließen, wie sie z.B. bei Illiten für
das Kaliumion vorhanden sind, nicht aber bei organischem
Substrat und dem Montmorillonit.

2.3.4 Austausch von Kationen mit unterschiedlicher Ladung

Werden Kationen unterschiedlicher Ladung einem Adsorbens
zugleich angeboten, so wird bei einer Verdünnung der
Gleichgewichtslösung die Adsorption des höher geladenen
Kations wahrscheinlicher. Dieses Verhalten läßt sich aus
dem Massenwirkungsgesetz ableiten. Die Austauschreaktion
(2.3.10) wird in die Form des Massenwirkungsgesetzes ge-
bracht und ergibt nach geringer Umformung die typische
Austauschgleichung (2.3.11).

(2.3.10) $Mg^{2+}X + 2 NH_4^+ \rightleftharpoons (NH_4)_2X + Mg^{2+}$

(2.3.11) $\dfrac{[(NH_4)_2X]}{[Mg^{2+}X]} = K \dfrac{[NH_4^+]^2}{[Mg^{2+}]}$

Die unterschiedliche Entwicklung der Ionenkonzentration
wird deutlich, wenn von einer Konzentration von 1 mmol/l
für Mg^{2+} und NH_4^+ ausgegangen wird und diese um den Faktor 10 auf 0,1 mmol/l gesenkt wird. Im ersten Fall ist
das Verhältnis der beiden Ionen am Austauscher aus-

schließlich durch die Gleichgewichtskonstante K bestimmt,
die verminderte Konzentration für das Ammonium geht aber
mit dem Quadrat in die Gleichung ein, so daß sich neben
der Gleichgewichtskonstanten auch der Faktor 0,1 für die
Belegung des Austauscher gegenüber dem Magnesium ergibt.
In der Tabelle 2.3.3 ist dieses Verhalten anhand des Austausches von Ca^{2+}-Ionen durch Ba^{2+}- bzw. NH_4^+-Ionen zusammengestellt, wobei hier die absolute Menge zugegebener
Ionen jeweils konstant gehalten, die Konzentrationsände-
rungen durch die Zugabe unterschiedlicher Volumina von
Austauschlösung erreicht wurde.

Tab. 2.3.3: Ersatz des austauschbaren Ca^{2+} von 1 mmol
             Austauschplätzen eines Montmorillonits durch
             die konstante Ionenladung (1 mmol) Ba^{2+} bzw.
             NH_4^+ bei unterschiedlicher Konzentration der
             Austauschlösung (vgl. Schachtschabel, 1940)

Austauschlösung		% Ca^{2+} ersetzt durch	
Volumen [l]	Ladungskonz. [mmol/l]	Ba^{2+}	NH_4^+
0,025	40	49,7	29,8
0,1	10	50,2	20,8
0,2	5	50,8	16,6
0,4	2,5	52,7	15,2

Der Austausch eines Kations wird durch die Gegenwart eines dritten beeinflußt. Dabei ist davon auszugehen, daß
mit der Affinität des begleitenden Ions zum Adsorbens die
Austauschfähigkeit ansteigt. Soll z.B. Mg^{2+} durch NH_4^+
ersetzt werden, so wird der Austausch effektiver sein,
wenn als begleitendes Ion Al^{3+} im System vorhanden ist,

anstatt daß Na^+ den Austausch begleitet. Das gut sorbierte Al^{3+} vermindert die Plätze, um die Mg^{2+} und NH_4^+ konkurrieren. Im zweiten Fall tritt hingegen auch Na^+ als Konkurrent zum NH_4^+ auf, wodurch sich die für den Austausch wirkende Konzentration verringert.

2.3.5 Kationenselektivität

Nach dem Coulomb'schen Gesetz (2.2.16) sollten alle Ionen gleicher Ladung auch die gleiche Attraktion durch die negativ geladene Bodenoberfläche erfahren. Bedingt durch unterschiedliche Hydratationsenergien und die Größe der hydratisierten Ionen zeigen sich erhebliche Unterschiede in der Adsorption. Ionen mit kleinem kristallographischen Radius weisen bei gleicher Ladung eine größere Ladungsdichte auf und bilden daher eine größere Hydrathülle. Der Radius eines in hydratisierter Form kleinen Kations wird in der dehydratisierten Form daher vergleichsweise größer sein. Die Hydratationswärme wird bei der Umgebung des Kations mit Wassermolekülen frei; ein höherer Wert dokumentiert daher eine größere Hydrathülle (Tab. 2.3.4).

Je größer das hydratisierte Kation, im Boden ist davon auszugehen, daß die Ionen vollständig hydratisiert sind, desto geringer ist die Festigkeit der Bindung bei der Adsorption. Begründet wird dieser Unterschied dadurch, daß das positive Ladungszentrum des Kations durch die Wasserhülle weiter von der anionischen Oberfläche entfernt wird, als dies bei kleineren Hydrathüllen der Fall ist.

Der größte Einfluß auf die Adsorption geht von der Ladung der Ionen aus. Divalente Kationen werden fester gebunden als monovalente, trivalente fester als divalente. Vier-

wertige Ionen werden schon fast gar nicht mehr von den
Austauschern entlassen.

Tab. 2.3.4: Kristallographische Radien und Hydratations-
            wärmen einiger Kationen

Ionen	kristallogra-phischer Radius [Å]	Hydratations-wärme (25°C) [kJ/mol]
Li$^+$	0,60	-506
Na$^+$	0,95	-397
K$^+$	1,33	-317
Mg^{2+}	0,65	-1910
Ca^{2+}	0,99	-1580
Ba^{2+}	1,35	-1290

(handwritten annotations in margins: 3., 2., 1., 6., 5., 4.; "festes gebunden", "schwerer", "austauschbar"; "0 größer", "Hydrat-Hülle", "M")

Wie aus Tab. 2.3.4 an einigen Beispielen zu erkennen ist,
nimmt innerhalb einer Gruppe ladungsgleicher Kationen die
Austauschbarkeit mit steigendem Dehydratationsradius ab,
die Bindungsfestigkeit also zu. Diese relativen Aus-
tauschbarkeiten sind in lyotropen Reihen zusammenzufas-
sen, wie in (2.3.12) für Montmorillonit als Adsorbens geschehen. Die Affinitäten der Kationen zum Adsorbens verhalten sich reziprok.

(handwritten: austauschbares als)

(2.3.12)   Li$^+$≈Na$^+$>K$^+$≈NH$_4^+$>Cs$^+$≈

(handwritten: rel. Austauschbar-keiten)

≈Mg^{2+}>Ca^{2+}>Sr^{2+}≈Ba^{2+}>Al^{3+}(H$^+$)>Th^{4+}

Adsorbentien mit hoher Ladung bevorzugen höher geladene
Kationen. So wird ein Vermiculit mit höherer
Kationenaustauschkapazität aus einer Lösung von Na$^+$- und

Ca^{2+}-Ionen mehr Ca^{2+} adsorbieren als es bei einem weniger geladenen Montmorillonit der Fall ist (vgl. Tab. 2.3.5).

Tab. 2.3.5: Kationenaustauschkapazitäten (KAK), Oberflächen und Ladungsdichten einiger mineralischer Bodenbestandteile

	KAK [mval/100g]	spez. Oberfl. [m²/g]	Ladungsdichte [mval/cm²]·10⁷
Kaolinite	3 - 15	1 - 40	2
Illite	20 - 50	50 - 200	3
Vermiculite	150 - 200	600 - 700	2
Smectite	70 - 130	600 - 800	1,4
Allophane	10 - 50	700 - 1100	0,3

Eine Reihe Ausnahmen von diesem Prinzip der Adsorption sind bekannt. So können starke Änderungen der Außenfaktoren, wie etwa eine Erhöhung des pH-Wertes, zu einer Veränderung der Kationenselektivität führen. Darüber hinaus sind im Boden bestimmte Oberflächen anzutreffen, die eine erhebliche Spezifität für bestimmte Kationen aufweisen.

Das Mg^{2+}-Ion wird austauschbar im Vermiculit bevorzugt gebunden. In seiner hydratisierten Form paßt dieses Ion zwischen die Wassermoleküle der leicht erweiterten Zwischenschichträume. Das Mg^{2+} wird daher in weiten Konzentrationsbereichen spezifisch gebunden. Als zweites Beispiel sei die selektive Bindung der monovalenten Kationen NH_4^+ und K^+ durch verwitterte Glimmer und Vermiculite erwähnt. Die Bindung erfolgt relativ fest, so daß zumeist von einer Fixierung gesprochen wird. Da es sich um wichtige Pflanzennährstoffe handelt, sind diese Vor-

gänge intensiv untersucht. Auch das Cs^+-Ion wird in gleicher Weise selektiv gebunden. Dies ist bei radioaktiven
Isotopen für die Betrachtung der Pflanzenverfügbarkeit
und damit die Beurteilung der Aufnahme in die Nahrungs-
kette des Menschen von erheblicher Bedeutung.

Die Ionen werden in den Räumen gebunden, die durch die
hexagonale Anordnung der Sauerstoffatome in den Silizium-
tetraederschichten der Tonminerale gebildet werden. Um in
diese Räume eindringen zu können, müssen die hydratisierten Ionen zuerst dehydratisiert werden. Die Hydratations-
wärmen für die genannten Ionen sind relativ gering, so
daß die Energie für die Dehydratisierung durch einfache
Trocknung schnell aufgebracht werden kann. Die Einbeziehung der Hydratationswärme erklärt, warum Ba^{2+} mit etwa
gleichem Ionenradius wie K^+ durch Vermiculit nicht spezifisch gebunden wird. Ba^{2+}-Ionen weisen eine erheblich höhere Hydratationswärme auf (Tab. 2.3.4), so daß für die
Dehydratisierung höhere Energien notwendig sind und eine
Entfernung der Wasserhülle im natürlichen System in der
Regel nicht möglich ist.

2.3.6   Literatur

BEAR, F.E. (Hrsg.)
          Chemistry of the soil. Am. Chem.Soc., Washington,
          1964

BOHN, H.L., McNEAL, D.L., O'CONNOR, G.A.
          Soil chemistry. Wiley & Sons, New York, 1985

MARSHALL, C.E., GARCIA, G.
          J. Phys. Chem. 63, 1663, 1959

NIELSEN, D.R., R.D. JACKSON, J.W. CARY, D.D. EVANS
          Soil Water. Madison, 1972

VAN OLPHEN, H.
An introduction to clay colloid chemistry. John Wiley & Sons, New York, 1963

SCHACHTSCHABEL, P.
Kolloid-Beihefte, 51, 199, 1940

SCHEFFER, F., SCHACHTSCHABEL, P.
Bodenkunde. Enke Verlag, Stuttgart, 1982

2.4 Anionenadsorption

Bei der Adsorption von Kationen im Boden war der beherrschende Mechanismus die Ionenbeziehung zwischen anionischen Ladungszentren der anorganischen Verbindungen und den Kationen oder anionisch geladenen funktionellen Gruppen der organischen Substanz des Bodens.

Für anionische Verbindungen wäre, in Analogie zu den kationischen Substanzen, davon auszugehen, daß eine Bindung an entgegengesetzt geladenen Zentren im Boden stattfindet. Diese sind allerdings nur in sehr geringem Umfang vorhanden, da der Boden in der Regel, bedingt durch den isomorphen Ersatz bei den Tonmineralen und die Dissoziation funktioneller Gruppen der organischen Substanz, eine negative Bilanzladung aufweist. Dennoch sind, besonders in sauren Böden, einige primäre kationische Ladungszentren vorhanden, z.B. Oniumstrukturen (2.4.1, 2.4.2).

(2.4.1) $R-X| + H^+ \rightleftharpoons R-\overset{+}{X}-H$ Oniumstruktur

(2.4.2) $R-\overset{H}{\underset{H}{N|}} + H^+ \rightleftharpoons R-\overset{H}{\underset{\overset{|}{H^+}}{N}}-H$ Beispiel: Ammoniumstruktur

An diesen kationischen Zentren können über eine einfache Ionenbeziehung Anionen gebunden werden. Es darf nicht außer acht gelassen werden, daß diese Form zwar vorhanden, aber sicherlich für die zunächst zu betrachtenden Bindungsphänomene ohne große Bedeutung ist, also nur einen Spezialfall darstellt. Die teilweise erhebliche Rückhaltefähigkeit des Bodens für Anionen kann nicht auf diese Art erklärt werden.

Wichtig ist zunächst, daß nicht alle Anionen einer gleichmäßigen Sorption unterworfen sind. Einige Ionen, wie z.B. Cl^- und NO_3^- werden so gut wie gar nicht gebunden und werden daher leicht ausgewaschen. Andere Anionen bilden mit Kationen, z.B. der Tonminerale, sehr wenig lösliche Verbindungen, so daß die Rückhaltefähigkeit der Böden für diese Anionen sehr groß ist.

Die Bedeutung der Anionensorption ist schon mit der Art der Ionen begründet, denn sie sind entweder Nährstoffe oder, wenn sie im Überschuß auftreten, als Umweltchemikalien relevant. Von den wichtigsten (2.4.3) sind einige zu den Mikronährstoffen zu rechnen, andere zu den Schwermetallen.

$$(2.4.3) \qquad OH^-, \; NO_3^-, \; HCO_3^-, \; H_2PO_4^-, \; Cl^-, \; F^-, \; SO_4^{2-},$$

$$HPO_4^{2-}, \; \overset{+III}{H_2BO_3^-}, \; \overset{+IV}{MoO_4^{2-}}, \; \overset{+V}{HAsO_4^{2-}}, \; \overset{+VI}{CrO_4^{2-}}$$

Im weiteren fallen unter diese Gruppe aber auch, und das ist unter ökologischen Gesichtspunkten von großer Bedeutung, die dissoziierten organischen Verbindungen wie z.B. Carbonsäuren bei den Pestiziden 2,4-Dichlorphenoxyessigsäure (2,4-D) und 2,4,5 Trichlorphenoxyessigsäure (2,4,5-T).

2.4.1. Unspezifische Anionenreaktionen

Zwei prinzipielle Möglichkeiten führen zur Bindung der
Anionen im Boden:

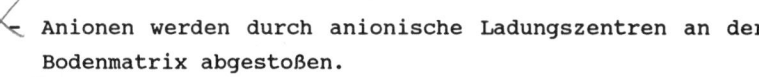

Anionen werden durch anionische Ladungszentren an der
Bodenmatrix abgestoßen.

Anionen werden durch kationische Ladungszentren an der
Bodenmatrix angezogen.

Obwohl die Silikatschichten der Tonminerale in aller Regel in den Böden unserer Breiten negative Gesamtladungen
aufweisen, treten im Boden dennoch eine Reihe von
Festkörpern als Sorbentien auf, die neben der negativen
auch mit positiver Ladung ausgestattet sind. Bei Annäherung eines Anions an den Festkörper können damit gleichzeitig beide Kräfte auf das Ion wirken, sowohl Anziehung
als auch Abstoßung.

2.4.1.1 Anionenabstoßung

Die Anionenabstoßung wird durch die Anionenladung und deren -konzentration beeinflußt sowie durch die Art der
austauschbaren Kationen, den pH, die Anwesenheit anderer
Anionen und durch die Art und Ladung der in die Wechselwirkung einbezogenen Kolloidoberfläche. Ionen, die in der
Regel, auch unter Einbeziehung einer vorhandenen positiven Ladung, eine Abstoßung erfahren, sind Cl^-, NO_3^-,
SO_4^{2-}.

Die Anionenabstoßung wird deutlich, wenn eine KCl-Lösung
mit trockenem Montmorillonit versetzt wird. Die Chlorid-
ionenkonzentration der überstehenden Lösung ist größer,
als in der ursprünglichen Lösung. Da eine Vermehrung der
Anionen objektiv nicht stattgefunden hat, kann diese Kon-

zentrationserhöhung in der Außenlösung nur durch eine
diskontinuierliche Verteilung innerhalb der Gesamtlösung
erklärt werden. Zum einen umgibt sich der Montmorillonit
mit einer Hydrathülle, die aus reinem Wasser besteht, zum
anderen liegt eine ungleiche Verteilung der Anionen innerhalb der diffusen Doppelschicht vor (2.3.2), was natürlich in der überwiegend negativen Ladung des Montmorillonits begründet ist.

Die Anionenabstoßung steigt in der Regel mit der Ladung
des betrachteten Anions, Anionen höherer Ladung werden
stärker abgestoßen als Anionen niedrigerer Ladung. Zum
Beispiel wurde für die Abstoßung einer Reihe von Anionen
durch die Oberfläche eines Natrium-Montmorillonits die
Reihenfolge (2.4.4) aufgestellt.

(2.4.4) $Cl^- \approx NO_3^- < SO_4^{2-} < [Fe(CN)_6]^{4-}$

In Böden mit hoher Calziumbelegung (oder auch anderen po-
lyvalenten Kationen) werden die oben dargestellten reinen
elektrostatischen Abstoßungen durch Fällungsreaktionen
wie z.B. bei der Gipsbildung (2.4.5) sehr stark verändert.

(2.4.5) $Ca^{2+} + SO_4^{2-} \rightleftharpoons CaSO_4$

               $Ca^{2+} + SO_4^{2-} + 2 H_2O \rightleftharpoons CaSO_4 \cdot 2 H_2O$

Änderungen der diffusen Doppelschicht bewirken entsprechende bei der Anionenabstoßung, so wird die Dicke der
diffusen Doppelschicht abnehmen, je stärker die höher geladenen Kationen an die anionische Oberfläche gebunden
werden. Zu begründen ist dieses Verhalten mit der besseren Neutralisierung der negativen Ladung des Tonminerals.

Damit ändert sich die Anionenabstoßung im gleichem Maße
mit der diffusen Doppelschicht.

Weisen die Böden pH-abhängige Ladungen auf, bedingt eine
pH-Absenkung eine Verringerung der negativen Ladung. Folgerichtig sinkt die Abstoßung mit fallendem pH.

Montmorillonithaltige Böden werden bei allen pH-Werten
eine stärkere Anionenabstoßung aufweisen als kaolinithaltige. Dies wird besonders deutlich bei niedrigen pH-Werten ausfallen, bei denen der Kaolinit positive Ladungen
entwickeln kann. Also geht auch von der Art des sorbie-
renden Bodenkolloids eine wichtige Wirkung aus, denn je
größer die negativen Ladung des betrachteten Festkörpers
ist, desto größer wird die Anionenabstoßung.

2.4.1.2 Elektrostatische Anziehung von Anionen

Das Coulomb'sche Gesetz beschreibt die elektrostatische
Anziehung von Anionen. Dabei gelten die gleichen Regeln
wie bei der Fixierung von Kationen, also wird die Adsorption durch die Ionenladung und -konzentration beeinflußt.
Sie werden als unspezifisch adsorbierte Anionen bezeichnet. Eine Vorstellung über den Mechanismus der Adsorption
gibt (2.4.6), wobei hier die funktionelle Gruppe eine variable Ladungen angibt ($O-H_2^{+1/2}$), also eine solche, die
pH-abhängig verändert werden kann.

(2.4.6)

Die Abbildung 2.4.1 zeigt den unterschiedlichen Verlauf
der positiven und negativen Ladung des Bodens mit dem pH-
Wert. Ein sinkender pH-Wert läßt die positive Ladung
größer werden, ein steigender pH bevorzugt die negative
Ladung.

Der Punkt (pH-Wert), an dem die negative und die positive
Ladung des Bodens gleich groß sind, also Ladungsneutrali-
tät besteht, wird als Ladungsnullpunkt bezeichnet. Die
Gesamtladung des Bodens ergibt sich als algebraische
Summe aus negativer und positiver Ladung.

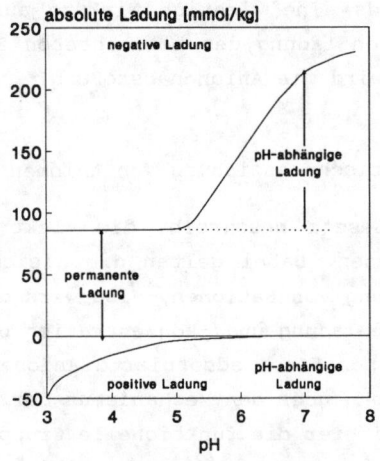

Abb. 2.4.1:   Veränderung des positiven und negativen La-
               dungsanteils des Bodens mit dem pH

Die meisten Böden weisen wegen des isomorphen Ersatzes in
den Tonmineralen eine negative Gesamtladung auf. Böden
mit hohem Anteil an Allophanen und Hydroxiden allerdings
können besonders bei niedrigen pH-Werten deutlich positive Gesamtladungen ausbilden. Für die Betrachtung der

Anionenadsorption ist zu vermerken, daß trotz negativer
Gesamtladung auch weiterhin positive Ladungszentren vorhanden sind, an denen eine Adsorption stattfinden kann.

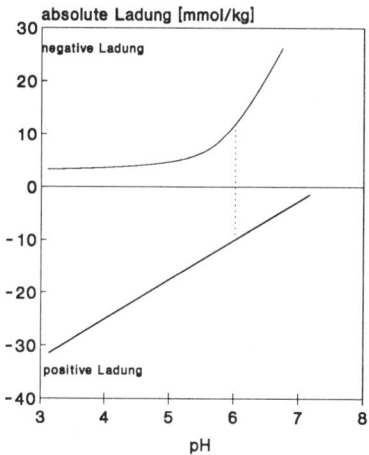

Abb. 2.4.2:   pH-abhängige Ladungen eines Oxisols aus Ba-
salt (B-Horizont, C_t 0,7 %) (vgl. van Raij
und Peech, 1972)

(2.4.7)

Milieu: sauer   neutral   basisch

Am Beispiel des Kaolinits sei die Entstehung der Ladungen
dargestellt (2.4.7), wobei auch hier wieder darauf verwiesen werden muß, daß es sich ausschließlich um Vorgänge
an den Kanten und Flächen eines Festkörpers handelt, für

die Gleichungen also keine Forderungen nach Stöchiometrie erhoben werden dürfen.

Es sind die drei wichtigsten Ladungszentren dargestellt. Bedingt durch die jeweilige Umgebung unterscheiden sie sich sehr deutlich durch ihre pK-Werte (Tab. 2.4.1).

Tab. 2.4.1: Schematische Gleichungen für die pH-abhängigen Reaktionen des Kaolinits an den Kanten und Flächen

pK	Reaktion:
5,0	$Al(OH_2)^{+1/2} \rightleftharpoons Al(OH)^{-1/2} + H^+$
7,0	$(Al-OH-Si)^{+1/2} \rightleftharpoons (Al-O-Si)^{-1/2} + H^+$
9,5	$Si-OH \rightleftharpoons Si-O^{-1} + H^+$

Entsprechend diesen unterschiedlichen Möglichkeiten zeigen die Anionen abhängig vom pH ein sehr abweichendes Verhalten gegenüber dem Adsorbens (Abb. 2.4.3).

Neben den an Silizium und Aluminium gebundenen Hydroxygruppen spielen bei den variablen Ladungen auch die Hydroxygruppen der Eisenoxide eine bedeutende Rolle. Das dreiwertige Eisen ist in den Kristallen der Summenformel Fe_2O_3 in einer sechser Koordination von Sauerstoff umgeben.

Damit wird jeder Sauerstoff durch seine 2 negativen Ladungen formal nur 1/2 negative Ladung für die Neutralisation der positiven Ladung des Eisenions beitragen. Die verbleibenden jeweils 1 1/2 negativen Ladungen am Sauerstoff werden durch weitere Fe^{3+}-Ionen im Kristall neutralisiert. Innerhalb des Kristalls herrscht eine voll-

ständige Ladungsneutralität. An der Außenseite dieser
Kristalle sind keine weiteren Fe^{3+}-Ionen vorhanden, die
geordnete Kristallstruktur bricht ab. Die verbleibende
negative Ladung wird durch Wasser neutralisiert. Da, zumindest formal, ein oder zwei Protonen angelagert werden
können, ergibt sich als Ladung -1/2 und +1/2 für die gebildete neue Struktureinheit. Die Anlagerung von Protonen
ist dem pH-Wert unterworfen, damit hängen die Ladungen an
den Kanten der Eisenoxide ebenfalls vom pH ab.

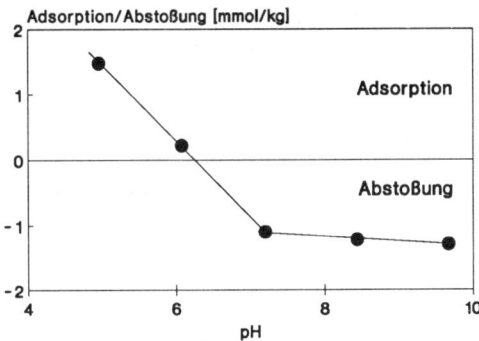

Abb. 2.4.3:   Adsorption und Abstoßung von Chloridionen
              an Kaolinit in Abhängigkeit vom pH-Wert

Unter den Allophanen werden gelartige Aluminiumsilikate
zusammengefaßt. Sie weisen ebenfalls pH-abhängige Ladungen auf. Da sie amorph vorliegen und somit über eine
große Oberfläche verfügen, kann deren Einfluß im Boden
erheblich sein. Die Ladung ist deutlich stärker vom Milieu abhängig als bei den kristallinen Oxiden. Obwohl die
Zusammensetzung der Allophane sehr schwankt, können dennoch die folgenden hydratisierten Oxide als Grundbau-
steine angesehen werden: Al_2O_3, Fe_2O_3, SiO_2. Geringe Anteile von Mg^{2+}, Ca^{2+}, K^+ und Na^+ sind in der Regel eben-

falls vorhanden. Das Al:Si-Verhältnis ist zumeist ca.
1:2. Die Sauerstoffatome sind an Al^{3+}-Ionen in oktaedrischer und Si^{4+}-Ionen in tetraedrischer Umgebung gebunden. Die positive Ladung entsteht auch hier durch
Wechselwirkung mit dem Wasser, wobei niedrige pH-Werte
eine deutliche Steigerung der kationischen Ladung bedingen.

Neben der erstmaligen Adsorption von Anionen an kationische Ladungszentren kann auch ein Austausch bereits unspezifisch gebundener Ionen stattfinden. Dies ist möglich, da die Ionen in der Regel nur mit geringer Energie
adsorbiert werden.

Tab. 2.4.2: Unspezifische Adsorption von Chlorid und
           Sulfat in Abhängigkeit vom pH-Wert für kao-
           linit- und montmorillonithaltige Böden (vgl.
           Bear, 1964)

Adsorption an Böden [mmol/kg]			
kaolinithaltige		montmorillonithaltige	
pH	Chlorid	pH	Chlorid
7,2	0		
6,7	3	6,8	0
6,1	11	5,6	0
5,8	24	4,0	0,5
5,0	44	3,0	1
4,0	60	2,8	4

Die für solche Austauschreaktionen geltenden Regeln sind
die gleichen wie für den Kationenionenaustausch (2.3.2).

Besonders für die nur sehr schwach adsorbierten Anionen
Cl^-, NO_3^- und SO_4^{2-} gilt dieser unspezifische Mechanismus. Daß die Sorptionskapazität der Böden ebenfalls pH-
abhängig ist, muß nach den oben dargestellten Abhängigkeiten vorausgesetzt werden. Besonders hohe Adsorptions-
kapazitäten finden sich bei hohen Kaolinitgehalten, da
dieses Tonmineral bei niedrigen pH-Werten eine positive
Gesamtladung zeigt. In Tab. 2.4.2 sind die unspezifischen
Sorptionen von Chlorid für kaolinit- und montmorillonithaltige Böden gegenübergestellt. Erhebliche
Sorptionswerte ergeben sich nur für die kaolinithaltige
Böden.

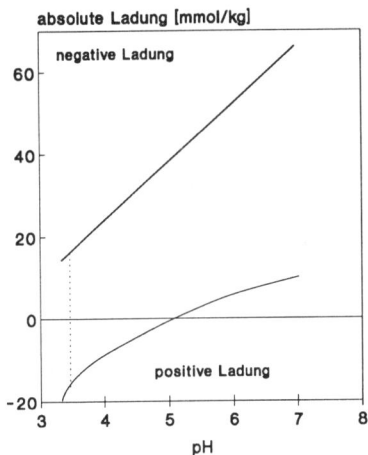

Abb. 2.4.4: pH-abhängige Ladung eines Oxisols (A-Horizont, C_t 2,5 %) (vgl. van Raij und Peech,
1972)

Es zeigt sich, daß die unspezifische Sorption von Anionen
oberhalb von pH 7 unbedeutend ist und für montmo-

rillonithaltige Böden auch bei niedrigen pH-Werten ver-
nachlässigbar klein ist.

Bei einem höheren Gehalt an organischer Substanz im Boden
verlagert sich der Ladungsnullpunkt deutlich in den sauren Bereich, was eine Verringerung der unspezifischen
Anionenadsorption bedingt (Abb. 2.4.2 und 2.4.4). Daher
ist in den humusreichen Auflagehorizonten zumeist mit geringerer Adsorption von Anionen zu rechnen als im Unter-
boden. Da die Ladungsnullpunkte der Böden gemäßigter Kli-
mate, in denen in den meisten Fällen Dreischichtminerale
vorherrschen, im stark sauren Bereich liegen, wird hier
mit einer nur geringen unspezifischen Adsorption zu rechnen sein.

2.4.2 Spezifische Anionenreaktion

Hydroxide können unabhängig von unspezifischen Anionenre-
aktionen eine Reihe unterschiedlicher Anionen gezielt
binden. Dabei ist makroskopisch eine deutlich größere
Adsorptionskapazität für bestimmte Anionen zu erkennen
als für die elektrische Neutralisierung der positiv geladenen Oberfläche notwendig wäre. Zur Erklärung dieses
Phänomens, das bei Böden mit z.B. hohen Gehalten an Al-
Hydroxiden zu beobachten ist, kann die Theorie des Ligan-
denaustausches herangezogen werden.

Dieser allgemein recht komplizierte Sachverhalt soll vereinfacht dargestellt werden. Der Sauerstoff an der Hydro-
xidoberfläche kann durch bestimmte Anionen ersetzt werden, ohne daß sich die grundsätzliche Struktur der Koor-
dinationszahl (6) von Al^{3+}- und Fe^{3+}-Hydroxiden ändert.
Besonders trifft dies für die Anionen einiger Sauerstoff-

säuren (Phosphat, Perchlorat) und das Fluorid zu. Durch den Austausch des Sauerstoffions O^{2-} wird die Oberfläche der Oxide negativ geladen, da der Sauerstoff beim Verlassen des Gitters die an ihn gebundenen Wasserstoffatome mitnimmt (2.4.8).

(2.4.8)

$$(+1/2) \begin{array}{c} H \\ O \\ H \end{array} +1 \qquad (-1/2) \begin{array}{c} F \\ \end{array} \quad 0$$

$$\dots Cl^- \qquad \rightleftharpoons \qquad + NaCl$$

$$(+1/2) \begin{array}{c} H \\ O \\ H \end{array} \quad + NaF \qquad (+1/2) \begin{array}{c} H \\ O \\ H \end{array} \quad + H_2O$$

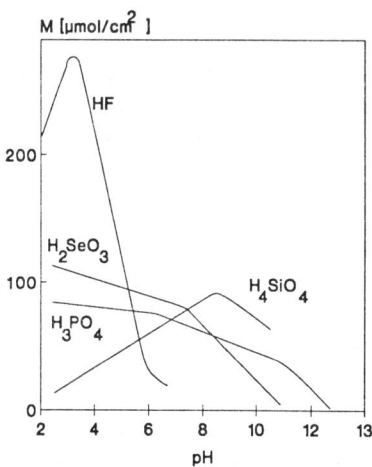

Abb. 2.4.5: Adsorption unterschiedlicher Anionen an Goethit (vgl. Hingston et al.1972)

Die spezifische Anionenadsorption kann an positiven, neutralen und auch negativ geladenen Oberflächen stattfin-

den. Hierin liegt ein wesentlicher Unterschied zur unspezifischen Adsorption. Durch den skizzierten Ligandenaustausch ist auch zu klären, warum gerade bei den
Anionen relativ schwacher Säuren die Adsorption dann maximal ist, wenn der pH der Lösung in der Nähe des pK der
Säure liegt (Abb. 2.4.5).

Nach der Henderson-Hasselbalch-Gleichung (2.4.9, vgl. Kapitel 2.1.5) liegen für den Fall, daß pH und pK gleich
groß sind, gleichzeitig die höchsten Konzentrationen von
Anionen aus der dissoziierten Säure und Protonendonator
für die Neutralisation (undissoziierte Säure) vor.

$$(2.4.9) \qquad pH = pK + \lg \frac{[\text{Anion}]}{[\text{Säure}]}$$

Fluorid wird von einigen Bodenmineralen sehr stark adsorbiert. Der Ligandenaustausch ist hier besonders intensiv,
da die Größe von OH^- und F^- gut übereinstimmen. Daß die
Fluoridadsorption in sauren Böden deutlich höher ist als
die Fixierung anderer Anionen, wird durch den pK von 3,5
des HF begründet. F^- ist damit ein sehr effektives
Desorptionsmittel für andere, schon sorbierte Ionen.

2.4.3 Phosphatbindung in Böden

Die Bindung des Phosphations ist sicher das wichtigste
Beispiel für die spezifische Anionenadsorption im Boden.
Phosphat stellt einen bedeutenden Nährstoff dar und wird
in großen Mengen in einer weniger löslichen und somit für
die Pflanzen weniger verfügbaren Form gebunden.

(2.4.10)

$$\begin{bmatrix} Fe-O-H \\ Fe-O-H \end{bmatrix} + H_2PO_4^- \rightleftharpoons \begin{bmatrix} \overset{O}{Fe-O-H} \\ Fe-H_2PO_4 \end{bmatrix} + OH^-$$

$$\rightleftharpoons \begin{bmatrix} Fe-O \\ Fe-O \end{bmatrix} \overset{O}{\underset{O-H}{P}} + H_2O$$

Das Phosphation ersetzt in den Eisenhydroxiden einfach koordinierte OH-Gruppen. Unter Umwandlung in HPO_4^{2-} und eine anschließende Brückenbildung zu einem zweiten Eisenion erfolgt die Bindung. Eine Änderung der Valenz findet weder beim Fe noch bei der Gesamtladung des reagierenden Ausschnitts statt.

Bei Schichtsilikaten erfolgt die Bindung in zwei Schritten. Zunächst findet eine unspezifische Adsorption an den $\oplus$- Kanten der Tonminerale statt. Im zweiten Reaktionsschritt kommt es zur Ausfällung des Phosphates und zur Lösung austauschbarer Kationen und Kationen der Schichten. Am Beispiel des Kaolinits ist in (2.4.11) die Gesamtreaktion in Form der Summenformeln einzelner Strukturelemente des Tonminerals dargestellt, wobei es zu einer Lösung des Al^{3+} in Form des $Al(OH)_2^+$ und einer anschließenden Ausfällung als Aluminiumphosphat kommt.

(2.4.11) $Al_2Si_2O_5(OH)_4 \rightleftharpoons 2\ Al(OH)_2^+ + Si_2O_5^{2-}$

             $2\ Al(OH)_2^+ + 2\ H_2PO_4^- \rightleftharpoons$

                 $2\ AlPO_4 \cdot 2\ H_2O$ (Variscit)

Al^{3+} spielt für die spezifische Adsorption von Phosphat eine wichtige Rolle, was auch ein Vergleich der beiden Tonminerale Montmorillonit und Hectorit unterstreicht.

Hectorit, ebenfalls ein Dreischichtmineral, bei dem allerdings anstelle des Al^{3+} hauptsächlich Mg^{2+} in oktaedrischer Umgebung vorliegt, bindet erheblich geringere Mengen Phosphat. Daneben sind die Gehalte von Ca^{2+} und Fe^{3+} für die Phosphatfixierung von großer Bedeutung.

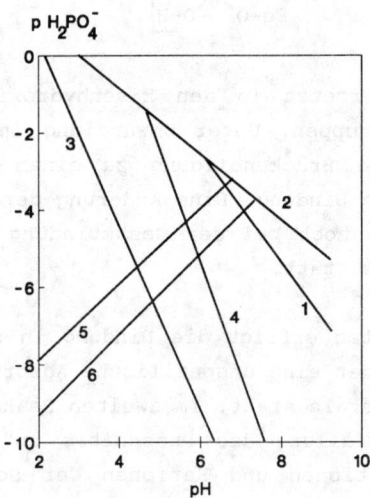

Abb. 2.4.6:   Konzentrationsverlauf der Dihydrogenphosphationen in Abhängigkeit vom pH für die Phosphatverbindungen: (1) Octacalciumphosphat, (2) Dicalciumphosphatdihydrat, (3) Fluorapatit, (4) Hydroxyapatit, (5) Variscit, (6) Strengit (Lindsay, Moreno, 1960)

In der Abbildung 2.4.6 sind die pH-abhängigen Löslichkeiten der Phosphate dargestellt (vgl. Lindsay, Moreno, 1960). Dem Löslichkeitsdiagramm, das das Gleichgewicht der Phosphatausfällung bei unterschiedlichen pH-Werten beschreibt, kann allerdings nur eine mehr theoretische Bedeutung zugemessen werden, da eine Vielzahl weiterer, hier nicht berücksichtigter Faktoren das tatsächliche Verhalten der Phosphorverbindungen im Boden bestimmt.

Die relative Stabilität der Phosphatverbindungen wurde hier durch Messung des pH's und der in der Lösung befindlichen Phosphationenkonzentration ermittelt. Werte oberhalb der entsprechenden Isotherme zeigen einen Überschuß an Phosphationen an und führen zur Ausfällung der entsprechenden Verbindungen. Werte unterhalb der Geraden zeigen eine, für das Gleichgewicht zu geringen Konzentration an Phosphat bezüglich der betrachteten Verbindung, was eine Auflösung unter der Voraussetzung zur Folge hat, daß ein Festkörper in der Bodensubstanz vorhanden ist. Grundlage für das Diagramm ist, daß Al^{3+} im Gleichgewicht mit $Al(OH)_3$ (lg K = -34,0) und Fe^{3+} im Gleichgewicht mit $Fe(OH)_3$ (lg K = -39,0) steht. Ca^{2+} muß eine Konzentration von $0,5 \cdot 10^{-2}$ mol/l aufweisen, Fluorid in ausreichender Menge vorliegen.

In der Tabelle 2.4.3 sind die Summenformeln der betrachteten Phosphate, ihre Dissoziationsgleichungen sowie die Löslichkeitsprodukte zusammengefaßt.

Als ein Beispiel, das den reaktiven Hintergrund des Löslichkeitsdiagramms darstellt, wird die Bildung des Variscit betrachtet (2.4.11), die dazugehörige Gerade in der Abb. 2.4.7 ergibt sich aus (2.4.13), die durch Umwandlung von (2.4.11) erhalten wird.

Daneben zeigt das Diagramm, daß Phosphat in alkalischen Böden auch als Calciumphosphat ausfällt, wobei die am wenigsten löslichen Formen allerdings Fluor- und Hydroxyapatit sind. Die Festkörper von Variscit und Strengit sind in diesem pH-Bereich besser löslich. Für basische Böden

Tab. 2.4.3:   Dissoziation und Löslichkeitsprodukt einiger im Boden vorkommender Phosphate

	Reaktion	lg L
Variscit	$AlPO_4 \cdot 2\ H_2O \rightleftharpoons$ $Al^{3+} + H_2PO_4^- + 2\ OH^-$	-30,5
Strengit	$FePO_4 \cdot 2\ H_2O \rightleftharpoons$ $Fe^{3+} + H_2PO_4^- + 2\ OH^-$	-34,9
Dicalcium-phosphat	$CaHPO_4 \rightleftharpoons$ $Ca^{2+} + HPO_4^{2-}$	-6,66
Oktacalcium-phosphat	$Ca_4H(PO_4)_3 \rightleftharpoons$ $4\ Ca^{2+} + H^+ + 3\ PO_4^{3-}$	-46,91
Hydroxyapatit	$Ca_{10}(PO_4)_6(OH)_2 \rightleftharpoons$ $10\ Ca^{2+} + 6\ PO_4^{3-} + 2\ OH^-$	-113,7
Fluorapatit	$Ca_{10}(PO_4)_6F_2 \rightleftharpoons$ $10\ Ca^{2+} + 6\ PO_4^{3-} + 2\ F^-$	-120,8

(2.4.12)
                                                   lg K

$$Al(OH)_3(gel.) \rightleftharpoons Al^{3+} + 3\ OH^- \qquad -34,0$$

$$Al^{3+} + 2\ OH^- + H_2PO_4^- \rightleftharpoons \qquad 30,5$$

$$AlPO_4 \cdot 2\ H_2O\ (gel.)$$

$$H^+ + OH^- \rightleftharpoons H_2O \qquad 14,0$$

$$Al(OH)_3(gel.) + H^+ + H_2PO_4^- \rightleftharpoons \qquad 10,5$$

$$AlPO_4 \cdot 2\ H_2O(gel.) + H_2O$$

stellen Strengit und Variscit eine gute Phosphatquelle
dar. Die Calciumphosphate eignen sich entsprechend besonders zur Düngung saurer Böden.

(2.4.13) $-lg\ (H_2PO_4^-) = 10,5 - pH$

$p(H_2PO_4^-) = 10,5 - pH$

Zusammenfassend kann für die Löslichkeit der Phosphate
aus der Abb. 2.4.6 geschlossen werden, daß sie in sauren
Böden mit hohen Gehalten an aktivem Eisen und Aluminium
in erheblichen Mengen als deren Salze fixiert werden, in
alkalischen Böden hingegen als Calciumphosphate. Die Mo-
bilität ist in leicht sauren bis neutralen Böden am
größten, da hier die Summe der Löslichkeiten sowohl von
Calcium- als auch Aluminium- und Eisenphosphaten am
höchsten ist.

Komplizierter scheint es, organische Phosphorverbindungen
im Boden zu verfolgen. Hier seien nur einige Verbindungen
genannt, die häufig anzutreffen sind und im Boden der Umwandlung (2.4.14) unterliegen, wie Inosithexaphosphat,
Nucleinsäuren oder Phospholipide (Lecithin).

(2.4.14)   Mineralisierung

organisches P $\xrightleftharpoons{\hspace{1cm}}$ anorganisches P
(PO_4^{3-})
Immobilisierung

Offensichtlich wird organisches Phosphat schnell zu anor-
gischem umgebaut, denn es unterliegt annähernd den gleichen Fixierungen im Boden wie anorganisches. So wird eine
Reihe leicht löslicher organischer Phosphate nach kurzer
Zeit unextrahierbar. Organische Phosphorverbindungen
selbst können auch gebunden werden, etwa über die ortho-

Phosphatgruppe an Fe^{3+}- und Al^{3+}-Oxide. Dies kann dann zu
einer deutlichen Erhöhung der Stabilität der organischen
Phosphorverbindungen im Boden führen. Eine weitere Möglichkeit der Bindung ist die Adsorption durch die organische Substanz des Bodens, z.B. durch die Huminstoffe.

2.4.4   Literatur

BEAR, F.E
    Chemistry of the soil. Am. Chem. Soc., 1964

HINGSTON, F.J, R.J. ATKINSON, A.M. POSNER, J.P. QUIRK
    Trans. 9 th Int. Cong. Soil Sci. 1, 669, 1968

LINDSAY, W.L., E.C. MORENO
    Soil Sci. Proc. Amer. Proc. 24, 177, 1960

VAN RAIJ, B., M. PEECH
    Soil Sci. Proc. Amer. Proc. 36, 587, 1972

2.5 Adsorption von organischen Verbindungen

Bei der Betrachtung der Wechselwirkung von organischen
Verbindungen mit dem Boden sind, verglichen mit den anorganischen Anionen und Kationen, eine noch größere Anzahl
unterschiedlicher Möglichkeiten der Bindung gegeben. Das
ist zum einen bedingt durch die Vielzahl von Verbindungs-
klassen, die dem Boden aus anthropogenen Quellen, aber
auch aus natürlichen zugeführt werden. Eine Betrachtung
des Kohlenstoffkreislaufs zeigt, daß tatsächlich eine
sehr große Menge organischen Kohlenstoffs in den Boden
gelangt. Zwar wird ein erheblicher Anteil nicht in Lösung
gehen, sondern sofort durch Mikroorganismen abgebaut werden, es verbleiben jedoch eine Anzahl organischer Verbin-

dungen in der Bodenlösung, die mit der Oberfläche der
unterschiedlichen Bodenanteile in Wechselwirkung treten
können.

Bei der Betrachtung der Bindungsphänomene ist zunächst zu
beachten, daß organische Stoffe im Boden in geladener
Form aber auch ungeladen vorkommen. Zwar sind die geladenen Verbindungen in großer Zahl vorhanden, stellen
aber keine prinzipiell neue Kategorie dar, da sie als
Kationen bzw. Anionen reagieren und damit ein ähnliches
Verhalten wie die anorganischen Ionen zeigen. Abweichend
von den anorganischen Ionen ist hier lediglich die
größere Ausdehnung zu beachten, die bei der Adsorption zu
Phänomenen wie der sterischen Behinderung der Moleküle
untereinander führen kann. Es könnte daher von der Ladung
der Oberflächen aus betrachtet eine höhere Adsorption
möglich sein, als letztendlich zu beobachten ist.

Sind Ladungen bei organischen Verbindungen (B) zunächst
nicht vorhanden, so können sich solche im Boden bilden
(2.5.1) und die entstandenen Anionen und Kationen dann
adsorbiert werden.

(2.5.1) $B + H^+ \rightleftharpoons BH^+$

Für die Adsorption dieser protonierten schwachen Base
wird der Mechanismus (2.5.2) möglich, wobei Me^+ ein
Kation bezeichnet, also ein Kationenaustausch stattfindet.

(2.5.2) $BH^+ + Me\text{-Boden} \rightleftharpoons BH\text{-Boden} + Me^+$

Eine weitere Möglichkeit, die zur Protonierung der Basen
führt (2.5.3), kann direkt an der Oberfläche der Bodenbe-

standteile stattfinden und damit dann gleichzeitig zur
Bindung an die Bodenmatrix beitragen.

(2.5.3)   B + H-Boden $\rightleftharpoons$ BH-Boden

Neben dieser ist auch das Wasser als Protonenquelle bedeutend, das über die Hydrolyse zur Protonierung beiträgt
(2.5.4). Auch die Übertragung des Protons von einer
schwächeren Base (2.5.5) auf eine stärkere B_s gibt die
Möglichkeit der Bindung organischer Verbindungen an die
Bodenmatrix.

(2.5.4)   B + H_2O $\rightleftharpoons$ BH^+ + OH^-

(2.5.5)   BH-Boden + B_s $\rightleftharpoons$ B_sH-Boden + B

Die Tendenz basischer Verbindungen, die Bindung nur solcher soll zunächst betrachtet werden, Protonen aufzunehmen, wird durch den pK der gebildeten konjugierten Säure
ausgedrückt (vgl. Kapitel 2.1.4), der umso größer ist, je
stärker die Protonenakzeptoreigenschaften sind, die Substanz also als Base reagiert.

Eine ganze Reihe von Verbindungen zeigen sauren Charakter. Sie dissoziieren in wäßriger Lösung in Protonen und
Anionen. Auch hier erfolgt die Charakterisierung über den
pK. Die Dissoziation solcher Verbindungen führt aber in
der Regel zu keiner Bindung der Anionen, vielmehr wird
das gebildete Säureanion von der negativ geladenen Oberfläche der Bodenbestandteile abgestoßen.

Für einige wichtige organische Moleküle, Säuren und Basen, sind die Strukturen, pK-Werte und allgemeinen Reaktionen in der Abb. 2.5.1 dargestellt.

Als dritte Kategorie sind Moleküle zu betrachten, die weder dissoziieren noch protoniert werden. Für diese stehen eine Reihe Adsorptionsmechanismen zur Bindung zur Verfügung. Es handelt sich in der Regel um Nebenvalenzkräfte mit geringer Bindungsenergie.

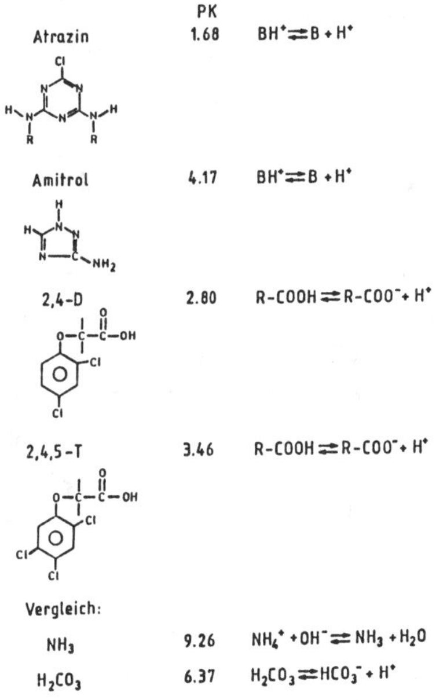

	PK	
Atrazin	1.68	$BH^+ \rightleftharpoons B + H^+$

| Amitrol | 4.17 | $BH^+ \rightleftharpoons B + H^+$ |

| 2,4-D | 2.80 | $R\text{-}COOH \rightleftharpoons R\text{-}COO^- + H^+$ |

| 2,4,5-T | 3.46 | $R\text{-}COOH \rightleftharpoons R\text{-}COO^- + H^+$ |

Vergleich:

| NH_3 | 9.26 | $NH_4^+ + OH^- \rightleftharpoons NH_3 + H_2O$ |
| H_2CO_3 | 6.37 | $H_2CO_3 \rightleftharpoons HCO_3^- + H^+$ |

Abb. 2.5.1: Strukturen, pK-Werte und Reaktionen einiger organischer Verbindungen, die im Boden anzutreffen sind

Als erste wären die stets zu vermutenden van der Waals Kräfte zu nennen, deren Energie allerdings im Einzelfall so gering ist, daß sie durch die Brown'sche Molekularbewegung kompensiert werden kann.

Die Wasserstoffbrückenbindungen, die für eine Vielzahl
von unterschiedlichen organischen Verbindungen als bin-
dende Kraft vermutet werden, stellen sich als sehr viel-
seitig dar. Unterschiedliche Strukturen können z.B. in
der in (2.5.6) skizzierten Form gebunden werden.

(2.5.6)
```
                             R
                             |
                    Ọ...H-N-R
     Adsorbens-
                    Ọ...H-O-R
     oberfläche
                    Ọ...H-O-C-R
                             ||
                             O
```

Voraussetzung ist jeweils ein Wasserstoffatom, das mit
einem elektronegativen Partner verbunden ist (vgl. Kapitel 2.2.1.2), so daß sich ausgehend von der so entstandenen positiven Partialladung eine Wechselwirkung zu
Elektronenüberschußzentren ausbilden kann. Diese werden
durch die Sauerstoffatome der Schichtsilikate an den Flächen und Kanten gestellt. Daneben gehen aber auch von den
Hydroxygruppen an den Kanten und Bruchstellen der
Tonminerale Wasserstoffbrücken aus, die dann z.B. mit
Aldehyd- oder Ketogruppen der Verbindungen, aber auch mit
Estersauerstoff oder Etherbrücken reagieren können
(2.5.7).

(2.5.7)

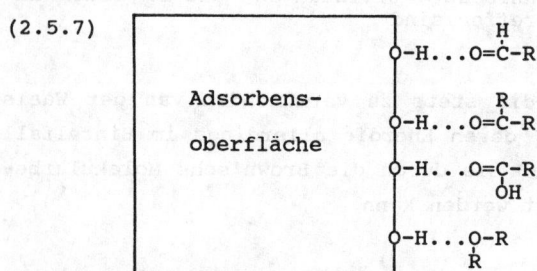

Gleiches gilt auch für solche Hydroxygruppen, die von der
organischen Substanz des Bodens ausgehen. Von den NH-
Gruppen, die in Aminosäuren und als Säureamid in Proteinen anzutreffen sind, können ebenfalls Wasserstoffbrückenbindungen ausgehen.

Daneben können polarisierte organische Moleküle mit Wasser in Wechselwirkung treten, das z.B. an adsorbierte
Kationen gebunden ist (2.5.8).

(2.5.8)

| Adsorbens- |
| oberfläche |

$\ldots$Me$^{2+}\ldots\ldots$O $\quad$ O=C $\begin{smallmatrix}R\\R\end{smallmatrix}$

Wasser der Hydrathülle

Diese Form der Bindung organischer Moleküle tritt in
befeuchteten Böden besonders häufig auf. Sind die Hydrathüllen sehr fest an die Kationen gebunden, was mit
einer hohen Polarisierung der Wassermoleküle einhergeht,
so ergeben sich besonders feste Bindungen.

Wasserstoffbrückenbindungen weisen für sich betrachtet in
der Regel eine relativ geringe Bindungsenergie auf. Eine
Anzahl organischer Moleküle (z.B. Zucker als Polyalko-
hole, aber auch Pestizide) sind in der Lage, eine Vielzahl von Wasserstoffbrücken auszubilden. Die entstehenden
Einzelbindungen sind von unterschiedlicher Festigkeit.
Als Matrix können sowohl Tonminerale, als auch, und das
ist für die Pestizide von besonderer Wichtigkeit, die organische Substanz des Bodens fungieren. Die sich mit der
organischen Substanz ausbildenden H-Brücken können dabei
sehr fest sein.

2.5.1 Adsorption organischer Verbindungen an Tonminerale

Von der Vielzahl der vorhandenen Informationen über die
Bindung unterschiedlichster organischer Moleküle an die
Tonminerale kann im folgenden nur ein kleiner Ausschnitt
dargestellt werden. Es ist nicht beabsichtigt, einen
Überblick über die Ergebnisse der vielseitigen For-
schungen auf diesem Sektor zu geben, sondern nur an
einigen Beispielen den Blick des Lesers für das
Problemfeld zu öffnen.

Da der Aufbau der Tonminerale für die Beurteilung der
Bindungsphänomene von großer Bedeutung ist, sei auf das
Kapitel 1.4 verwiesen, wo er ausführlich dargestellt
wurde. Hier soll lediglich auf einige Punkte noch einmal
kurz eingegangen werden, die für das Verständnis der betrachteten Bindungen von besonderer Bedeutung sind.

Die Schichten der Tonminerale weisen zwei prinzipiell unterschiedliche Bauarten auf: In der Tetraederschicht sind
Silicium-Sauerstoff-Tetraeder so angeordnet, daß drei der
insgesamt vier Sauerstoffatome jeweils durch zwei Silici-
umatome gebunden werden. Diese Sauerstoffatome liegen dabei alle in einer Fläche - im Gegensatz etwa zu gleichar-
tig aufgebauten Schichten mit Kohlenstoff als Zentralatom. Es entsteht also ein planarer Abschluß der Tetraederschicht. Das jeweils vierte Sauerstoffatom wird
koordinativ durch Aluminium (Kaolinit, Pyrophyllit oder
Montmorillonit) oder aber Magnesium (Talk) gebunden. Die
Koordinationszahlen für das Aluminium oder Magnesium sind
übereinstimmend sechs. Da die Zweischichtminerale aus einer Siliciumtetraederschicht und einer Aluminiumoktaeder-
schicht aufgebaut sind, stammen zwei der sechs koordinativ gebundenen Sauerstoffe aus der Tetraederschicht, wäh-

rend die vier weiteren Sauerstoffe in der Form von
Hydroxygruppen vorliegen.

Bei den Dreischichtmineralen folgt auf die Aluminiumok-
taederschicht wieder eine Siliciumtetraederschicht, so
daß das Aluminium nur zwei Hydroxygruppen bindet, dafür
aber je zwei Sauerstoffatome aus den beiden Tetraederschichten.

Dieser Idealaufbau der Tonminerale wird im Boden durch
einen teilweisen Ersatz der Zentralatome Si oder Al durch
gleich große, aber anders geladene Ionen verändert. Dieser isomorphe Ersatz von z.B. Si^{4+} durch Al^{3+} oder Al^{3+}
durch Mg^{2+} führt in den einzelnen Schichtpaketen zu Ladungen, die nach außen wirken. Bei den Tonmineralen der
Böden sind die Nettoladungen daher stets negativ.

Negative Nettoladungen sollten dazu führen, daß sich die
einzelnen Schichtpakete voneinander abstoßen. Durch die
Einlagerung von Kationen aber werden die Schichtpakete
fest zusammengehalten. Je höher dabei die negative Ladung
der Schichtpakete ist, desto fester sind sie natürlich
auch über die Kationen zusammengefügt (Abb. 2.5.2).

Der Zusammenhalt der Schichten wird beim Kaolinit, bei
dem die Schichtpakete ungeladen sind, durch Wasserstoffbrückenbindungen bewirkt, die von den Sauerstoffatomen
der Si-Tetraederschicht zu den Wasserstoffatomen der
Hydroxygruppen der Al-Oktaederschicht verlaufen. Diesem
Zweischichtmineral soll als Extrem nur der Montmorillonit
gegenübergestellt werden, bei dem die Schichtpakete durch
divalente Kationen (Ca^{2+}) aneinander gebunden werden. Da
die Ca-Ionen relativ locker gebunden sind, können sie
durch andere Ionen ersetzt werden.

Zunächst ist die Wechselwirkung von Tonmineralen mit Neutralmolekülen zu betrachten. Neutrale, ungeladene Moleküle werden, wenn es überhaupt zu einer Bindung an Tonminerale kommt, nur relativ schwach gebunden. Die Fixierung
erfolgt bei Mineralen mit Schichtaufweitung (z.B. Montmorillonit) durch die Einlagerung in die Zwischenschichten.
Da eine Einlagerung von organischen Molekülen bei Mineralen ohne Schichtaufweitung nicht möglich ist (z.B. Kaolinit), kommt es praktisch zu keiner Bindung (vgl. Hamzehi,
1980).

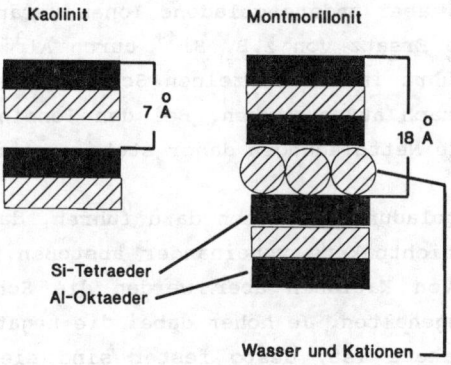

Abb. 2.5.2:   Schematische Darstellung des Zusammenhalts
              der Schichtpakete durch Kationen

Allerdings bedarf eine solche pauschale Aussage einer gewissen Differenzierung: Da für diese Verbindungsklasse
die Dipol-Dipol-Wechselwirkung als der hauptsächlich
vorliegende Bindungstyp angenommen wird, hat auch die für
die Bildung dieser Wechselwirkung bestimmende Größe, die
dielektrische Eigenschaft der Moleküle, einen großen Einfluß sowohl auf die Bindungsfestigkeit als auch auf die
Bindungskapazität der Tonminerale. Durch polare organi-

sche Moleküle können Wassermoleküle von der Oberfläche
der Tonminerale verdrängt werden. Kationen werden durch
die organischen Verbindungen allerdings nur in Aus-
nahmefällen verdrängt und zwar nur dann, wenn das zu bin-
dende Molekül eine sehr starke Polarisierung aufweist.
Die Einlagerung in die Zwischenschicht erfolgt so flach
wie möglich, unterschiedliche Orientierungen sind allerdings nachgewiesen und führen dann zu unterschiedlichen
Aufweitungen der Zwischenschichträume.

Neben diesen Dipol-Dipol-Wechselwirkungen, die Bindungs-
energien bis zu 10 kcal/mol ausmachen können, treten bei
ungeladenen Molekülen auch noch die deutlich schwächeren
van der Waals Kräfte auf. Durch diesen Bindungstyp werden
vor allem unsubstituierte Kohlenwasserstoffe gebunden.
Auch bei diesem Bindungsmechanismus können sich im Einzelfall sehr geringe Bindungskräfte unter bestimmten
Voraussetzungen zu erheblicher Bindungsfestigkeit akkumu-
lieren.

Eine Reihe von Neutralmolekülen werden zwar von Tonmineralen relativ fest gebunden, allerdings nicht in der neutralen Form, sondern, wie oben schon dargestellt ionar.
Besonders fallen unter diese Gruppe Verbindungen, die
durch Aufnahme eines Protons in Kationen umgewandelt werden, also all jene Basen, deren konjugierte Säure ein
Kation ist.

Eine wichtige säureartige Naturstoffgruppe die in anioni-
scher Form im Boden vorliegen kann, sind die Huminstoffe,
deren Bindung an die Tonminerale zu einem gewissen Teil
über divalente Kationen verläuft. Diese Bindung erfolgt,
wegen der großen Teilchenmasse der Huminstoffe, vorzugs-
weise an den Flächen- und Kantenpositionen der Ton-

minerale und weniger durch Einlagerung in die Zwischenschichträume.

Da die Beurteilungen von Sorptionsphänomenen im Boden die
genaue Bindungsform im Einzelfall voraussetzt, soll, am
Beispiel des Alkylammoniumions, exemplarisch das Verhalten einer kationischen organischen Verbindung genauer betrachtet werden.

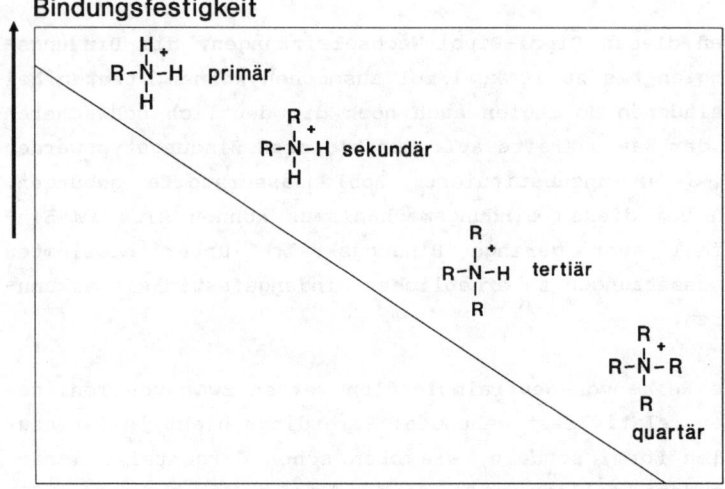

Abb. 2.5.3:   Zusammenhang zwischen Größe des Alkylrestes
               der adsorbierten n-Alkylammoniumionen und
               der Bindungsfestigkeit (Weiss, 1963)

Über Austauschisothermen ist für den Montmorillonit ein
direkter Zusammenhang zwischen der Größe des Alkylrestes
und der Bindungsfestigkeit der n-Alkylammoniumionen ermittelt worden, wobei die Zeiten für die Gleichgewichtseinstellung sehr unterschiedlich waren: Sie lagen zwi-

schen wenigen Stunden und mehr als einem Jahr. Die Bindungsfestigkeit nimmt für diese Ammoniumionen mit der
Substitution des Stickstoffs stark ab (Abb. 2.5.3).

Die entsprechenden Sulphonium- und Oxoniumionen verhalten
sich wie die tertiären Ammoniumionen. Allgemein gilt, daß
die Eintauschkapazität für organische Kationen die gleiche ist wie für kleine anorganische Ionen.

In der Regel sind die hier betrachteten organischen
Kationen nicht durch Wasser von der Oberfläche der Tonminerale zu entfernen, die Einwirkung konzentrierter Salz-
lösungen bedingt allerdings zumeist eine, wenn auch nicht
quantitative Desorption.

Bei der Einlagerung der Ammoniumionen in den Zwischenschichtraum der Tonminerale hängt die aufgenommene Menge
von der Gesamtladung der Schichtpakete ab. Bei sehr geringer Schichtladung bleibt die Kohlenstoffkette flach
liegen, die Höhe der Kette, gemessen als van der Waals
Durchmesser, entspricht mit ca. 4 Å dem zwischen den einzelnen Schichtpaketen vorhandenen Raum bei einem Basisab-
stand von 13-14 Å.

Nimmt die Ladung der Schichten zu, schieben sich die Moleküle übereinander und richten sich zunehmend auf bis
eine Anordnung erreicht ist, bei der die Wasserstoffatome
der Aminogruppe ohne Verzerrung der Bindungswinkel Wasserstoffbrückenbindungen zu den Sauerstoffatomen der SiO-
Sechsringe der Tetraederschicht ausbilden können (Abb.
2.5.4). Ein gleicher Schichtabstand ergibt sich, wenn die
Moleküle senkrecht stehen, aber anstelle der trans-trans-
eine cis-trans-Konfiguration aufweisen.

Die Betrachtung der Zunahme des Schichtabstandes mit der
Länge der n-Alkylreste zeigt ein erstaunliches Bild (Abb.
2.5.5): Die Änderung erfolgt nicht etwa linear, sondern
jeweils abwechselnd um einen größeren und einen kleineren
Betrag.

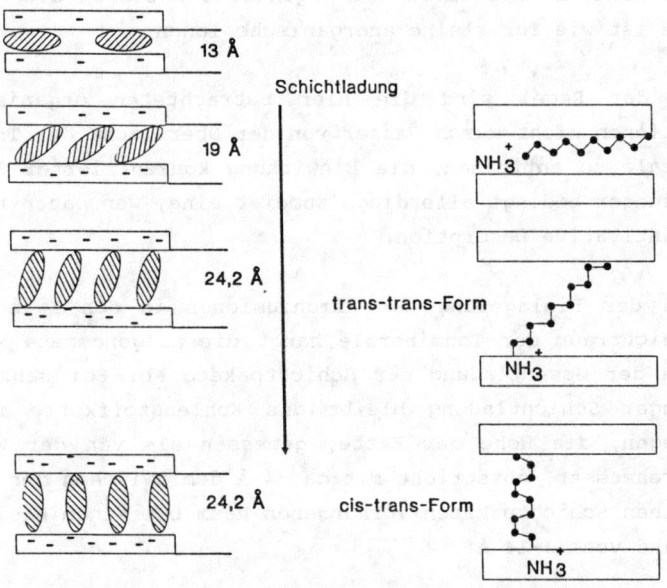

Abb. 2.5.4:   Änderung der Lage des n-Akylammoniumions in
               der Zwischenschicht unterschiedlich gelade-
               ner Tonminerale (Weiss, 1963)

Wird in der Kette der Verbindungen eine gerade Anzahl von
Kohlenstoffatomen erreicht, so ergibt sich eine deutliche
Vergrößerung des Schichtabstandes, wird hingegen eine ungerade Anzahl erreicht, so ist der Zuwachs des Zwischenschichtabstandes nur gering.

Bei der Betrachtung der Molekülstruktur sollte der Effekt eigentlich umgekehrt sein, denn jeweils bei Erreichen einer ungeraden Kohlenstoffzahl ergibt sich, betrachtet zur Senkrechten, der größere Zuwachs. Allerdings steht dann auch die jeweils letzte Methylgruppe mit ihren drei Wasserstoffatomen parallel zur Oberfläche der oberen Si-Tetraederschicht.

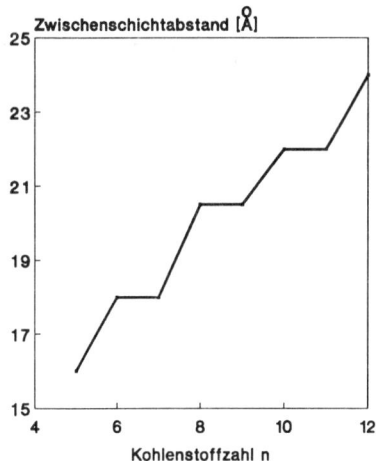

Abb. 2.5.5: Zunahme des Zwischenschichtabstandes mit der Vergrößerung des Alkylrestes des n-Alkylammoniumions (Weiss, 1963)

Das Molekül mit einer geraden Anzahl von C-Atomen benötigt also in der Zwischenschicht annähernd den gleichen Raum wie das mit der ungeraden, aber nächst größeren Anzahl von C-Atomen.

Diese verringerte Zunahme ergibt sich dadurch, daß die endständige Gruppe der ungeradzahligen Kette tief in den Sechsring der Sauerstoffatome in der Si-O-Tetraeder-

schicht eintauchen kann, beim Molekül mit geradzahliger
Kette hingegen die Methylgruppe seitlich abgewinkelt ist
und somit nicht in den Ring vordringen kann.

Von den kationischen Pestiziden ist das Verhalten im Boden am besten für die Bipyridiliumionen Paraquat (1,1'-
Dimethyl-4,4'-dipyridilium-dichlorid) und Deiquat (1,1'-
Ethylen-2,2'-dipyridilium-dibromid) untersucht. Tonmineralen gegenüber, und zwar sowohl Montmorillonit als auch
Kaolinit, entspricht die gebundene Menge deren Kationenaustauschkapazität.

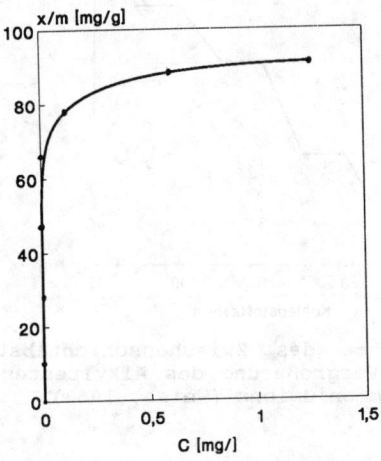

Abb. 2.5.6:   Bindung von Paraquat an Montmorillonit
               (Knight, Tomlinson, 1967)

Ein wichtiger Mechanismus für die Fixierung dieser Verbindungen ist der Ionenaustausch, bei dem äquivalente
Mengen anorganische Kationen durch die Bipyridyliumkat-
ionen ersetzt werden. Die Sorption durch die Tonminerale
ist so intensiv, daß für kleine Gleichgewichtskonzentra-

tionen praktisch eine quantitative Fixierung stattfindet
(Abb. 2.5.6, 2.5.7). Die deutlichen Unterschiede zwischen
den beiden Tonmineralen sind dadurch zu erklären, daß die
Sorption der Kationen beim Montmorillonit auch im Zwischenschichtraum stattfindet.

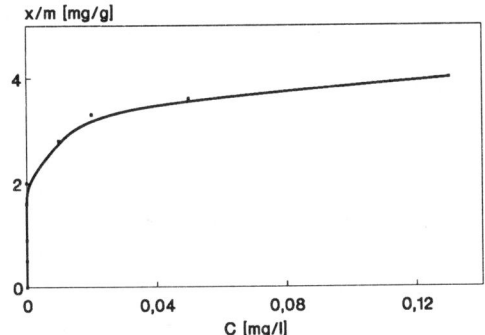

Abb. 2.5.7: Bindung von Paraquat an Kaolinit (Knight,
             Tomlinson, 1967)

Diese Bindungsstellen, die beim Kaolinit nicht vorhanden
sind, führen auch zu einer erhöhten Festigkeit der Sorption der Chemikalien am Dreischichtmineral. Hier sind
selbst durch eine wiederholte Extraktion mit 1 molarer
Bariumchloridlösung nur 5 % des gebundenen Paraquat wieder zu desorbieren. Auch höhere Konzentrationen von Salz-
lösungen, so 6 m Ammoniumnitrat, bewirken nur eine geringfügige Entlassung von Paraquat und Deiquat aus der
Bindung am Tonmineral, wobei für den Montmorillonit die
geringste und für den Kaolinit die höchste Desorptions-
rate aller Tonminerale ermittelt wurde.

Unter Feldbedingungen allerdings wird bei niedrigen Auf-
wandmengen und den daraus resultierenden geringen Gleich-

gewichtskonzentrationen vom Montmorillonit eine Desorption nicht stattfinden. Die Folge ist eine erhebliche Fixierung potentiell wirksamer Chemikalien an die Tonminerale.

2.5.2   Adsorption organischer Verbindungen an die
         organische Substanz des Bodens

Auch in diesem Abschnitt kann nur, wegen der großen Anzahl vorliegender Informationen zu den Wechselwirkungen
unterschiedlichster Verbindungen mit der organischen Substanz des Bodens bzw. mehr oder weniger definierter Anteile, an einem Beispiel dieser Problemkreis angerissen
werden. Weder besteht die Möglichkeit, einen Überblick
über das gesamte Gebiet zu verschaffen, noch kann auf die
wichtigsten Einzelfälle eingegangen werden (vgl. hierzu
auch Kapitel 3). Es sei auf die vielfältige Literatur
hingewiesen, die in einigen Arbeiten zusammengefaßt ist
(Greenland, Hayes, 1981, Hayes, 1975, Schnitzer, Khan,
1972, Ziechmann, 1980).

Das Problem der Rückstände von Pflanzenschutzmitteln in
Böden wurde in der Landwirtschaft durch das Auftreten von
Schäden an empfindlichen Folgefrüchten offensichtlich. So
wird bei einer Aufwandmenge an Triazinherbiziden von 0,5
bis 5 kg/ha in der Regel unter 10 % durch die Pflanze
aufgenommen. Der Rest verbleibt in der Umwelt. Da diese
Wirkstoffe vor Auflauf ausgebracht werden, ist natürlich
die Interaktion mit dem Boden von ganz besonderer Wichtigkeit. Bei dieser Betrachtung sind die s-Triazine als
Modellverbindungen der großen Gruppe der aromatischen
Stickstoffheterocyclen aufzufassen. Dadurch ergibt sich

dann ein, auch weit über die Herbizidanwendung hinausge-
hender Aspekt.

Die Interaktion mit dem Boden stellt sich recht vielfältig dar. So geht einerseits die Variabilität der
Struktur der s-Triazine (Abb. 2.5.8) ein, viel stärker
aber kommen die Eigenschaften des Bodens zum Tragen. pH-
Werte, Temperatur und Wassergehalt sind hier die drei
wichtigsten Faktoren, das Augenmerk soll allerdings
zunächst stärker auf die Zusammensetzung der Böden ge-
richtet sein.

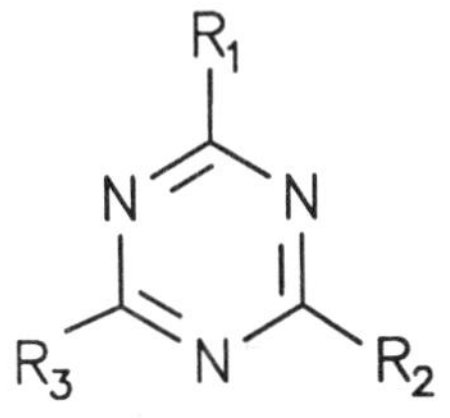

$$R_1$$

$$R_3 \quad N \quad R_2$$

Abb. 2.5.8:   Allgemeine Struktur der s-Triazine

Die deutlichen Unterschiede in der Bindung des Herbizid-
wirkstoffs an den Boden, die unter Standardbedingungen
ermittelt wurden,   sind nur zu interpretieren, wenn weiter in die Zusammensetzung der Böden eingedrungen wird.
Eine recht einfache Möglichkeit ergibt sich über die
Korngrößenklassifizierung des mineralischen Anteils und
der Bestimmung des Gehaltes der organischen Substanz. Die
Zerlegung des Mineralanteils in die Fraktionen Sand,
Schluff und Ton ergibt für ein Beispiel die Werte der Tabelle 2.5.1.

Mit diesen Teilfraktionen wurden Adsorptionsuntersu-
chungen mit Triazinen durchgeführt. Für das Atrazin konn-

ten die k-Werte der Freundlichgleichung ermittelt werden,
die in Tab. 2.5.2 zusammengefaßt sind.

Tab. 2.5.1: Adsorption von Atrazin an die Bestandteile
             eines Kalkanmoorbodens

Fraktion	Anteil bezogen auf Mineral- boden [%]	Anteil bezogen auf Gesamt- boden [%]
Sand 2.000 - 63 μm	31	28
Schluff 63 - 2 μm	25	23
Ton < 2 μm	44	40
organischer Kohlenstoff	--	9

Deutlich abzusetzen ist dabei die Fraktion der organischen Substanz des Bodens, die durch Extraktion und anschließende Kohlenstoffbestimmung annähernd vollständig
gewonnen wurde. Da diese k-Werte die Menge an adsorbierter Substanz in μmol/g für eine Gleichgewichtskonzentration von 1 μmol/l angeben, sind die Informationen, die
aus diesen Werten über die tatsächliche Beteiligung der
Einzelfraktionen am Gesamtphänomen der Fixierung des
Atrazins durch den Boden zu erhalten sind, zunächst noch
gering. Erst wenn auch der prozentuale Anteil der Einzelfraktionen am Gesamtboden miteinbezogen wird, ist dies
möglich, wie die Tab. 2.5.2 mit der Konstanten k' zeigt.

Zwei Aspekte sind besonders herauszuheben:

- Die Summe der verrechneten k-Werte der Einzelfraktionen weicht vom k-Wert des Gesamtbodens erheblich ab,
  wobei die festzustellende Verringerung des Gesamtwer-

tes auf die Interaktion der einzelnen Fraktionen untereinander zurückzuführen ist .
- Die organische Substanz behält ihren wichtigen
Stellenwert auch in dieser Darstellung. Eine Veränderung des Gehaltes um 1 % bringt eine erheblich größere
Änderung des Adsorptionsverhaltens als bei allen anderen Bodenkomponenten.

Tab. 2.5.2: Adsorption von Atrazin an die Bestandteile
eines Kalkanmoorbodens

Fraktion	Verteilungs- koeffizient k	Verteilungskoeffizient bezogen auf den Gesamt- boden k'
Sand	0,0014	0,00039
Schluff	0,0034	0,00075
Ton	0,0038	0,00156
organische Substanz	0,0450	0,00405

Im Anschluß an diese mehr quantitativen Gesichtspunkte
muß nun folgerichtig die Frage nach der Art der Bindung
des Triazins gestellt werden. Obwohl prinzipiell eine
Vielzahl von Mechanismen in Frage kommt (vgl. Kapitel
2.2.1), kann doch eine erhebliche Einschränkung vorgenommen werden. Für die organische Substanz, die den größten
Einfluß auf die Bindung ausübt, sind zunächst nur zwei
Mechanismen zu diskutieren: die Wasserstoffbrückenbindung
und die Elektronen-Donator-Akzeptor-Komplexe (Müller-Wegener, 1984).

Beides sind allerdings Nebenvalenzkräfte mit einer maximalen Bindungsenergie von 10 kcal/mol, so daß zwar die

nach kurzer Gleichgewichtseinstellung erfolgende Desorption zu erklären ist, nicht aber die Bildung von nicht extrahierbaren Rückständen im Boden, die teilweise bedeutende Anteile der Triazine irreversibel fixieren. Die zeitabhängige Bildung dieser festen Interaktion kann nach den vorliegenden Erkenntnissen nur mit der dynamischen Umwandlung der organischen Substanz erklärt werden, in dem nämlich, anschließend an die lockere Bindung im Zuge von deren Umbau, ein vollständiger Einbau in die Huminstoffmatrix erfolgt.

Um das Verhalten organischer Verbindungen im Boden vorhersagen zu können, und hier kann sicherlich zumindest prinzipiell von repräsentativen Vertretern auf eine Substanzklasse geschlossen werden, sind neben der unbedingt notwendigen Behandlung der quantitativen Aspekte auch qualitative Gesichtspunkte notwendig, d.h. die Kenntnis der Bindungsmechanismen.

2.5.3   Literatur

GREENLAND, D.J., M.H.B. HAYES (Hrsg.)
    The chemistry of soil processes. John Wiley & Sons,
    New York, 1981

HAMZEHI, E.
    Adsorption an Erdöl und Erdölprodukten an Tonmineralen und tonigen Gesteinen. Dissertation Göttingen, 1980

HAYES, M.H.B
    Residue Rev. 32, 131, 1970

KNIGHT, B.A.G., T.E. TOMLINSON
    J. Soil Sci. 18, 233, 1967

MÜLLER-WEGENER, U.
    Neue Erkenntnisse zur Wechselwirkung zwischen s-

Triazinen und organischen Stoffen in Böden. Göttingen 1984

SCHNITZER, M., S.U. KHAN
Humic substances in the environment. John Wiley &
Sons, New York, 1972

WEISS, A.
Angew. Chemie 75, 113, 1963

ZIECHMANN, W.
Huminstoffe. Verlag Chemie, Weinheim, 1980

2.6 Bodenacidität

Die Acidität eines Bodens zeigt vielfältige Auswirkungen
auf seine unterschiedlichsten Eigenschaften. So beeinflußt sie unter anderem das Gefüge und damit auch den
Wasser- und Lufthaushalt, die Nährstoffverfügbarkeit und
die Lebensbedingungen der Bodenorganismen. Es ist daher
sinnvoll, sich ausgiebig mit diesem Thema zu befassen.
Dabei sind zunächst zwei Punkte zu diskutieren:

- Wie werden Säuren in den Boden eingetragen ?
- Wie reagiert der Boden auf den Eintrag ?

2.6.1 Ursachen der Bodenacidität

Die Bodenacidität läßt sich auf eine Vielzahl von Einzel-
prozessen zurückführen, die mit je unterschiedlicher Intensität an der Veränderung des pH-Wertes des Bodens
beteiligt sind. Im folgenden werden nun einige der wichtigsten beteiligten Hauptprozesse abgehandelt.

2.6.1.1   Bodeneigene CO_2-Produktion

Im Boden selbst erfolgt eine Produktion von CO_2, die zu
einem Partialdruck (P) von P_{CO2} = 2-7 mbar führt. Dieser
liegt deutlich über dem durch atmosphärisches CO_2 beding-
ten Druck. Da hier nur 0,03 Vol % vorliegen, ergibt sich
nur P_{CO2} = 0,32 mbar.

Der deutlich erhöhte CO_2-Partialdruck ist auf mikrobielle
Vorgänge des Stoffabbaus und -umbaus zurückzuführen. Auch
die Wurzelatmung ist an der CO_2-Produktion beteiligt. Am
Beispiel der Bruttoformel der Atmung wird die Entstehung
von CO_2 deutlich (2.6.1)

(2.6.1) $C_6H_{12}O_6 + 6\ O_2 \longrightarrow 6\ CO_2 + 6\ H_2O$

Daß sich das entstandene CO_2 auf den pH-Wert der Bodenlösung auswirkt, ist aus Gleichung (2.6.2) zu ersehen, die
die Reaktion mit dem Wasser beschreibt.

(2.6.2) $CO_2 + H_2O \longrightarrow HCO_3^- + H^+$

               $HCO_3^- \longrightarrow CO_3^{2-} + H^+$

Bei diesem Reaktionsablauf kommt es zu einer Nettofrei-
setzung von Protonen, wie die genauere Betrachtung des
ersten Teils der Reaktion zeigt (2.6.3).

(2.6.3)   O=C=O $\longleftrightarrow$ $\overset{-\ +}{\text{O-C=O}}$ $\longleftrightarrow$ $\overset{-}{\text{O-C=O}}$

               $H_2O \rightleftharpoons H^+ + H\text{-}O^- \xrightarrow{\hspace{1cm}}$ H-O

Die Dissoziation des gebildeten Hydrogencarbonats führt
also zu einer Freisetzung von zwei mol Protonen pro mol
CO_2.

2.6.1.2 Stark saure Niederschläge

Mit einem Protoneneintrag von jährlich 0,8-3 kmol/ha umreißt diese Form des Säureeintrags eine sehr wichtige
Gruppe von Säurelieferanten: die in den Niederschlägen
gelösten Säuren. Dabei stellt sich zuerst die Frage, wo-
her die Säuren in der Atmosphäre in dieser Menge stammen.
Wichtigste Voraussetzung für deren Bildung ist das Vor-
handensein von Schwefeldioxid (SO_2) und Stickstoffoxiden
(NO_x), die hauptsächlich als NO und NO_2 vorliegen. Andere
saure Komponenten (HCl, HF) sind meist von lokaler Bedeutung, für den großräumigen Eintrag von Säuren aber nur
von geringerer Relevanz.

Die Reaktionen, die in der Atmosphäre zu den letztendlich
im Niederschlag auf den Boden aufgebrachten Säuren HNO_3
und H_2SO_4 führen, werden auf vielfältige Weise beeinflußt. Es sei an dieser Stelle auf die Literatur verwiesen (VDI, 1983, Böttger et al., 1978, UBA, 1981)

2.6.1.3 Humifizierung - Mineralisierung

Bei der Umbildung der organischen Substanz im Boden, die
durch Streufall oder durch die Wurzelmasse eingebracht
wird, läuft im Zuge des Ab- und Umbaus der Prozeß der Humifizierung ab. Es wird durch mikrobiell gesteuerte Reaktionen und auch durch abiotische Mechanismen die vergleichsweise langlebige Klasse organischer Substanz, die
Huminstoffe, gebildet. Diese liegen teilweise frei als
Festkörper oder in der Bodenlösung gelöst vor, zu einem
erheblichen Anteil sind sie aber auch mit anorganischen
Bodenanteilen verbunden. Diese Bindung kann über tonorganische Komplexe vollzogen sein. Die Huminstoffe können

aber auch auf Eisenhydroxiden gefällt vorliegen. Ohne an
dieser Stelle genauer auf diese Stoffgruppe einzugehen
(vgl. Kapitel 1.5), soll hier nur der Säurecharakter der
Huminsäurevorstufen oder Fulvosäuren und Huminsäuren her-
vorgehoben werden. Es sind echte Säuren mit sauren funktionellen Gruppen (2.6.4).

$$(2.6.4) \qquad R\text{-}COOH \rightleftharpoons R\text{-}COO^- + H^+$$

$$Ar\text{-}OH \rightleftharpoons Ar\text{-}O^- + H^+$$

Durch Titration kann die Säurestärke dieser organischen
Säuren ermittelt werden. Der pK der Carboxylgruppen der
Huminsäuren liegt in der Regel um 5, während die phenoli-
schen Hydroxygruppen als deutlich schwächere Säuren pK-
Werte zwischen 9 und 10 aufweisen.

Ein anderer Prozeß, der zur Humifizierung in Konkurrenz
steht, die Mineralisierung, führt zur Freisetzung von H^+.
Hier wird die terminale Oxydation der organischen Substanz aus Bestandesabfall etc. zu CO_2 und H_2O betrachtet
(2.6.5).

$$(2.6.5) \qquad C_6H_{12}O_6 \xrightarrow{+\ 6\ O_2} 6\ CO_2 + 6\ H_2O$$

Diese, beispielhaft von der Glucose ausgehende Reaktion,
gibt natürlich nur einen Aspekt wieder, da Glucose nicht
die einzige zur Mineralisierung anstehende organische
Verbindung ist. Vielmehr erhält die durchschnittliche organische Substanz eine Reihe von Nichtmetallatomen, so N,
P, S, die nun bei der Oxydation zu starken Mineralsäuren
werden können.

Der Stickstoff hat, wird die umgesetzte Menge betrachtet, die größte Bedeutung. Nach der Umwandlung des Stickstoffs aus organischer Bindung zu NH_3, werden durch Protonenanlagerung Ammoniumionen gebildet (2.6.6). Die anschließende Oxydation erfolgt stufenweise durch unterschiedliche Organismen (2.6.7) und (2.6.8) zum Nitrat, wobei 2 mol Protonen freigesetzt werden.

(2.6.6) $\qquad NH_3 + H^+ \longrightarrow NH_4^+$

(2.6.7) $\qquad$ Nitrosomonas:
$$NH_4^+ + 1\ 1/2\ O_2 \longrightarrow NO_2^- + 2\ H^+ + H_2O$$

(2.6.8) $\qquad$ Nitrobacter:
$$NO_2^- + 1/2\ O_2 \longrightarrow NO_3^-$$

Bei unterbundener Nitrifikation erfolgt die Mineralisierung des Stickstoffs aus organischer Bindung nur bis zum NH_3, so daß sich durch Protonenaufnahme eine Erhöhung des pH-Wertes ergibt. Wird dann das gebildete Ammonium durch Pflanzen aufgenommen, kann es durch Protonenabgabe ebenfalls zu einer Versauerung beitragen.

Die Oxydation des Schwefels durch Bakterien der Gattung Thiobacillus erfolgt unter Freisetzung von Protonen (2.6.9).

(2.6.9) $\qquad H_2S + 2\ O_2 \longrightarrow SO_4^{2-} + 2\ H^+$

Die bei der Mineralisierung der organischen Substanz freigesetzten Metallkationen, hauptsächlich Ca^{2+}, Mg^{2+}, K^+ und Na^+ bilden starke Basen, wie am Beispiel der Decarboxylierung in (2.6.10) gezeigt ist.

(2.6.10) $\qquad R-COO^-K^+ + H_2O \longrightarrow R-H + CO_2 + K^+ + OH^-$

Findet nun die Ionenaufnahme durch die Pflanzenwurzel und
die Mineralisierung organischer Substanz zur gleichen
Zeit und am gleichen Ort statt, heben sich die damit verbundenen Umsätze der Protonen auf. Eine Trennung beider
Prozesse aber führt zu einer Versauerung des Bodens. Als
räumliche Trennung ist schon der Ablauf beider Reaktionen
in unterschiedlichen Bereichen des Bodenprofils zu verstehen.

2.6.1.4 Ionenaufnahme durch Pflanzen

Neben CO_2 aus der Bodenluft und der Protonendeposition
aus stark sauren Niederschlägen ist als weiterer Proto-
nenlieferant aus bodeninternen Prozessen, also solchen,
die auch ohne Beteiligung anthropogener Einflüsse zu einer Versauerung des Bodens führen, die Ionenaufnahme
durch die Pflanzen zu betrachten.

Die Nährstoffe werden von den Pflanzen in Form von Ionen
aufgenommen. Bei diesem Vorgang wird die Ladungsneutralität gewahrt. Zwei prinzipiell unterschiedliche Möglichkeiten der Kompensation der Kationenaufnahme können dabei
ablaufen:

- Es werden äquivalente Mengen von Anionen ebenfalls
  aufgenommen.
- Es werden andere als die aufgenommenen Kationen abgegeben.

Die Gruppe der aufgenommene Kationen umfaßt hauptsächlich
Ca^{2+}, Mg^{2+}, K^+, Na^+ und NH_4^+, als Anionen in erster Linie
NO_3^-, $H_2PO_4^-$ und SO_4^{2-}. Bevorzugt abgegebenes Kation ist
das Proton, das zu einer Versauerung des Bodens beiträgt.
Durch diesen Prozeß kann es, ermittelt als Differenz der

aufgenommenen zu den abgegebenen Kationen, zu einer Freisetzung von mehreren kmol H^+/ha/a kommen.

Der Form, in der der Stickstoff aufgenommen wird, kommt
eine entscheidende Bedeutung zu und dies besonders, da
Stickstoff einer der Hauptnährstoffe ist. Obwohl ein erheblicher Anteil in Form von NO_3^- durch die Pflanze aufgenommen wird, kann es in bestimmten Fällen bei überwie-
gender kationischer Aufnahme zu einer Versauerung des Bodens kommen. Denn bei der Aufnahme von NH_4^+ werden entweder Protonen abgegeben oder, wenn möglich, OH^- als Anion
aufgenommen. Am Beispiel (2.6.11) ist dargestellt, daß
Hydroxy- und Ammoniumionen aus der Bodenlösung durch die
Pflanze entfernt werden und die stark dissoziierte Salz-
säure zurückbleibt.

(2.6.11)   Ausgangslösung NH_4^+ + Cl^- + H^+ + OH^-

            Aufnahme
            durch NH_4^+ OH^-
            die Pflanze

            Restlösung Cl^- H^+

2.6.1.5 Redoxreaktionen

Redoxreaktionen beeinflussen den pH-Wert von Böden. Dies
gilt besonders für den durch Stau- und Grundwasser
beeinflußten Bereich. Unter aeroben Bedingungen treten
bei Anwesenheit von Eisensulfid oder Pyrit (FeS_2) dann
durch Protonenproduktion sehr niedrige pH-Werte auf. Da
diese Reaktionen zumeist reversibel sind (vgl. 2.7)
werden die pH-Änderungen unter anaeroben Verhältnissen
wieder auf eine fast neutrale Reaktion zurückgeführt. Als
ein Beispiel kann hier die unter anaeroben Bedingungen

erfolgte Bildung von Eisensulfid aus H_2S angesehen werden, das dann chemisch und bakteriell zu Eisenhydroxid und Sulfat umgewandelt wird, wobei eine Protonenfreisetzung stattfindet (2.6.12). Die Oxydation erfolgt dabei am Schwefel im Pyrit. Beim Pyrit handelt es sich um ein Polysulfid, bei dem beide Schwefelatome die Oxydationszahl -I aufweisen.

(2.6.12) $FeS_2 + 3\ 3/4\ O_2 + 3\ 1/2\ H_2O \longrightarrow$

$$Fe(OH)_3 + 2\ SO_4^{2-} + 4\ H^+$$

$$FeS_2\text{-Pyrit: } Fe^{+II}[:\underline{S}:\underline{S}:]^{2-}$$

2.6.1.6   Physiologisch saure Dünger

Bei der Umsetzung von NH_4^+-haltigen Düngemitteln im Boden laufen Prozesse ab, wie sie bereits im Zusammenhang mit der Mineralisierung der organischen Substanz dargestellt wurden. Die in zwei Schritten zu gliedernde Nitrifikation (2.6.7, 2.6.8) liefert 2 mol Protonen pro eingebrachtem mol Ammoniumionen. Bei der Aufnahme des gebildeten Nitrats durch die Pflanzen kommt es ebenfalls zur Aufnahme von Protonen oder Abgabe entsprechender Anionen (HCO_3^-), so daß eine Neutralität der Bodenlösung gewahrt bleibt. Bei der Auswaschung des Nitrats hingegen kommt es zu Reaktionen der Bodenmatrix mit den mitgeführten Protonen. Dieser Vorgang kommt einer Versauerung gleich.

Bei der direkten Aufnahme von NH_4^+ durch die Pflanzen, also ohne Nitrifizierung, werden Protonen produziert, letztendlich durch den Aufbau von Proteinen.

2.6.1.7   Quantifizierung der Protoneneinträge

Für einen Fichtenstandort aus dem Solling ist eine Protonenbilanz aufgestellt worden. Die Einzelprozesse wurden dabei so genau wie möglich aufgegliedert.

Tab. 2.6.1:   Protonenbilanz für den Boden eines Fichtenbestandes als Mittelwerte der Jahre 1969 - 1981 (Ulrich, Matzner 1983)

	Eintrag $[kmolH^+ \cdot ha^{-1} \cdot a^{-1}]$
atmosphärischer Eintrag (Gesamtdeposition)	4,0
Produktion bedingt durch die Aufnahme von atmosphärisch deponiertem N	
NH_4^+-Aufnahme	1,1
NO_3^--Aufnahme	0,1
externe Belastung	5,2
bodeninterne Produktion:	
organische Anionen, die ausgewaschen werden	0,5
Akkumulation von Kationen im Zuwachs	1,5
Gesamtbelastung	7,2
Sickerwasseraustrag	0,4
im Boden verbleiben entsprechend 94,5 % der Gesamtbelastung	6,8

Bei den betrachteten Werten handelt es sich um Mittelwerte der Jahre 1969-1981 (Tab. 2.6.1). Es ist zu beachten, daß bei andersartiger Nutzung der Standorte sich auch zum Teil erheblich abweichende Protonenbilanzen ergeben können.

2.6.2   Puffersysteme

Für die Differenz von $6,8 \ kmol \cdot a^{-1} \cdot ha^{-1}$ Protonen zwischen
Säureeintrag und -austrag aus dem Boden durch das Sicker-
wasser (Tab. 2.6.1) ist eine Erklärung zu suchen. Da eine
stetig fließende Basenquelle im Boden, die die Protonen
durch Neutralisation entfernen könnte, nicht zu vermuten
ist, bleibt die Möglichkeit der Pufferung der Protonen
durch Bestandteile der Bodenmatrix.

Puffersysteme setzen sich aus einer schwachen Säure oder
Base und den entsprechenden Salzen zusammen. Sie sind in
der Lage, trotz Einwirkung von außen, pH-Werte in Grenzen
konstant zu halten. An einem Beispiel sei dieses Vermögen
erläutert (2.6.13).

(2.6.13) $HX \rightleftharpoons H^+ + X^-$ schwache Säure

              $MeX \longrightarrow Me^+ + X^-$ Salz der schwachen
                                          Säure

Das Prinzip der Pufferwirkung ist aus der Gleichung des
Massenwirkungsgesetzes abzulesen, die das Säure-Base-
Gleichgewicht beschreibt (2.6.14).

(2.6.14) $k = \dfrac{[H^+] \cdot [X^-]}{[HX]}$

Bei Zugabe einer Base wird dabei HX als Puffer wirken, da
die Dissoziation zu Proton und Anion verstärkt wird und
durch die Wasserbildung OH^--Ionen abgefangen werden
(2.6.15).

(2.6.15)

$$HX \rightleftharpoons \boxed{H^+} + \boxed{X^-}$$

$$\boxed{H_2O \longleftarrow OH^-}$$

$$\boxed{H^+ \longrightarrow HX}$$

Das Anion X^- wirkt hingegen als Puffer für Säuren und bildet mit den zugesetzten Protonen die undissoziierte schwache Säure HX.

Die höchste Effektivität ist dann gegeben, wenn die beiden direkt wirkenden Anteile X^- und HX in hoher und auch in gleicher Konzentration vorliegen, wenn also (2.6.16) und (2.6.17) gelten.

(2.6.16) $[HX] = [X^-]$

(2.6.17) $k = \dfrac{[H^+] \cdot [X^-]}{[HX]} = [H^+]$

Für das konjugierte Säure-Base-Paar ist die Pufferwirkung dann am größten, wenn pH = pK. Bei der Zusammensetzung des Puffergemisches übernimmt das Salz der schwachen Säure als starker Elektrolyt die Funktion, die Konzentration der Anionen zu erhöhen. Die schwache Säure allein wäre nicht in der Lage, ausreichend zu dissoziieren und X^- zur Verfügung zu stellen (2.6.13)

Die Betrachtung des einfachen Beispiels eines Essigsäure-Acetat-Puffers macht die Wirkung deutlich (2.6.18).

(2.6.18) $HAc \rightleftharpoons H^+ + Ac^-$ $k = 1,8 \cdot 10^{-5}$

Diese Lösung weist bei gleicher Konzentration von Säure und Anion (jeweils 1 mol/l) einen pH-Wert von 4,75 auf.

Werden zu dieser Essigsäure-Acetat-Lösung nun 0,1 mol HCl
hinzugegeben, so folgt bei 1 l Pufferlösung die Reaktion
(2.6.19) und die Konzentration des Anions Ac^- wird von 1
mol/l auf 0,9 mol/l reduziert, die Konzentration der undissoziierten Essigsäure HAc steigt entsprechend von 1
auf 1,1 mol/l.

(2.6.19) $H^+ + Ac^- \longrightarrow HAc$

Tab. 2.6.2: Puffersysteme des Bodens

pH-Bereich der	Puffersysteme
8,6 - 6,2 neutral	Kohlensäure/Carbonat-Pufferbereich
6,2 - 5,0 schwach sauer	Silikat-Pufferbereich
5,0 - 4,2 mäßig sauer	Austauscher-Pufferbereich
4,2 - 3,0 stark sauer	Aluminium-Pufferbereich
< 3,0 extrem sauer	Eisen-Pufferbereich

Durch Einsatz der Konzentrationen in 2.6.17 ergibt sich
2.6.20 und damit ein pH-Wert der Lösung von 4,65.

(2.6.20) $1,8 \cdot 10^{-5} = [H+] \cdot \dfrac{0,9}{1,1}$

Dieser Änderung der freien Protonenkonzentration steht
die des ungepufferten Systems gegenüber: 0,1 mol HCl/l in

Wasser bedingen einen pH-Sprung von 7 auf 1, also um sechs Zehnerpotenzen.

In der Tab. 2.6.2 sind die Bereiche der im Boden vorkommenden Puffersysteme zur Übersicht zusammengestellt.

2.6.2.1 Kohlensäure/Carbonat-Pufferbereich

Carbonathaltige Böden sind in der Lage, in das System Boden eingetragene Protonen durch die Reaktion (2.6.21) abzupuffern, wobei die Protonen mit dem Carbonatanion zum Hydrogencarbonatanion reagieren.

$$(2.6.21) \qquad CaCO_3 + H^+ \rightleftharpoons Ca^{2+} + HCO_3^-$$

Die Gleichung (2.6.22) stellt den Normalfall dar, wo die Protonen aus der Kohlensäure stammen, die durch die Reaktion von CO_2 und Wasser entsteht.

$$(2.6.22) \qquad CO_2 + H_2O \rightleftharpoons <H_2CO_3> \rightleftharpoons HCO_3^- + H^+$$

Zusammengefaßt ergibt sich für den Gesamtablauf der Reaktion des CO_2 der Luft mit dem Bodenwasser und dem Carbonat (2.6.23),

$$(2.6.23) \qquad CaCO_3 + CO_2 + H_2O \rightleftharpoons Ca(HCO_3)_2$$

womit der pH-Wert, der sich im Boden einstellt, von der Löslichkeit z.B. des Calcits und vom Partialdruck des CO_2 abhängig ist. Dies ändert sich nicht, solange Calciumcarbonat im Boden vorhanden ist.

Der CO_2-Partialdruck des Bodens liegt zwischen 0,32 und 10 mbar, wodurch sich damit pH-Werte von 8,2 bis 7,2 ergeben. In der Tab. 2.6.3 sind die Beziehungen der pH-Werte zu den CO_2-Partialdrücken für einige Böden zusammengestellt.

Tab. 2.6.3: pH-Werte in Abhängigkeit vom CO_2-Partialdruck (Scheffer, Schachtschabel, 1982)

Böden	CO_2-Partialdruck [mbar]			
	0,3	1	10	100
Natriumboden	9,0	8,6	7,9	7,2
Boden mit 9% $CaCO_3$	8,3	8,0	7,4	6,7
$CaCO_3$-freier Boden	6,9	6,7	6,4	6,0
dest. Wasser	5,7	5,4	4,9	4,4

Zur Errechnung des niedrigsten pH-Wertes, in dem dieses Puffersystem wirkt, wird von Gleichung (2.6.24) ausgegangen.

$$(2.6.24) \quad CaCO_3 + 2\ H^+ \rightleftharpoons Ca^{2+} + CO_2 + H_2O$$

$$lg\ K = -9,79$$

Durch Einsetzen in das Massenwirkungsgesetz und anschließendes Logarithmieren läßt sich für den höchsten CO_2-Partialdruck, der normalerweise im Boden gemessen wird (10 mbar) und eine Calciumionenkonzentration von 0,32 mol/l ein pH-Wert von 6,2 errechnen.

Mit dem sauren Niederschlag werden Mineralsäuren wie H_2SO_4 und HNO_3 in den Boden eingetragen. Die Reaktion (2.6.25) zeigt, daß das gebildete CO_2 gasförmig entweichen kann. Zudem bildet $CaSO_4$ einen wenig wasserlöslichen Niederschlag.

(2.6.25) $\quad CaCO_3 + 2\ H^+ + SO_4^{2-} \longrightarrow CaSO_4$

$$+ CO_2\uparrow + H_2O$$

Die Pufferkapazität ist eine weitere, den Pufferbereich charakterisierende Eigenschaft. Für den Carbonatpufferbereich beträgt sie 100 - 200 mmol H^+/kg Boden (bei 1 % $CaCO_3$-Gehalt). Die Pufferkapazität für den Gesamtboden ergibt sich damit für ein Schichtelement von 10 cm Tiefe und 1 ha Fläche bei einem Trockenraumgewicht von 1,5 aus der Gleichung (2.6.26) mit 150 kmol $H^+ \cdot$ % $CaCO_3 \cdot ha^{-1} \cdot dm^{-1}$.

(2.6.26) $\quad CaCO_3 + H_2O + CO_2 \rightleftharpoons Ca^{2+} + 2\ HCO_3^-$

$$pK = 5,83$$

Bei einem Protoneneintrag durch z.B. saure Niederschläge ist von einer Verdoppelung der Pufferkapazität auszugehen (2.6.25), da pro mol Carbonation zwei mol Protonen abgepuffert werden können.

Die Pufferrate kann je nach betrachtetem Boden bis 2000 mol $H^+ \cdot ha^{-1} \cdot a^{-1}$ betragen.

Im Carbonatpufferbereich ist stets eine hohe Konzentration an Anionen und Kationen in der Bodenlösung vorzufinden, wobei Ca^{2+} das dominierende Kation und HCO_3^- das vorherrschende Anion darstellt. Das Bodengefüge ist stabil. Durch die Mobilisierung des $CaCO_3$ kommt es zu Auswaschung der Calziumionen und damit zur Entkalkung. Diese Vorgänge laufen unabhängig von externen Säureeinträgen

ab, allerdings ist deren Intensität von der Deposition an
Protonen abhängig.

2.6.2.2   Silikat-Pufferbereich

Weitere Säurezufuhr von außen bzw. durch interne Prozesse
bedingt, bei Abwesenheit von $CaCO_3$, mit der Absenkung des
pH-Wertes im Boden das Erreichen eines neuen Pufferberei-
ches. Die reagierenden Bodenbestandteile werden hier
durch primäre Silikate gestellt. Es handelt sich um Feldspäte, Glimmer, Hornblende usw. Da Feldspäte sehr häufig
im Boden anzutreffen sind, soll an diesem Beispiel die
Pufferwirkung dargestellt werden.

Daß hier der Begriff "Puffer" in einem erheblich anderen
Sinne zu verstehen ist als beim Carbonat, wird schnell
deutlich. Die ablaufenden Reaktionen sind nicht oder nur
bedingt reversibel; die Feldspäte "verwittern" unter der
Einwirkung der Protonen.

Bei den Feldspäten handelt es sich um Verbindungen des
Siliciums vom Typ der Gerüstsilikate $(SiO_2)_n$ in dem ähnlich wie im Quarz, ein dreidimensionaler Tetraederverband
von Sauerstoffatomen aufgebaut ist, die das Zentralatom
Si umgeben. Allerdings ist das Si^{4+} zu 25 bis 50 % durch
Al^{3+} isomorph ersetzt, was zu geladenen Strukturen führt,
die durch Kationen neutralisiert werden (K^+, Na^+, Ca^{++}).

Die drei wichtigsten Vertreter weisen die in Tab. 2.6.4
dargestellten Summenformeln auf.

Feldspäte verfügen zunächst über recht glatte Oberflächen, die erst im Zuge der Abpufferung der Protonen zu-

nehmend löchrig werden und schließlich zum vollständigen
Zerfall bzw. Umwandlung des Minerals führen.

Für einen Kalifeldspat ist in (2.6.27) die Pufferreaktion
in allgemeiner Form anhand von Strukturanteilen formuliert, die mit dem übrigen Mineralkörper verbunden sind.
Die in den Klammern [] dargestellten Strukturen müssen
also als Teile der Gesamtstruktur aufgefaßt werden. Die
Umwandlung des Kalifeldspates in das Tonmineral Kaolinit
ist in Summenformeln in (2.6.28) dargestellt.

Tab. 2.6.4: Summenformeln einiger Feldspäte

	Summenformel
Kalifeldspat (Orthoklas)	$KAlSi_3O_8$
Natronfeldspat (Albit)	$NaAlSi_3O_8$
Kalkfeldspat (Anorthit)	$CaAl_2Si_2O_8$

$$(2.6.27) \quad [Si-O-Al] \xrightarrow{+H^+} [Si-O-Al]^+$$
$$\underset{H}{|}$$
$$\longrightarrow [Si-O-H] + [Al]^+$$

$$(2.6.28) \quad 2\ KAlSi_3O_8 + 2\ H^+ + H_2O \longrightarrow 2\ K^+ +$$
$$Al_2Si_2O_5(OH)_4 + 4\ SiO_2$$

Diese Verwitterungsreaktion zeigt zudem, daß die Produkte
wiederum Minerale sind, von der Struktur her aber vollständig andere. Pro Struktureinheit Kalifeldspat wird bei
diesem Reaktionsverlauf ein Proton durch die Bindung an
den Sauerstoff verbraucht, also abgepuffert.

Die Kapazität dieses Silikatpuffersystems ist stark abhängig vom Gehalt an Silikaten, aber darüber hinaus auch von der Verwitterbarkeit dieser anorganischen Verbindungen. Die Pufferrate beträgt 200-2000 mol $H^+ \cdot ha^{-1} \cdot a^{-1}$, sie erreicht damit die Rate des Carbonatpuffers.

Charakteristisch für Böden in diesem Bereich der Pufferung ist eine relativ niedrige Salzkonzentration in der Bodenlösung. Der Anteil von Al-Ionen an den Austauschern ist noch kleiner als 20 % der Gesamtionenkonzentration. Bedingt durch die Anlieferung wichtiger Nährelementkationen aus den Silikaten, herrscht eine gute Nährstoffversorgung bei einer gleichzeitig geringen Auswaschung. Böden dieser Pufferungsstufe befinden sich im ökologischen Maximum.

2.6.2.3 Austauscher-Pufferbereich

Erfolgt eine unter pH 5,0 weiter hinabreichende Zufuhr sowohl extern als auch intern gebildeter Protonen zur Bodenlösung, setzt ein neues Puffersystem mit seiner Wirkung ein: der Austauscher-Pufferbereich. In diesem Bereich von pH-Werten von 5,0 - 4,2 wirken hauptsächlich variable Ladungen puffernd, die sowohl von organischen Verbindungen als auch von anorganischen ausgehen. Hierbei spielen die Carboxylgruppen der Huminstoffe eine besondere Rolle. Da es sich bei ihnen um schwache Säuren handelt, zeigen sie in neutraler Lösung eine relativ geringe Dissoziation. Bei einem pK von ca. 5 kann hier mit einer Protonenbindung (2.6.29) gerechnet werden.

(2.6.29) $R\text{-}COO^-Ca_{0,5}{}^{2+} + H^+ \rightleftharpoons R\text{-}COOH + 1/2\ Ca^{2+}$

Aber auch die anorganischen Verbindungen in Form rand-
ständiger Gruppen von Tonmineralen und Oxiden nehmen an
der Pufferreaktion teil. Zur Demonstration der Pufferwirkung können die Reaktionen 2.6.30 und 2.6.31 herangezogen
werden, wobei wieder durch [ ] angedeutet wird, daß der
dargestellte Strukturanteil über eine hier nicht zu dis-
kutierende Form mit dem Rest des Mineralkörpers verbunden
ist.

$$(2.6.30) \qquad 2 \; [Al(OH)]^- + 2 \; H^+ \longrightarrow 2 \; [AlOH_2]$$

$$(2.6.31) \qquad 2 \; AlO(OH) \cdot H_2O + H^+ \longrightarrow [Al_2(OH)_5]^+ + H_2O$$

Böden, die reich an Huminstoffen, Allophanen und Oxiden
sind, beziehen den wesentlichen Anteil ihrer Puffermög-
lichkeiten aus diesen Reaktionen.

Natürlich ist die Pufferwirkung in den hier betrachteten
pH-Bereichen abhängig von der Austauschkapazität des Bodens, d.h. von dem Vermögen, Kationen aus der Bindung zu
entlassen. Zur Demonstration des unterschiedlichen Verlaufs der Kationenaustauschkapazität mit dem pH-Wert ist
diese Abhängigkeit für die organische Substanz und die
Tonfraktion eines Bodens in der Abb. 2.6.1 dargestellt.

Die Pufferkapazität des Austauscher-Pufferbereiches ver-
hält sich entsprechend der Austauschkapazität des Bodens
und seines Ton-, Humus- und Mineralbestandes. Die Puffer-
rate ist mit einer Größe von ca. 200 mol $H^+ \cdot ha^{-1} \cdot a^{-1}$ an-
zugeben.

Als Eigenschaften für Böden, die sich im Austauscher-Pufferbereich befinden, sind neben einer niedrigen Salzkonzentration in der Bodenlösung eine Zunahme der Stabilität

des Bodengefüges mit dem Ersatz der Ca^{2+}- und Mg^{2+}-Ionen
durch Aluminium charakteristisch. Die Freisetzung dieser
Ionen bedingt aber gleichzeitig die Möglichkeit ihrer
Auswaschung.

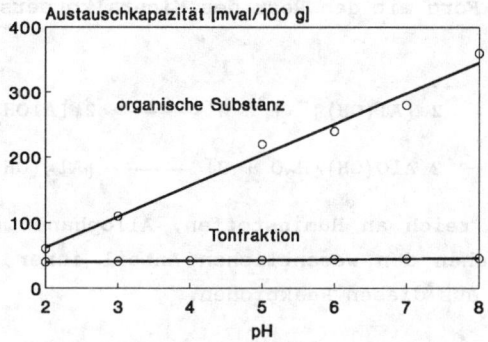

Abb. 2.6.1:   Verlauf der Austauschkapazitäten für die
organische Substanz und die Tonfraktion mit
steigenden pH

2.6.2.4   Aluminium-Pufferbereich

In dem schon als stark sauer zu charakterisierenden Bereich der pH-Werte von 4,2 bis 3,0 wirkt der Aluminiumpuffer. Dieses System setzt sich aus den bei den herrschenden pH-Werten noch vorhandenen primären Silikaten,
den Aluminiumoxiden und den Tonmineralen zusammen, die
ebenfalls dreiwertiges Aluminium enthalten. Als Beschreibung der Pufferwirkung kann die Reaktionsgleichung
(2.6.32) aufgefaßt werden. Die Reaktion läuft allerdings
über eine Reihe teilweise noch nicht bekannter Zwischenstufen ab.

$$(2.6.32) \quad AlO(OH) \cdot H_2O + 3\ H^+ \longrightarrow \ldots\ldots \longrightarrow$$
$$Al^{3+} + 3\ H_2O$$

Die vermuteten, teilweise bereits auch nachgewiesenen
Zwischenstufen der Reaktionsabläufe sind in Abb. 2.6.2
zusammengestellt.

Die Pufferwirkung des Aluminiumpufferbereiches beginnt
erheblich oberhalb des als Grenze angegebenen pH-Wertes
von 4,2, sie ist hier nur sehr gering, da die Konzentration der Al^{3+}-Ionen in der Bodenlösung noch klein ist.
Bei pH 5 ergibt sich eine Ionenkonzentration von 10^{-6} bis
10^{-7} mol/l Al^{3+} also pAl 6 bis 7. Wie aus dem Diagramm in
Abb. 2.6.3 zu entnehmen ist, muß $Al(OH)_3$ als die Haupt-
verbindung in diesem pH-Bereich angesehen werden, eine
ungeladene Aluminiumverbindung.

Die erste Reaktion (Abb. 2.6.2.[1]) besteht aus einer Hydrolyse. Der Zerfall der Tonminerale und Silikate beginnt
ohne zusätzliche Protonenzufuhr von außen. Solange jedoch
das Hydroxid die dominierende Al-Form stellt, sind die
Tonminerale als stabil anzusehen, denn neben dem Zerfall
kommt es wieder zu einer Neubildung durch Assoziations-
reaktionen. Es stellt sich ein Gleichgewicht ein.

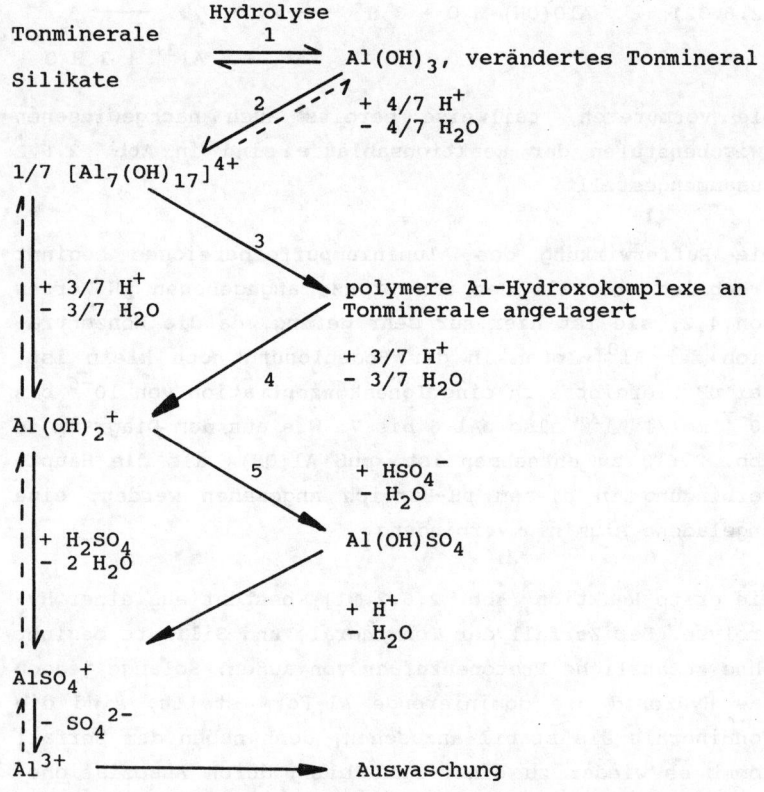

Abb. 2.6.2:   Schema vermuteter und nachgewiesener Reak-
              tionen für die Pufferung von Protonen durch
              Aluminiumverbindungen des Bodens im Bereich
              des Aluminiumpuffers (vgl. Ulrich et al.
              1979)

Mit abnehmendem pH-Wert kommt es zu einem Anstieg der
Aluminiumionen-Konzentration in der Bodenlösung. Gleich-
zeitig verändern sich damit auch die Formen, in denen das
Aluminium auftritt (Abb. 2.6.2).

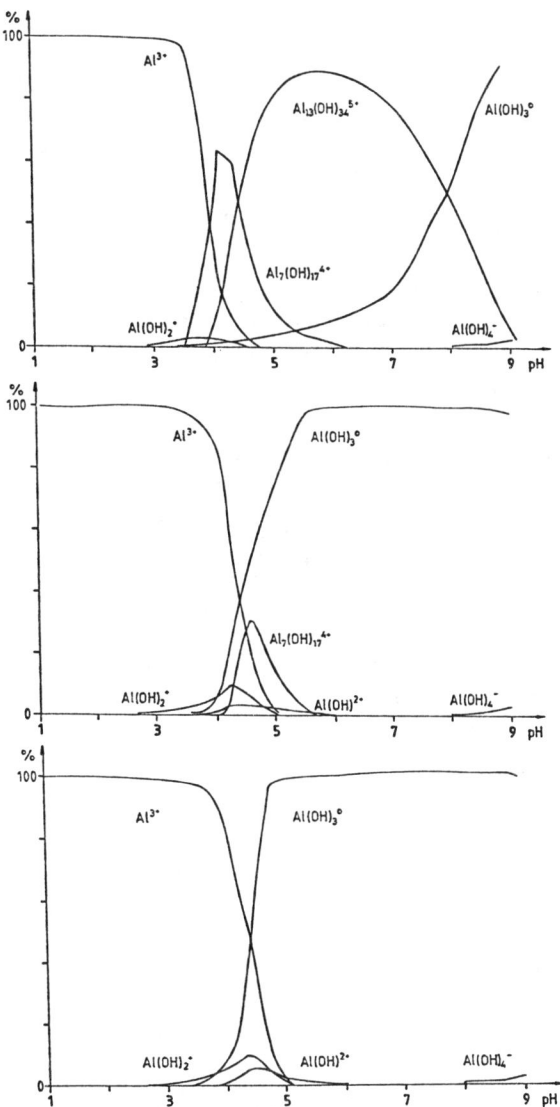

Abb.2.6.3: Aluminiumformen im Boden bei unterschiedlichen pH-Werten. Aluminiumionenkonzentrationen (a) 10^{-3}, (b) $10^{-4,5}$, (c) 10^{-6} mol/l (Ulrich et al., 1979)

Neben $Al(OH)_3$ sind zunächst polymere Al-Ionen anzutreffen (z.B. $[Al_7(OH)_{17}]^{4+}$). Weiterhin bildet sich vermehrt Al^{3+}. Bei pH 4,2 und einer Al-Lösungskonzentration von $10^{-4,5}$ mol/l, entsprechend einem pAl von 4,5, liegen die drei Formen etwa in gleichen Mengen nebeneinander vor.

Wird das Aluminium in der Form des $Al(OH)_3$ von den Tonoberflächen abgelöst, so läuft die erste Pufferungsstufe durch die Reaktion [2] in Abb. 2.6.2 mit der Bildung des $[Al_7(OH)_{17}]^{4+}$ ab.

Der Stabilitätsbereich für diese polymeren Al-Hydroxo-Kationen im Boden liegt zwischen den pH-Werten von 5 und 3,5. Hier werden sie (Reaktion [3]) an Tonmineraloberflächen gebunden. Diese Komplexe, die pro Aluminium eine Ladung von ca. + 0,5 aufweisen, werden bei einem pH-Wert von knapp über 4 maximal festgelegt. Eine weitere Versauerung führt zur erneuten Ablösung von der Tonmineraloberfläche (Reaktion [4]). Dies wird besonders durch organische Komplexbildung in der Bodenlösung begünstigt mit Komplexbildnern wie den Huminstoffen, Phenolen, Chinonen usw.

Nun setzt die Bildung einer neuen Festphase ein. Aus Hydrogensulfationen und $Al(OH)_2^+$ bildet sich unter Wasserabspaltung $Al(OH)SO_4$ (Reaktion [5]) (Ulrich et al, 1979). Diese Verbindung kann nun wieder an Oberflächen adsorbiert werden.

Bis zu dieser Stelle der Aluminiumumbildung sind bereits 2 mol H^+ pro mol beteiligtem Aluminium abgepuffert worden. Bei der weiteren Umwandlung zum Al^{3+} über das $AlSO_4^+$ wird ein weiteres mol Protonen konsumiert. (Das $AlSO_4^-$

dürfte als Zwischenprodukt auftreten, wenn es auch nicht nachgewiesen wurde.)

Die einzelnen Reaktionen des Gesamtschemas laufen im Boden zeitlich nacheinander ab. Zudem kommt es zu räumlichen Abgrenzungen, da die Versauerung im Boden von oben nach unten voranschreitet.

Die Pufferkapazität des Aluminium-Pufferbereiches wird mit 70 bis 100 mmol $H^+ \cdot kg^{-1}$ Boden bei einem Tongehalt von 1 % angenommen. Sie ergibt sich mit 100 bis 150 kmol $H^+ \cdot ha^{-1} \cdot dm^{-1} \cdot$% Tongehalt.

Der Pufferbereich für den Aluminiumpuffer kann aus den Löslichkeitsprodukten des $Al(OH)_3$ ermittelt werden. Trotz Anwesenheit der polymeren Aluminiumformen gibt es mit $L = 10^{-34}$ recht gut die Löslichkeit des Gesamtaluminiums im Boden wieder. Die verwendeten Gleichungen sind in (2.6.33) angegeben. Daraus ergibt sich durch Logarithmierung und Auflösung (2.6.34).

(2.6.33) $Al(OH)_3 \rightleftharpoons Al^{3+} + 3\ OH^-$

$$L = 10^{-34} = [Al^{3+}] \cdot [OH^-]^3$$

(2.6.34) $pH = 1/3\ pAl + 2,67$

Für einige pH-Werte sind die entsprechenden Konzentrationsbereiche der Aluminiumionen in der Tab. 2.6.5 zusammengestellt.

Die Pufferrate für den Aluminium-Pufferbereich ist auf 200 mol $H^+ \cdot ha^{-1} \cdot a^{-1}$ zu veranschlagen.

Da Böden in einzelnen Horizonten durchaus pH-Werte unter
2,8 aufweisen können, wäre davon auszugehen, daß das gesamte puffernde Material (z.B. Tonminerale) verbraucht
wäre. Dies ist natürlich nicht der Fall, vielmehr weist
dieses Puffersystem eine relativ geringe Reaktionsgeschwindigkeit auf. Es kommt daher trotz erheblicher Pufferkapazität nur zu einer geringen Pufferrate.

Tab. 2.6.5: Konzentrationsbereiche der Al^{3+}-Ionen in der
            Bodenlösung bei unterschiedlichen pH-Werten

pAl	pH
> 7	> 5,0
4,5 - 7	4,2 - 5
0,5 - 4,5	2,8 - 4,2
< 0,5	< 2,8

Die Bodeneigenschaften im Bereich dieses Puffersystems
weisen einige Charakteristika auf. Die Vorräte an austauschbaren Ca^{2+}- und Mg^{2+}-Kationen sind sehr gering, die
Salzkonzentration in der Bodenlösung ist abhängig von
äußeren Faktoren, wie der Düngung und dem Eintrag durch
Niederschläge und über den Luftpfad.

Bei einem stabilen Bodengefüge kommt es durch die ver-
stärkte Lösung zur Auswaschung von Al^{3+} und Mn^{2+}-Ionen
und zudem zur Mobilisierung von Schwermetallen. Dies bedingt eine Begrenzung der Wuchsleistung fast aller Pflanzen durch Al- oder Schwermetalltoxizität oder durch die
hohe Protonenkonzentration.

Das Erreichen der pH-Werte des Aluminium-Pufferbereiches
setzt zudem Podsolierungsprozesse in Gang, wodurch noch
einmal klar gestellt wird, daß sinkende pH-Werte im Zuge
der Bodengenese nicht zwangsläufig auf anthropogenen Protoneneintrag angewiesen sind.

2.6.2.5 Eisen-Pufferbereich

Bei einer Absenkung des pH-Wertes durch weiteren Säureeintrag in den extrem sauren Bereich unter 3,0 beginnt
der Eisenpuffer im Boden zu wirken. Die reagierenden Bestandteile des Bodenkörpers sind hier neben Silikaten
auch die Eisenoxide.

Die erste Reaktion besteht aus einer Umwandlung des Eisens aus der silikatischen Bindung heraus in die oxidi-
sche bzw. hydroxidische Form. Diese Reaktion verläuft
ohne Protonenverbrauch und damit ohne puffernde Wirkung.
Der zweite Schritt wird durch die Reaktion (2.6.35) gestellt, die die Dissoziation der Hydroxide und Oxide beschreibt.

(2.6.35) $+III$
              $[FeOOH] + 3\ H^+ \longrightarrow Fe^{3+} + 2\ H_2O$

Zur Vereinfachung des Reaktionsgeschehens wird für die
Ermittlung der Pufferbereiche wieder von nur einer Form
des Eisens im Boden ausgegangen (vgl. auch (2.6.33)), so
daß sich (2.6.36) ergibt mit den in Tab. 2.6.6 zusammengestellten Werten.

(2.6.36) $Fe(OH)_3 \rightleftharpoons Fe^{3+} + 3\ OH^-$

              $L = 3,16 \cdot 10^{-37}$

In Analogie zu (2.6.34) ergibt sich damit für den Zusammenhang zwischen pH-Wert und Eisenkonzentration im Boden die Gleichung (2.6.37) und die in Tab 2.6.6 zusammengestellten Konzentrationsbereiche.

(2.6.37) $pH = 1,5 + 1/3 \, pFe$

Die Pufferrate des Eisen-Pufferbereichs beträgt ca. 2000 mol $H^+ \cdot ha^{-1} \cdot a^{-1}$. Für Böden, die sich in diesem pH-Bereich befinden, sind als charakteristische Eigenschaften eine hohe Konzentration an den Kationen H^+, Al^{3+} und Fe^{3+} in der Bodenlösung zu verzeichnen. Bei hohen Niederschlagsmengen ist mit einer Vertorfung zu rechnen. Zudem finden Podsolierungsprozesse statt. Pflanzen, die im Mineralboden wurzeln, zeigen starke Wachstumsstörungen bis hin zum Absterben von Wurzeln.

Tab. 2.6.6:   Konzentrationsbereiche der Eisenionen im Boden bei unterschiedlichen pH-Werten

pFe	pH
> 7	> 3,8
4,5 - 7	3 - 3,8
0,5 - 4,5	1,7 - 3

2.6.3   Literatur

VDI
      Säurehaltige Niederschläge. Düsseldorf, 1983

BÖTTGER, A., D.H.EHHALT, G. GRAVENHORST
Atmosphärische Kreisläufe von Stickoxiden und Ammoniak. Bericht der KFA-Jülich, 1978

UBA
Luftreinhaltung '81. Erich Schmidt Verlag, Berlin,
1981

ULRICH, B., R. MAYER, P.K. KHANNA
Deposition von Luftverunreinigungen und ihre Auswirkungen in Waldökosystemen im Solling. Schriften
der Forstlichen Fakultät der Universität Göttingen
und der Niedersächsischen Forstlichen Versuchsan-
stalt, 58, 1979

ULRICH, B., E. MATZNER
Abiotische Folgewirkungen der weiträumigen Ausbrei-
tung von Luftverunreinigungen. Forschungsbericht
UBA, Berlin, 1983

SCHEFFER, F., SCHACHTSCHABEL, P.
Lehrbuch der Bodenkunde, 11.Aufl., Enke Verlag,
Stuttgart, 1982

2.7 Oxydation und Reduktion

Neben Protonen sind Elektronen in der Chemie die am häu-
figsten anzutreffenden transferierten Struktureinheiten.
Fast alle biochemischen Reaktionen und auch solche aus
dem Bereich Boden laufen unter der Beteiligung von Elektronen ab. Diese große Verbreitung macht eine intensivere
Beschäftigung mit diesen Teilchen notwendig.

Für ablaufende Reaktionen bestehen zwei prinzipielle Möglichkeiten. Laufen sie unter Elektronenabgabe ab, werden
sie als Oxydation bezeichnet. Reaktionen unter Elektronenaufnahme werden als Reduktion bezeichnet (2.7.1).

$$(2.7.1) \qquad A \xrightarrow{\quad Ox \quad} A^{n+} + n\epsilon$$

$$B + n\epsilon \xrightarrow{\quad Red \quad} B^{n-}$$

Da Elektronen bei normalen chemischen Prozessen nicht frei vorkommen, sind Oxydation und Reduktion in der Regel gekoppelt. Eine Oxydation läuft stets nur dann ab, wenn durch eine Reduktion eine entsprechende Anzahl von Elektronen zur Verfügung gestellt wird. Ein solches Paar von Reaktionen wird zu Redoxreaktionen zusammengefaßt (2.7.2)

$$(2.7.2) \qquad A + B \rightleftharpoons A^{n+} + B^{n-}$$

Die Verfügbarkeit von Elektronen bei dem Partner, der sie im Zuge der Reaktion abgibt, kontrolliert die Redoxreaktionen. Oxydierende Verbindungen nehmen Elektronen von anderen Substanzen auf, oxydieren diese, und werden dabei selbst reduziert. Reduzierende Substanzen geben entsprechend Elektronen an andere Verbindungen weiter, werden dabei folglich selbst oxydiert.

An einem Beispiel, das im Rahmen der Bodenchemie für die Zerstörung der organischen Substanz von Bodenproben eingesetzt wird, soll eine Oxydationsreaktion dargestellt werden (2.7.3).

$$(2.7.3) \qquad H_2O_2 + \text{org. Sub.} + 2\,H^+ \longrightarrow 2\,H_2O + CO_2$$

Für das H_2O_2 gilt dabei die Teilreaktion (2.7.4), in der der Sauerstoff des Wasserstoffperoxids durch die Aufnahme von je einem Elektron von der Oxydationszahl -I zu -II reduziert wird.

(2.7.4) $H_2O_2 + 2 H^+ + 2\epsilon \longrightarrow 2 H_2O$

Dies ist nur eine Halbreaktion, wobei die Elektronen so
angegeben wurden, als seien sie frei und unabhängig von
den Reaktanden. Der zweite Teil der Reaktion, aus dem die
Elektronen für die Reduktion stammen, ist in (2.7.5)
angegeben. Hier wird der Kohlenstoff aus der organischen
Substanz durch Abgabe von Elektronen in die höchste positive Oxydationszahl (+IV) überführt.

(2.7.5)   org. Sub. $\longrightarrow m\ CO_2 + n\epsilon$

Eine vollständige Redoxreaktion besteht aus einem Elek-
tronen-(ϵ)-Akzeptor und einem Elektronen-(ϵ)-Donator zwischen denen der Austausch der Elektronen stattfindet.

2.7.1   Elektronenakzeptoren und -donatoren

Bei Redoxprozessen stellt der Boden die Elektronenakzep-
toren für die Oxydation von organischen Verbindungen zur
Verfügung. Diese Oxydation setzt in der Form organischer
Verbindungen (z.B. in Zuckern) photosynthetisch fixierte
Energie wieder frei.

Sauerstoff ist der stärkste Elektronenakzeptor mit weiter
Verbreitung. Die Oxydationszahl des Sauerstoffs ändert
sich bei der Reaktion (2.7.6) von 0 auf -II, pro
Sauerstoff werden zwei Elektronen aufgenommen.

(2.7.6) $O_2 + 4\ \epsilon + 4\ H^+ \longrightarrow 2\ H_2O$

Unter anaeroben Bedingungen laufen im Boden eine Reihe
Reaktionen mit unterschiedlichen Elektronenakzeptoren ab.
Einige sind mit den Reaktionen in (2.7.7) zusammengefaßt.

Als Elektronendonator im Boden ist ausschließlich das
frisch gefallene pflanzliche Material in der Streuauflage
und die schon teilweise umgewandelte organische Substanz
des Bodens selbst von quantitativer Relevanz.

$$(2.7.7) \quad \overset{+III}{Fe}OH + \epsilon + 3\ H^+ \rightleftharpoons Fe^{2+} + 2\ H_2O$$

$$\overset{+VI}{SO_4}{}^{2-} + 8\ \epsilon + 8\ H^+ \rightleftharpoons S^{2-} + 4\ H_2O$$

$$\overset{+V}{NO_3}{}^- + 2\ \epsilon + 2\ H^+ \rightleftharpoons \overset{+III}{NO_2}{}^- + H_2O$$

$$\overset{+I}{H}{}^+ + \epsilon \rightleftharpoons 1/2\ \overset{0}{H}_2$$

Durchschnittliches Pflanzenmaterial besteht aus Lignin
und Cellulose, wobei die Mengenverhältnisse annähernd
konstant sind (1:2). Für Überschlagsberechnungen und ausschließlich zu diesem Zweck, kann eine empirische Formel
aufgestellt werden: $C_{17}H_{22}O_{10}$. Soll der gesamte Kohlenstoff von der durchschnittlichen Oxydationsstufe $C^{\pm 0}$
auf C^{+IV} oxydiert werden, so wäre dieser summarische Vorgang durch die Halbreaktion (2.7.8) zu beschreiben (Bohn
et al., 1985).

$$(2.7.8) \quad C_{17}H_{22}O_{10} \rightleftharpoons (17\ C^{+IV}) + 10\ H_2O$$
$$+ 2\ H^+ + 70\ \epsilon$$

Im Vergleich zum Pflanzenmaterial zeigt sich bei den Huminstoffen in der ebenso hypothetischen Summenformel eine
Anreicherung von Kohlenstoff (vgl. 1.5.5.1). Für die Oxy-

dation der Huminsäure unter den gleichen Bedingungen wie
beim Pflanzenmaterial könnte die Halbreaktion (2.7.9)
aufgestellt werden.

(2.7.9) $C_{22}H_{22}O_{10} \rightleftharpoons (22\ C^{+IV}) + 10\ H_2O$

$+ 2\ H^+ + 90\ \epsilon$

Die zweite Halbreaktion stellt die Reduktion des Sauerstoffs (2.7.6). Weitere Elektronendonatoren im Boden sind
neben dem Kohlenstoff auch Stickstoff in Form der NH_2-
Gruppe und Schwefel in Form der SH-Gruppe. Hierfür können
die in (2.7.7) dargestellten Gleichungen analog angewandt
werden.

2.7.2   Redoxpotential

Das Redoxpotential beschreibt das Potential der Elektronen im Zustand des Gleichgewichts, was in diesem Zusammenhang bedeutet, daß auch eine kleine Änderung zum
korrespondierenden Elektronentransfer führt. Voll reversible Reaktionen sind im Boden selten anzutreffen. Irre-
versible Reaktionen, bei denen der ϵ-Transfer durch die
Aktivierungsenergie wie durch eine Barriere behindert
ist, sind in natürlichen Systemen weiter verbreitet. Ein
Effekt der notwendigen Aktivierungsenergie für den Ablauf
von Redoxreaktionen ist darin zu sehen, daß sie im Boden
nur sehr träge zu einer Veränderung des entsprechenden
Elektronenpotentials führen.

Die Potentiale für die jeweiligen Redoxpaare in dem betrachteten System sind gleich. Bedingt durch die begrenzte Reversibilität der Reaktionen ist diese Forderung

in Mischungen von Redoxpaaren und hier speziell in den
Komplexen, wie wir sie im Boden vorfinden, sehr selten.

Im Zustand des Gleichgewichts gilt die Nernst-Gleichung
(2.7.10) mit E als Redoxpotential, E^0 als Standardpotential, F als Faraday-Konstante, n der Zahl der Mole von
Elektronen, R der allgemeinen Gaskonstanten und T der ab-
soluten Temperatur.

$$(2.7.10) \qquad E = E^0 - \frac{R \cdot T}{nF} \cdot \ln \frac{(Red)}{(Ox) \cdot (H^+)^m}$$

Werden R und F als Zahlenwert für 25°C entsprechend 291 K
eingeführt sowie von ln in log umgewandelt, ergibt sich
(2.7.11).

$$(2.7.11) \qquad E = E^0 - \frac{0,059}{n} \cdot \lg \frac{(Red)}{(Ox)} - \frac{0,059 \, m}{n} \, pH$$

Ist die Aktivität der reduzierten und oxydierten Anteile
der Reaktion gleich, wovon bei geringen Konzentrationen
ausgegangen werden kann, vereinfacht sich die Gleichung
(2.7.11) auf (2.7.12).

$$(2.7.12) \qquad E = E^0 - \frac{m}{n} \, 0,059 \, pH$$

Für eine ganze Reihe von Redoxreaktionen ist der Quotient
m/n gleich eins, d.h. die Aktivität der Protonen und
Elektronen ist gleich groß und die relative Elektronendo-
natorstärke bzw. -akzeptorstärke ändert sich nicht mit
dem pH-Wert.

Das Standardpotential (E^0) gibt die Fähigkeit eines Redoxpaares wieder, unter Standardbedingungen und im Gleichgewicht Elektronen aufzunehmen oder abzugeben. Für das Redoxpotential E wird auch die Elektronenaktivität pe (2.7.13) zur Beurteilungen von Redoxreaktionen herangezogen, wobei (ϵ) der Aktivität der Elektronen bei der Reaktion (2.7.10) entspricht.

(2.7.13) $\qquad$ pe = -lg (ϵ)

Beide Größen sind einfach miteinander zu verknüpfen (2.7.14).

(2.7.14) $\qquad$ E = 0,059 pe

Das Standardpotential E^0 ist mit der freien Gibbs Energie (ΔG^0) der Redoxreaktion in Beziehung zu setzen (2.7.15).

(2.7.15) $\qquad$ ΔG^0 = - n FE^0

Da absolute Werte für die freie Energie oder Redoxpotentiale nicht bestimmt werden können, werden Abweichungen von einem Standard oder Vergleichszustand ermittelt. Zu diesem Zweck wird das Potential der Reaktion (2.7.16) als Normierungsgrundlage herangezogen und zum Vergleich Null gesetzt.

(2.7.16) $\qquad$ 1/2 $H_2 \rightleftharpoons H^+ + \epsilon$ $\qquad$ E^0 = 0 V

Die Standardpotentiale anderer Reaktionen gehen in beide Richtungen: je positiver das Potential ist, desto mehr neigt die Reaktion dazu, unter ϵ-Aufnahme abzulaufen, je negativer es hingegen ist, desto eher wird die Reaktion unter Elektronenabgabe stattfinden. Da es keine prinzi-

piellen Oxydations- oder Reduktionsmittel gibt, sondern
das jeweilige Verhalten sich erst aus der Wech-
selbeziehung mit einem komplementären System darstellt,
werden auch die Standardpotentiale komplexerer Gleichungen aus denen der Einzelreaktionen zusammengesetzt
(2.7.17).

In der Gesamtreaktion wird also Fe^{3+} zu Fe^{2+} reduziert
und Cu^+ zu Cu^{2+} oxydiert.

$$(2.7.17) \qquad Fe^{3+} + \epsilon \rightleftharpoons Fe^{2+} \qquad E^0 \quad + 0,771$$

$$Cu^+ \rightleftharpoons Cu^{2+} + \epsilon \qquad E^0 \quad + 0,17$$

$$Fe^{3+} + Cu^+ \rightleftharpoons Fe^{2+} + Cu^{2+} \qquad E^0 \quad + 0,601$$

An Redoxreaktionen in biologischen Medien und im Boden
sind fast ausnahmslos Protonen als Reaktionspartner beteiligt. Daher beeinflußt die Protonenverfügbarkeit das
Redoxpotential der Reaktionen erheblich.

2.7.3   Redoxreaktionen in Böden

Die Spannweite des Redoxpotentials in Systemen, die Wasser enthalten, wird durch die Stabilität des Wassers bezüglich Oxydation und Reduktion begrenzt. Im Gleichgewicht bedeutet damit die Grenze für die oxydierenden Verhältnisse die Oxydation des Sauerstoffes des Wassers zu
molekularem Sauerstoff (2.7.18).

$$(2.7.18) \qquad 2 H_2O \rightleftharpoons O_2 + 4 H^+ + 4 \epsilon$$

Unter reduzierenden Bedingungen läuft eine entsprechende
Reaktion der Protonen zu molekularem Wasserstoff ab
(2.7.7).

Das Potential dieser Reaktionen ist abhängig vom pH und
vom Partialdruck der beteiligten Gase H_2 bzw. O_2, ändert
sich aber nur um geringe Beträge mit den entsprechenden
Partialdrucken. Da die Änderungen des Partialdrucks im
Boden relativ gering sind, ist deren Einfluß auf das Potential unbedeutend, hingegen variiert es mit den pH relativ stark (Abb. 2.7.1). Zwischen den beiden Geraden der
Redoxpotentiale in Abhängigkeit vom pH ist das Wasser
stabil, Redoxreaktionen werden im Boden zwischen diesen
beiden Linien quasi als Begrenzung durch die Extremwerte
liegen.

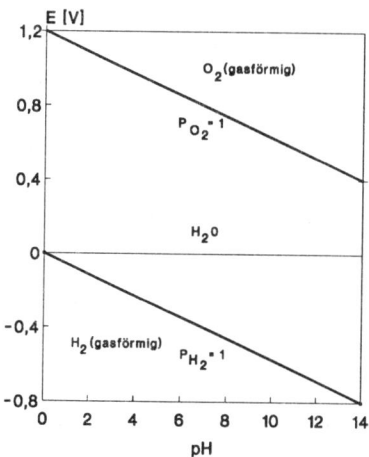

Abb. 2.7.1:   Stabilitätsgrenzen des Wassers in Abhän-
              gigkeit vom pH

In der Tab. 2.7.1 sind die Standardpotentiale einer Reihe
für den Boden wichtiger Redoxreaktionen aufgelistet. Hohe
(positive) Potentiale zeigen an, daß die Partner auf der
linken Seite der Reaktionsgleichungen als ϵ-Akzeptoren
auftreten, die Reaktion also verstärkt zur rechten Seite
der Gleichung verläuft. Es handelt sich um oxydierende
Elemente oder Verbindungen, wenn sie als "starkes
Oxydationsmittel" bezeichnet werden, erfolgt der Elektro-
nenübertritt schnell.

Ein niedriges Redoxpotential zeigt hingegen an, daß das
Element, die Verbindung, oder das Ion auf der rechten
Seite der Reaktionsgleichung als Elektronendonator auftritt. Das Gleichgewicht der Reaktion liegt also auf der
linken Seite.

Von der beträchtlichen Variationsbreite der Standardpotentiale sind im Boden nur sehr eingeschränkte Anteile
vertreten. Ist ein Oxydationsmittel mit einem größeren
Potential als das des Sauerstoff/Wasserpaares im Boden
vorhanden, wird es das Wasser der Bodenlösung zu O_2 oxydieren. Da normalerweise die Menge vorhandenen Wassers
sehr viel größer ist als die des Oxydationsmittels, läuft
die Reaktion ab bis das Oxydationsmittel verbraucht ist.
Somit kann unter der Voraussetzung der Reversibilität der
Reaktionen in der Bodenlösung kein Oxydationsmittel beständig vorliegen, das stärker als Sauerstoff ist.

Die als zweite Begrenzung für die Redoxreaktionen im Boden mögliche Reduktion des Protons zum Wasserstoff
(2.7.7) ist sehr stark pH-abhängig, da Protonen in
alkalischer Lösung in nur geringem Maße vorhanden sind.
Es ergibt sich ein Abfallen der Potentialgeraden mit
steigendem pH, wie sie in Abb. 2.7.1 dargestellt ist.

Tab. 2.7.1: Standardpotentiale (E^0) für eine Auswahl von
Reaktionen

Reaktion	E^0 [V]
$F_2 + 2\epsilon \rightleftharpoons 2 F^-$	+ 2,87
$NO_3^- + 6 H^+ + 5 \epsilon \rightleftharpoons 1/2 N_2 + 3 H_2O$	+ 1,26
$O_2 + 4 H^+ + 4 \epsilon \rightleftharpoons 2 H_2O$	+ 1,23
$NO_3^- + 2 H^+ + 2 \epsilon \rightleftharpoons NO_2^- + H_2O$	+ 0,85
$Fe^{3+} + \epsilon \rightleftharpoons Fe^{2+}$	+ 0,77
$SO_4^{2-} + 10 H^+ + 8 \epsilon \rightleftharpoons H_2S + 4 H_2O$	+ 0,31
$CO_2 + 4 H^+ + 4 \epsilon \rightleftharpoons C + H_2O$	+ 0,21
$N_2 + 6 H^+ + 6 \epsilon \rightleftharpoons 2 NH_3$	+ 0,09
$2 H^+ + 2 \epsilon \rightleftharpoons H_2$	0,00
$Fe^{2+} + 2 \epsilon \rightleftharpoons Fe$	- 0,44
$Al^{3+} + 3 \epsilon \rightleftharpoons Al$	- 1,66
$Mg^{2+} + 2 \epsilon \rightleftharpoons Mg$	- 2,37
$Ca^{2+} + 2 \epsilon \rightleftharpoons Ca$	- 2,87
$K^+ + \epsilon \rightleftharpoons K$	- 2,92

Die Begrenzungen der Standardpotentiale im Boden machen
deutlich, daß zwar F^- im Boden stabil ist, nicht aber das
entsprechende Gas F_2. Die Metalle, beginnend beim Eisen,
sind ebenfalls nicht stabil: Sie korrodieren im Boden und
werden in die entsprechenden Kationen oxydiert. Mit den
Ausnahmen Zink und Aluminium liegen im Boden die entsprechenden Elemente allerdings dennoch metallisch vor, da
sie auf ihren Oberflächen Oxidschutzschichten bilden, die
eine weitere Oxydation verhindern.

Für die im Boden anzutreffenden stabilen Redoxpaare (Tab. 2.7.1) hängt in der wäßrigen Lösung des Bodens die höhere Stabilität einer Form gegenüber der anderen von derem Redoxpotential ab. Unter reduzierenden Bedingungen sind z.B. Fe^{2+}, S^{2-} oder NH_3 stabil. In Anwesenheit von Sauerstoff als Elektronenakzeptor wird das Elektronenangebot reduziert. Unter den dann herrschenden oxydierenden Bedingungen sind Fe^{3+}, SO_4^{2-} und NO_3^- stabil.

Bei sich verringernder Sauerstoffversorgung verwenden die Mikroorganismen des Bodens andere Elektronenakzeptoren mit sinkendem Potential. In der Tab. 2.7.2 ist eine Zusammenstellung von Elektronenakzeptoren mit den Redoxreaktionen wiedergegeben.

Nach der Sauerstoffentfernung ist der zweitstärkste, im Boden regelmäßig vorhandene Elektronenakzeptor, das Nitrat. Durch die Reduktion wird Nitrat zu NO_2^-, N_2O und N_2 sowie organisch gebundenem Stickstoff (z.B. Aminosäuren) umgewandelt. Bei weiter fallendem Redoxpotential werden dann Fe^{3+} und $Mn^{3+,4+}$ aus den Hydroxiden zu den zweiwertigen Formen reduziert, so daß die Ionen Fe^{2+} und Mn^{2+} nennenswerte Konzentrationen im Boden aufweisen.

Ist die Rate der Elektronenaufnahme durch diese Akzeptoren geringer als die, mit der die Elektronen zur Verfügung gestellt werden, verstärken sich die reduktiven Bedingungen des Bodens, so daß Sulfat zu Schwefel oder Sulfid reduziert werden kann. Bei weiterem Elektronenangebot wandeln die Mikroorganismen die organische Substanz um, indem sie diese zu Methan reduzieren.

Die in Tab. 2.7.2 gewählte Abfolge der Reaktionen ist natürlich idealisiert und gilt nur für den Fall, daß die

für die Reduktion aufgewendeten Elektronen langsam ange-
liefert werden. Unter natürlichen Bedingungen werden mehrere Redoxprozesse sich überlappen und parallel ablaufen.

Tab. 2.7.2: Wichtige Redoxreaktionen des Bodens mit ihren gemessenen Potentialspannen (vgl. Bohn
et al., 1985, Scheffer, Schachtschabel,
1982)

Reaktion	Potential-spanne [V]
O_2-Entfernung $1/2\ O_2 + 2\epsilon + 2H^+ \rightleftharpoons H_2O$	0,6 - 0,4
NO_3^--Reduktion $NO_3^- + 2\epsilon + 2H^+ \rightleftharpoons NO_2^- + H_2O$	0,5 - 0,2
Mn^{2+}-Bildung $MnO_2 + 2\epsilon + 4H^+ \rightleftharpoons Mn^{2+} + H_2O$	0,4 - 0,2
Fe^{2+}-Bildung $FeOOH + \epsilon + 3H^+ \rightleftharpoons Fe^{2+} + 2H_2O$	0,3 - 0,1
SO_4^{2-}-Entfernung, HS^--Bildung $SO_4^{2-} + 6\epsilon + 9H^+ \rightleftharpoons HS^- + 4H_2O$	0 - -0,16
H_2-Bildung $H^+ + \epsilon \rightleftharpoons 1/2\ H_2$	-0,15 - -0,22
CH_4-Bildung $(CH_2O)_n \rightleftharpoons n/2\ CO_2 + n/2\ CH_4$	-0,15 - -0,22

Zu beachten ist, daß das Standardpotential, das für einige Reaktionen in Tab. 2.7.1 zusammengefaßt war, relativ
stark von den hier betrachteten Werten abweicht. Das
Standardpotential wird bei pH 0 bestimmt und liegt damit
mehr oder weniger weit entfernt von pH-Werten natürlicher
Systeme. Da aber die pH-Abhängigkeit der meisten Redoxpotentiale gleichsinnig verläuft, sind keine großen Abweichungen bei der relativen Anordnung der Reaktionen bei

den Standardpotentialen und unter natürlichen Bedingungen
zu erwarten.

2.7.4   Redoxreaktionen einzelner Elemente

2.7.4.1   Stickstoff

Einige Oxydationsstufen des Stickstoffs liegen formal
zwischen den Stabilitätsgrenzen des Wassers. Ein Vergleich der Potentiale bei den entsprechenden pH-Werten
macht eine Aussonderung der im Boden stabilen möglich.
Bei einem Redoxpotential von $E^0 = 0,95$ V wird Nitrat zu
Nitrit reduziert, bei $E^0 = 1,25$ verläuft die Reduktion
bis zum Stickstoff (2.7.19).

(2.7.19) $\overset{+V}{NO_3^-} + 2\ H^+ + 2\ \epsilon \rightleftharpoons \overset{+III}{NO_2^-} + 4\ H_2O$

              $\overset{+V}{NO_3^-} + OH^- + 5\ \epsilon \rightleftharpoons \overset{0}{1/2\ N_2} + 2\ H_2O$

Nitritionen sind instabil und sollten spontan zu N_2 reduziert werden. Zwar sind Nitritlösungen in der Tat wenig
stabil, die Umwandlung verläuft aber langsam, da die
Stickstoff-Redoxreaktionen nicht vollständig reversibel
sind.

Aus der Beurteilung zahlreicher möglicher Redoxreaktionen
folgt, daß im Boden die drei Verbindungen des Stickstoffs
NO_3^-, N_2, NH_3 stabil sind.

In der Abb. 2.7.2 sind die Redoxpotentiale in Abhängigkeit vom pH-Wert dargestellt, wobei N_2 die Hauptverbin-
dung darstellt. Nitrationen sind nur unter oxydierenden

Bedingungen und bei pH-Werten größer als 3, Ammoniak ist
hingegen nur unter reduzierenden Bedingungen stabil.

Die Darstellung des E/pH-Diagramms von Alanin, einer typischen Aminosäure erfolgt stellvertretend für die zahlreichen, in den Konzentrationen aber relativ gering vorliegenden andere Aminosäuren, die im Boden anzutreffen
sind. Der Stickstoff der Aminogruppe wird weniger leicht
oxydiert als der des Ammoniaks. Eine Freisetzung von NH_3
in größeren Mengen aus der Aminogruppe kann nur zugleich
mit einer raschen Oxydation des Kohlenstoffs ermittelt
werden.

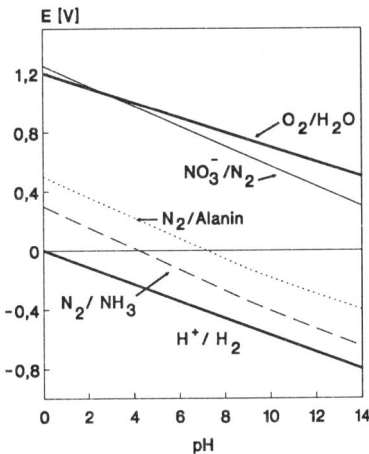

Abb. 2.7.2:   E/pH-Diagramm unterschiedlicher Stickstoff-
               verbindungen und -ionen (vgl. Bohn et al.,
               1985)

Obwohl Proteine stabiler als die entsprechenden Aminosäuren sind, kann eine Protein-N_2-Grenze, analog der

Alanin-N_2-Grenze, nicht berechnet werden, da die Bil-
dungsenergien der Proteine unbekannt sind. Sie kommen im
Gegensatz zu freien Aminosäuren in großen Mengen im Boden
vor.

Die Verteilung der Stickstoffverbindungen entspricht bei
oberflächlicher Betrachtung der Abb. 2.7.2. Der größte
Anteil des Stickstoffs auf der Erde liegt als N_2 vor. Geringere Anteile bestehen als Aminostickstoff in reduzierten Kohlenstoffverbindungen, sowohl in lebenden Organismen als auch in toter organischer Substanz. Eine sehr
kleine Fraktion liegt als Nitrat vor. Bei der Einstellung
eines Gleichgewichtes müßte die Fraktion des Nitrates wegen der möglichen Oxydation von N_2 zu NO_3^- durch Sauerstoff sehr viel größer sein. Dieser Gleichgewichtszustand
liegt nicht vor. Für diese Reaktion würde annähernd der
gesamte Sauerstoff der Atmosphäre verbraucht, so daß N_2
99 % und O_2 nur noch 1 % ausmachen würde. Der Ablauf dieser Reaktion wird durch die generelle Irreversibilität
der Stickstoffreaktionen behindert. Irreversibel ist in
diesem Zusammenhang dahingehend zu verstehen, daß Aktivierungsenergie für den Ablauf der Reaktion aufgebracht
werden muß. Die Oxydation des Stickstoffs zu Nitrat läuft
nur bei hoher Energiezufuhr wie etwa Blitzschlag und hier
nur zu einem sehr geringen Prozentsatz ab.

Die Irreversibilität der Redoxreaktionen des Stickstoffs
ist für biologische Abläufe von großer Bedeutung. Es wird
so die Einstellung eines Gleichgewichts verhindert, so
daß die organische Substanz der Organismen stabil ist und
nicht in CO_2, H_2O, N_2 und NO_3^- überführt wird.

2.7.4.2 Schwefel

Die Abb. 2.7.3 zeigt die Verläufe der Redoxpotentiale mit
dem pH-Wert für die Schwefeloxydationsstufen: Sulfat,
elementarer Schwefel, Sulfid. Prinzipielle Ähnlichkeiten
mit den Stickstoff E-pH-Diagrammen fallen auf. Deutlich
abweichend ist allerdings zu registrieren, daß der elementare Schwefel sehr viel instabiler ist als N_2. Elementarer Schwefel ist nur unter leicht alkalischen bis
sauren Bedingungen stabil (pH < 9). Die vorherrschende
Schwefelform ist das Sulfat.

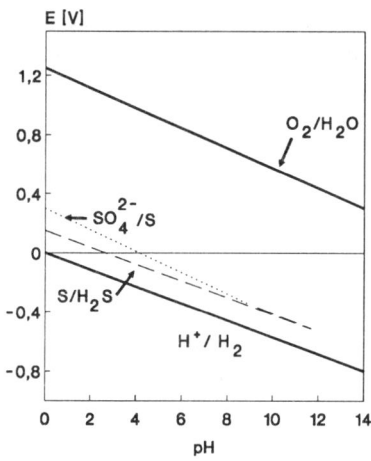

Abb. 2.7.3:   E/pH-Diagramm unterschiedlicher Schwefel-
              verbindungen und -ionen

Obwohl H_2S ein Gas ist, wird fast der gesamte im Boden
gebildete Schwefelwasserstoff durch Reaktionen mit Eisen
oder anderen Übergangsmetallen in Sulfide festgelegt
(2.7.20).

(2.7.20) $Fe^{2+} + S^{2-} \rightleftharpoons FeS$

2.7.4.3 Kohlenstoff

Mit der Ausnahme des CO_2, liegt der Kohlenstoff im Boden
in meist sehr großen und komplizierten Molekülen vor, deren Struktur zudem oft nicht bekannt ist. Ein Standardpotential für diese Art Kohlenstoff kann daher nicht ermittelt werden. Es ist aber davon auszugehen, daß die organische Substanz des Bodens durch die Polymerisation
eine deutlich höhere Stabilität bezüglich oxydativer Angriffe erhält als dieses bei den niedermolekularen Aus-
gangssubstanzen der Fall ist (vgl. Kapitel 1.5). Dennoch
stellt der Kohlenstoff die wichtigste Elektronenquelle
für die Redoxreaktionen des Stickstoffs und des Schwefels
im Boden.

2.7.4.4 Eisen

Eisen-Redoxreaktionen laufen im Boden weitgehend spontan
ab. Biologische Katalysatoren spielen bei der Änderung
der Oydationsstufe keine Rolle. Eisen-II-Ionen aus
Muttergesteinen oxydieren zwar langsam aber spontan in
gut durchlüfteten Böden. Die Reduktion freier Eisenionen
in den pH-Bereichen typischer Böden verläuft über die Hydrolyse des $Fe(OH)_2^+$ (2.7.21).

(2.7.21) $Fe(OH)_2^+ + \epsilon + 2 H^+ \rightleftharpoons Fe^{2+} + 2 H_2O$

Der Hauptanteil, durch den dreiwertiges Eisen in zweiwer-
tiges überführt wird, läuft im Boden am Eisen-III-Hydro-
xyd, am Festkörper ab (2.7.22).

(2.7.22) $FeOOH + \epsilon + 3 H^+ \rightleftharpoons Fe^{2+} + 2 H_2O$

Über die Nernst'sche Gleichung (2.7.11) lassen sich die Redoxpotentiale in Abhängigkeit von den pH-Werten ermitteln. Sie führen zu den Stabilitätsbereichen, wie sie in Abb. 2.7.4 dargestellt sind.

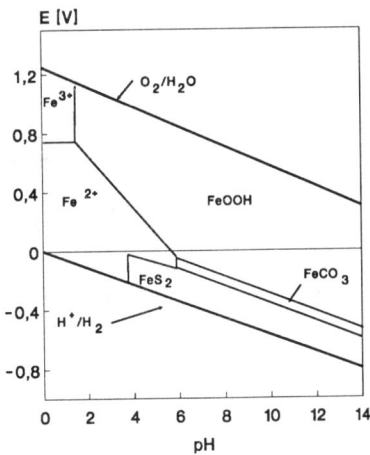

Abb. 2.7.4: E/pH-Diagramm unterschiedlicher Eisenionen und -verbindungen

Die Darstellung bezieht sich auf eine Fe^{2+}-Aktivität von 10^{-6} mol/l gelösten Fe^{2+}. Bei Überschreitung des für einen Punkt angegebenen Potentials oder pH-Wertes auf einer Grenze wird die Verbindung umgewandelt. FeOOH löst sich z.B. zu Fe^{2+} und wird in saurer Lösung bei Redoxpotentialen zwischen -0,1 bis 0,75 reduziert. In stark saurer Lösung (pH < ca. 2) und höheren Redoxpotentialen wird FeOOH zu Fe^{3+} gelöst.

Ob FeOOH, $FeCO_3$ oder FeS_2 (Pyrit) die stabile feste Phase bildet, hängt von mehreren Bedingungen ab. So wirken das

Redoxpotential, der pH-Wert, die CO_2- und die Schwefel-
konzentration regulierend. In gut durchlüfteten Böden
herrschen Fe^{2+} und FeOOH vor.

Das Potential der Fe^{3+}-Reduktion aus dem Goethit (α-
FeOOH) ist von der Fe^{2+}-Konzentration oder besser -Akti-
vität abhängig. Höhere Aktivitäten führen zu einer Verschiebung der Grenzen zu niedrigeren pH-Werten.

Unter stark reduzierenden Bedingungen ist FeOOH instabil
zugunsten der beiden, nicht in das Diagramm aufgenommenen
Verbindungen $Fe(OH)_2$, Magnetit (Fe_3O_4) sowie des Siderit
($FeCO_3$) und Pyrit (FeS_2). Das Stabilitätsfeld des $FeCO_3$
ist stark vom Partialdruck des CO_2 abhängig. Die dargestellten Grenzen gelten für P_{CO2} = 0,1 (Bar).

2.7.4.5 Mangan

Mn^{3+}-Ionen disproportionieren in Lösung zu Mn^{4+}- und
Mn^{2+}-Ionen. Mn^{4+}-Ionen weisen eine nur sehr geringe Löslichkeit auf. Als gelöstes Ion ist einzig das Mn^{2+}-Ion
mit einer signifikanten Konzentration in der Bodenlösung
vorhanden. Dies ist aus der Abb. 2.7.5 zu ersehen, wo
die Mangan-Stabilitätsfelder dargestellt sind.

Die höchst oxydierte feste Manganverbindung im Boden ist
das MnO_2 (+IV), wobei zu beachten ist, daß die Formel
MnO_2 zusammenfassend für eine Vielzahl von Einzelverbin-
dungen steht, die sich sehr unterschiedlich zusammenset-
zen.

Das Mangan in den Bodenmineralen, als geogenes Ausgangsmaterial für das bodeneigene Mangan, weist eine durch-

schnittliche Oxydationszahl von +III bis +IV auf. Die
Stabilitäsgrenzen sind für Ionenaktivitäten von 10^{-5}
mol/l unter Standardbedingungen ermittelt.

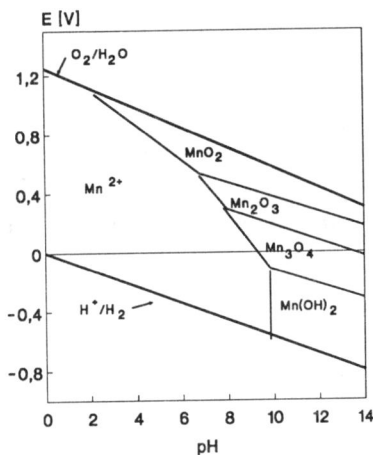

Abb. 2.7.5: E/pH-Diagramm unterschiedlicher Maganver-
bindungen und -ionen

Auch für Mn^{2+} ist eine zunehmende Löslichkeit mit sinkendem pH und zunehmend reduzierenden Bedingungen zu ermitteln. Da Mn^{2+} ein größeres Stabilitätsfeld einnimmt als
Fe^{2+}, werden Manganoxide im Boden bei höheren Potentialen
zu Mn^{2+}-Ionen reduziert als Eisenoxide zu Fe^{2+}. Bei einem
anschließend wieder ansteigendem Redoxpotential fallen
zunächst Fe^{2+}-Ionen, dann erst Mn^{2+}-Ionen als die entsprechenden Oxide aus. Mangan ist damit im Boden mobiler
als Eisen und unterliegt damit einer stärkeren Auswaschung als Eisen.

Es bleibt anzumerken, daß die tatsächlichen Redoxverhält-
nisse des Mangans im Boden durch schematische Abbildungen
wie 2.7.5 nur unvollständig wiedergegeben werden. Dies
gilt besonders, da eine Voraussetzung für die Aufstellung
solcher E/pH-Diagramme, die Einstellung von Gleichgewich-
ten, für das Mangan nicht in allen Fällen gilt.

2.7.5 Literatur

BOHN, H.L., B.L. McNEAL, G.A. O'CONNOR
    Soil chemistry. John Wiley & Sohns, New York, 1985

SCHEFFER, F., P.SCHACHTSCHABEL
    Lehrbuch der Bodenkunde. Enke Verlag, Stuttgart,
    1982

3.   Tertiärprozesse

Der Boden ist ein offenes System; er unterliegt jederzeit den verschiedensten Einflüssen von außen. Seine Funktionsfähigkeit ist daher vornehmlich durch sein Vermögen bestimmt, jedem Angriff von außen die optimale Reaktion entgegensetzen zu können. Die zahlreichen Beispiele einer weitgehenden Bodenzerstörung erweisen, daß die Reaktions- und Regenerationssysteme des Bodens auf das äußerste beansprucht, besonders in dieser Zeit, jener Forderung nicht immer zu entsprechen vermögen.

Aber nicht nur schwerwiegende Angriffe, die zu seiner längerwährenden oder totalen Depravierung führen, sind zu berücksichtigen, denn schon jede mäßige Düngungsmaßnahme stellt einen Eingriff in das Medium Boden dar.

3.1   Stoffeintrag durch die Luft (Immissionen)

Verbrennungsprozesse in erster Linie sind es, die eine Zufuhr bodenfremder Substanzen als Gase oder Aerosole hervorrufen. Für das Jahr 1982 ergab sich folgende Aufschlüsselung (Umweltbundesamt, Tab. 3.1.1).

Ihre Wirkung im Boden erfolgt über die wässrige Phase der Bodenlösung unmittelbar oder aus der Hydrosphäre. In jedem Falle ist die Wasserlöslichkeit oder Suspendierbarkeit entscheidend. So wird von Kohlenwasserstoffen eine verhältnismäßig geringe Kontamination des Bodens zu erwarten sein.

Tab. 3.1.1: Emissionen und ihre Verursacher (in %, bezogen auf die Bundesrepublik)

Verursacher	Stäube	SO_2[*]	NO_x[*] (als NO_2)	KW[**]	CO	proz. Anteil an allen Emissionen
Verkehr	9,4	3,4	54,6	39,0	65,0	47,0
Haushalte	9,2	9,3	3,7	32,4	21,0	16,2
Energie- anlagen	21,7	62,1	27,7	0,6	0,4	17,5
Industrie	59,7	25,2	14,0	28,0	13,6	19,3

Die in den letzten 10 Jahren um etwa 11 % gestiegene Methanbildung geht auf einen anaeroben mikrobiellen Abbau organischen Materials, ferner auf ähnliche Vorgänge in Reiskulturen und Sümpfen oder im Verdauungstrakt von Wiederkäuern zurück.

Schwefeldioxid (SO_2) entsteht bei der Verbrennung schwefelhaltiger fossiler Brennstoffe (Erdöl, Kohle). 1966 gelangten in der Bundesrepublik 3,5, 1982 3,0 Mio t/Jahr in die Atmosphäre. Auf landwirtschaftlichen Nutzflächen hält sich allerdings der immitierte gegenüber dem ausgewaschenen bzw. in Pflanzen eingehenden Schwefel die Waage.

Sehr viel spricht dafür, daß diese gasförmige Immission zum sog. "sauren Regen" führt, der im wesentlichen für die Waldschädigungen verantwortlich ist. Schwefeldioxid ist gut in Wasser löslich. Die gebildete schweflige Säure

---

[*] Durch Maßnahmen des Gesetzgebers ist allerdings hier für die folgende Zeit mit einem deutlichen Rückgang zu rechnen (Großfeuerungs-Anlagenverordnung, TA-Luft = "Technische Anleitung-Luft" mit Richtwerten für Immissionen, usw.)

[**] KW = Kohlenwasserstoffe

(a) ist ein Reduktionsmittel, die in Schwefelsäure übergeht.

$$SO_2 \xrightarrow{\quad H_2O \quad} \underset{(a)}{H_2SO_3} \xrightarrow{\quad 1/2\ O_2 \quad} H_2SO_4$$

Damit treffen diese Säuren auf die Puffersysteme des Bodens, wodurch in extremen Fällen dessen Übersäuerung resultiert.

Auch die sauren im Wasser gelösten bzw. verteilten Sekundärprodukte der Stick(stoff)oxide NO_x[*] werden dem "sauren Regen" zugerechnet. Einige der Oxide sind Anhydride von Säuren, wie vor allem:

$$N_2O_3 \xrightarrow{\quad H_2O \quad} 2\ HNO_2 \quad \text{salpetrige}$$
$$N_2O_5 \xrightarrow{\quad H_2O \quad} 2\ HNO_3 \quad \text{Salpetersäure}$$

Stick(stoff)oxide nahmen durch den aufkommenden Verkehr wie eine konzentrierte Viehhaltung zu.

Der durch diese Immissionen hervorgerufenen Versäuerung wird mittels Kalkgaben (CaO) entgegengetreten.
Mit anderen sauren Eintragungen (HF, HCl) wird in diesen eine primäre, in der Ozon(O_3)-Bildung und dem Wirken sog. Photooxidantien eine sekundäre Ursache für Waldschädigungen gesehen.

---

[*] als Sammelbezeichnung für die allerdings unterschiedlich wirksamen Stickstoffoxide: N_2O, NO, NO_2 (N_2O_4), N_2O_3, N_2O_5.

Die unter Sonnenlichteinwirkung entstandenen Photooxidantien bilden sich aus Stickstoffoxiden und Kohlenwasserstoffen (Smog).

Bei bestimmter Wetterlage tritt eine, in der Atmosphäre
verlaufende Photooxidation über Großstädten ein, bei der
aus Kraftfahrzeugen produziertes Kohlenmonoxid, Stick-
stoffmonoxid ($NO \cdot$) und unverbrauchte Kohlenwasserstoffe
reagieren.

NO wird im Motor durch Oxidation des Luftstickstoffs N_2
gebildet und geht in Stickstoffdioxid über, welches nun
eine Photolyse erfährt:

$$N_2 + O_2 \longrightarrow 2\ NO \cdot$$
$$NO \cdot + 1/2\ O_2 \longrightarrow NO_2$$
$$NO_2 \xrightarrow{\ h \nu\ } NO \cdot + O \cdot$$
$$\text{und} \quad R\text{-}H + O \cdot \longrightarrow R \cdot + HO \cdot$$
$$R \cdot + O_2 \longrightarrow R\text{-}O\text{-}O \cdot$$
$$\text{sowie} \quad O_2 + O \longrightarrow O_3$$

Der atomare Sauerstoff setzt sich nun mit Kohlenwasserstoffen (R-H) zu einem Alkyl- und Hydroxyradikal um, wodurch schließlich Alkylperoxidradikale bzw. Ozon entstehen. Als Nebenprodukte werden die sehr reaktiven Verbindungen Form-, Acetaldehyd, Acrolein usw. gebildet.

Infolge einer guten Ca-Versorgung oder Düngung treten auf
Ackerböden kaum Schäden durch Stickstoffoxide auf. In
Waldböden werden Schadwirkungen auch deshalb deutlicher
hervortreten, weil durch Nadelbäume ein weitaus stärkerer
Kalkentzug gegenüber z.B. Getreideanbau ($\approx 7:4$) erfolgt.

3.2 Schwermetalle

Diese Elemente mit einer Dichte >4,5 (Bunt-, Eisen-, Edelmetalle) gelangen auf mehrfache Weise in den Boden und wirken als Blei-, Cadmium-, Quecksilber-, Thalliumverbindungen usw. z.T. sehr toxisch. Andere hingegen wie Eisen, Mangan, Molybdän usw. sind wichtige Nährstoffe für die Pflanze, wobei jene häufig als Chelate mobilisiert und transportiert werden.

In Tonmineralen und Huminstoffen verfügt der Boden über ein geeignetes Instrument, um eine Schwermetallkontamination weitgehend zu eliminieren, indem die Metallionen gebunden werden.

Die Huminstoff-Metall Wechselwirkungen sind natürlich von verschiedenen Faktoren, wie der Art der Huminstoffe (HsV, Hs), der Wertigkeit und dem Ionenradius der Metalle, vor allem aber dem pH-Wert des Mediums abhängig.

Einige Metalle bilden mit den Huminstoffen Salze (Humate), die zu ihrer Abtrennung benutzt werden können (z.B. Ca-Humate), andere Chelate. Untersuchungen hierzu werden zweckmäßig mit N-freien Synthesehuminstoffen durchgeführt. Zur Kontrolle entsprechender Versuche eignet sich die Auswertung der IR-Spektren (Tab. 3.2.1).

Wie in anderen Fällen, erübrigt sich auch hier, diese Befunde in ein Konstitutionsschema der Huminstoffe einzutragen; es genügt vielmehr die Kenntnis der an diesen Vorgängen beteiligten funktionellen Gruppen der Huminstoffe.

Tab. 3.2.1 IR-Spektren einer Synthesehuminsäure (S-Hs) nach zunehmender Cu^{2+}-Ionenkonzentration

W-MHs cm^{-1}	Zuordnung	mit zunehmender Ionenkonzentration	neue Banden	Beweise für die Komplexbildung, an dieser sind beteiligt
3400	H-Brücken des H$_2$O	Steigung des Diagramms im entsprechenden Bereich	-	Hydrationswasser
3200	O-H-Valenz der phen. OH-Gruppe	Intensitätsverminderung und Verschiebung	-	phen. OH-Gruppen
2550	O-H-Valenz der COOH-Gruppe	Ausgefallen	(1400–1390), 1610	COOH-Gruppen bzw. ihre Carboxylatanionen
1725	C=O-Valenz der COOH-Gruppe			
1200	C-O-Valenz und O-H-Defor. der COOH-Gruppe			
1610, 1390	Carboxylation	weitere Verschiebung auf 1590 und 1395	-	C=O-Gruppe weiterer Strukturen
			1070, 1020 750, 525	Komplex- bzw. Chelatbildung

Das wichtigste Charakteristikum dieser Komplexe ist ihre Stabilitätskonstante. Sie wird in einer Lösung der Metallionen in Gegenwart eines Chelatbildners (z.B. des Huminstoffs) und eines Kationenaustauschers (z.B. Dowex 50 W-X 8) nach der sog. Ionen-Austausch-Methode bestimmt.

Es gilt dann:

$$Me + x\ Ch \longrightarrow MeCh_x,\ (1)\ wobei$$

Me das Metall,
Ch der Chelatbildner,
und $MeCh_x$ der Metallkomplex
sind.

Die Stabilitätskonstante K ist

$$K = \frac{[MeCh_x]}{[Me] \cdot [Ch]^x} \qquad (2)$$

wenn kein Komplexbildner anwesend ist, folgt für die Verteilung

$$\lambda_o = \frac{[MeR]}{[Me]} \quad oder\ [Me] = \frac{[MeR]}{\lambda_o} \qquad (3)$$

mit λ_o Verteilungskoeffizient
[MeR]   Konzentration des am Austauscher R fixierten Metalls

Bei anwesendem Komplexbildner (Me-Ionen + Austauscher R + Komplexbildner Ch) gilt:

$$\lambda = \frac{[MeR]}{([Me] + [MeCh_x])} \qquad (4)$$

wobei der Verteilungskoeffizient in Gegenwart von Ch ([Me]+[MeCh]) die Metallionenkonz. in Lösung sind

$$[Me] + [MeCh_x] = \frac{[MeR]}{\lambda} \quad \text{und}$$

$$[MeCh_x] = \frac{[MeR]}{\lambda} - \frac{[MeR]}{\lambda_o} \quad (5),$$

ferner

$$K = \frac{\lambda_o/\lambda - 1}{[Ch]^x} \quad (6)$$

oder $\log \left(\frac{\lambda_o}{\lambda} - 1 \right) = \log K + x \cdot \log [CH]$ (7)

x wird nun für jedes Metall und für den untersuchten pH-
Wertbereich aus der Neigung der Geraden nach Auftragen
von (λ_o/λ -1) gegen die Konzentration des Huminstoffs
(Ch) auf Logarithmen-Papier ermittelt.
Da für Huminstoffe die Molekülmasse in der Regel nicht
exakt zu bestimmen ist, wird in Gleichung (7) anstelle
der molaren nun die Konzentration in mg/ml angegeben und
so die relative Stabilitätskonstante erhalten:

$$\log \left(\frac{\lambda_o}{\lambda} - 1 \right) = \log K + x \log [Hmst] \quad (7a)$$

Für die wasserlösliche Fraktion einer Synthese-Huminsäure
(Vorstufe) ergaben sich folgende Werte (Tab. 3.2.2)

Tab. 3.2.2:   Relative Stabilitätskonstanten als log K
               einiger Me-Hmst-Komplexe

pH	Fe^{3+}	Cu^{2+}	Zn^{2+}	Mn^{2+}
3,5	0,44	0,36	0,18	0,15
7,0	0,64	0,75	0,37	0,29

Um weitere Metallionen ergänzt ergibt sich bei einem pH-
Wert 4,2 folgende Sorptionsreihe für den gleichen
(Synthese-) Huminstoff:

$Fe^{3+} > Pb^{2+} > Al^{3+} > Cu^{2+} > Ni^{2+} > Cd^{2+} > Zn^{2+} >$
$Co^{2+} > Mn^{2+}$

Mit den Werten der Tab. 3.2.2 lassen sich die fehlenden
log K-Werte leicht abschätzen.

Werden alle Metallionen gleichzeitig angeboten, dann
vollzieht sich die Sorption in folgender Reihenfolge:

$Pb^{2+} > Al^{3+} > Fe^{3+} > Cu^{2+} > Ni^{2+} > Cd^{2+} > Zn^{2+} >$
$Co^{2+} > Mn^{2+}$

Kaum anders stellt sich die (durch potentiometrische Titration) ermittelte Protonenfreisetzung pro Mol Metall
bei pH 4 dar:

$Fe^{3+} > Al^{3+} > Fe^{2+} > Pb^{2+} > Cu^{2+} > Cd^{2+} > Ni^{2+} >$
$Zn^{2+} > Co^{2+} > Mn^{2+}$

Die beträchtliche Affinität der Huminstoffe gegenüber Me-
tallen erhellt weiterhin dadurch, daß auch seltener vor-
kommende Vertreter mit Huminstoffen stabile Komplexe bilden wie Zirkon, Strontium, Rubidium, Chrom und Titan
(Abb. 3.2.1).

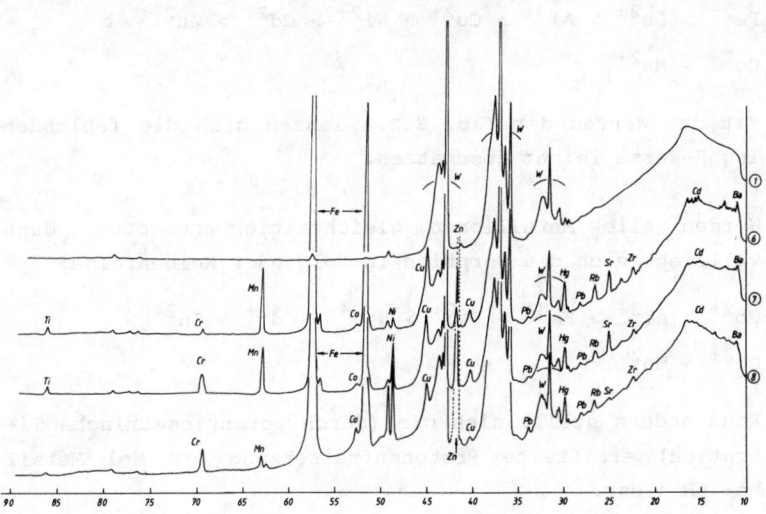

Abb. 3.2.1:   Röntgen-Fluoreszenz-Spektren der Huminstoffe aus Probe 6, 7 und 8 aus Ems-
Sedimenten

Spektrum 1 = Blindprobe mit Zellulose und
Paraffinwachs (Bindemittel)
Mit w gekennzeichnete Peaks rühren von der
Wolframröhre her. Ein LiF Kristall für die
Aufnahme wurde verwendet.

Auf ein Huminstoffsystem (Hmst-Sy, vgl. S. 65) bezogen
können die vorgetragenen Beobachtungen zu folgendem Modell zusammengefaßt werden:

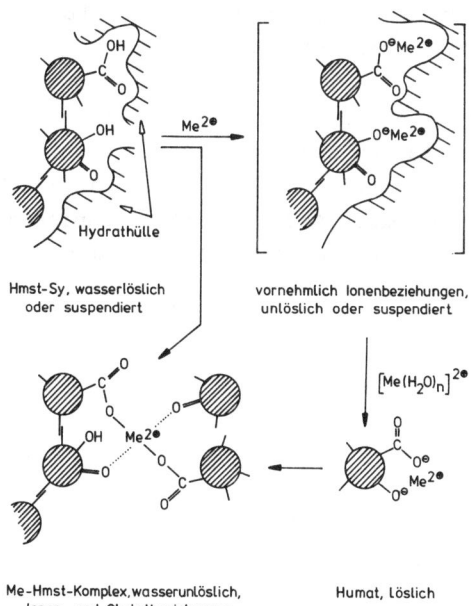

Hmst-Sy, wasserlöslich   vornehmlich Ionenbeziehungen,
oder suspendiert   unlöslich oder suspendiert

$$[Me(H_2O)_n]^{2\oplus}$$

Me-Hmst-Komplex, wasserunlöslich,   Humat, löslich
Ionen- und Chelatbeziehungen

3.3   Mineralöle und analoge Kohlenwasserstoffe

Mineralöle und verwandte Stoffe sind durchaus keine na-
türlichen Bestandteile eines Bodens, aber oft gefährliche
Kontaminate, die durch technische Unfälle in den Boden
und damit in das Grundwasser gelangen. Das Tier- und
Pflanzenwachstum unterliegt dabei erheblichen Störungen.
Gewöhnlich wird austretendes Mineralöl durch ölbindende
Materialien wie Holzmehl, Kunststoffe, Holzkohle, Zellulose, Kiefernborke, aber vor allem Torf gebunden. Auch im
Boden können Mechanismen wirksam werden, die begrenzte
Ölmengen zu fixieren vermögen. Kennt man diese und damit
auch die Eliminierungskapazität eines Bodens, dann kann
diese Kenntnis bei den notwendigen Dekontaminierungsmaß-
nahmen hilfreich sein.

Für eine Mineralöleliminierung in Böden kommen besonders Tonminerale und Huminstoffe in Betracht.

Durch Messung der Adsorptions-Isothermen kann für die fraglichen Substanzen das Rückhaltevermögen bestimmt werden. Dieser Begriff wird als die Menge einer Substanz definiert, die von einer Gewichtseinheit Huminstoff bei der höchst möglichen Konzentration dieser Substanz in wässeriger Lösung adsorbiert wird.

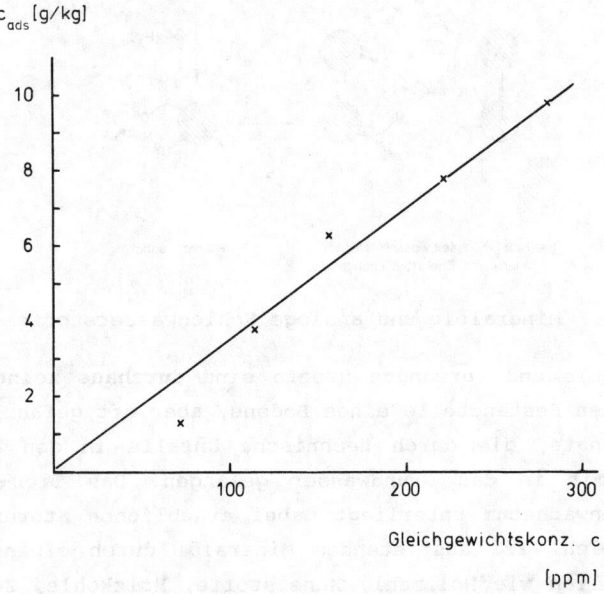

Abb. 3.3.1: Sorptions-Isotherme für das System Benzol/Huminstoff (Torf)

Der Isotherme ist zu entnehmen, daß bei einer Gleichgewichtskonzentration von 280 ppm 10 g (oder 11,4 ml) Benzol von 1 kg Huminstoff adsorbiert werden.

Mit Hilfe dieses Ergebnisses und der Kenntnis des Gehalts
an organischer Substanz eines Bodens kann berechnet werden, wieviel einer Chemikalie ein Boden "maximal fixieren" kann.

$c_{ads.}$ [g/kg]

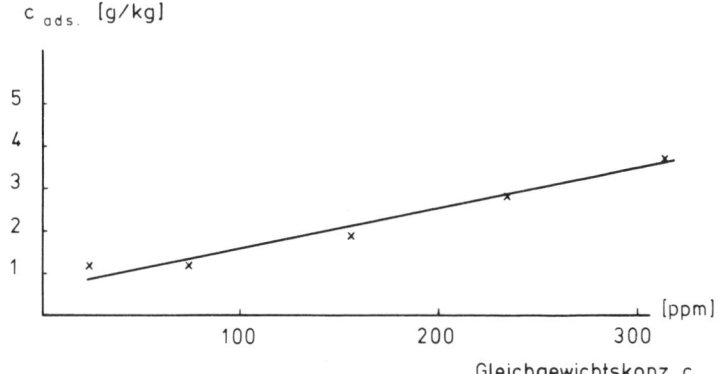

Gleichgewichtskonz. c

Abb. 3.3.2: Sorptions-Isotherme für das System Toluol/
Huminstoff

Für den untersuchten Konzentrationsbereich ergibt sich
für die "maximale Sorptionskapazität" ein Wert von 4 g
Toluol pro kg Huminstoff (oder 4,6 ml/kg).

Ergänzend soll nun die Wechselwirkung der nachfolgend genannten Substanzen mit einem "sauren Torf" diskutiert
werden (Friesel, 1984).

Trichlor-
ethylen
(Tri-CE)

Tetrachlor-
ethylen
(Tetra-CE)

1,1,1-Trichlor-
ethan
(1,1,1-TCEA)

Der Anteil an organischer Substanz in diesem Material beträgt 54 %. Die Sorptions-Isothermen in Abb. 3.3.3 sind aus der Freundlich-Gleichung entwickelt.

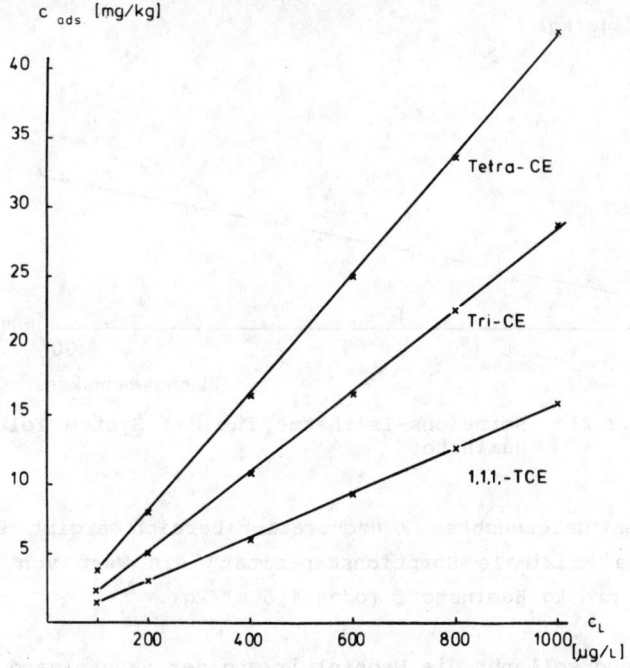

Abb. 3.3.3:   Sorptions-Isothermen für Tetrachlorethylen, Trichlorethylen u. 1,1,1-Trichlorethan

Mit dem Rückhaltefaktor (Restmobilität, R_f-Wert), der das Vermögen eines Bodens für die Verminderung der Vertikalbewegung eines Kontaminats angibt und als

$$R_f = \frac{d_k}{d_s}$$

mit d_S Eindringtiefe des Sickerwassers und d_K des Kontaminats

definiert ist, ergeben sich für die erwähnten Verbindungen die in Tab. 3.3.1 zusammengefaßten Meßwerte.

Tab. 3.3.1: "Maximal" sorbierte Mengen der untersuchten
            Substanzen pro kg organische Bodeninhalts-
            stoffe (org. BIst)

Substanz	sorbierte Menge in (g/kg org.BIst)	(ml/kg org.BIst)	R_f-Werte
Benzol	10,0	11,4	0,0026
Toluol	4,0	4,6	0,0075
Trichlorethylen	0,029	0,020	0,013
Tetrachlorethylen	0,043	0,027	0,007
1,1,1-Trichlorethan	0,016	0,012	0,017
1,2-Dichlorbenzol	3,5	2,7	0,001
1,3-Dichlorbenzol	4,1	3,1	0,001
1,4-Dichlorbenzol	2,8	2,3	0,0012
1,2,4-Trichlorbenzol	10,9	7,5	0,0004
1,3,5-Trichlorbenzol	12,6	8,7	0,0004

Am stärksten werden Benzol und die halogenierten Benzole
"gebunden". Die geringste Adsorption beobachtet man bei
der Verbindungsklasse der aliphatischen Chlorkohlen-
wasserstoffe (CKW). Sie erfahren, im' Vergleich zu den
aromatischen Verbindungen, eine wesentlich geringere
Rückhaltung durch organisches Material im Boden.

Sorptionsvorgänge sind in den hier diskutierten Fällen
reversible Wechselwirkungen. Die Werte in Tab. 3.3.1 geben deshalb keine endgültigen Fixierungsraten an. Für die
Praxis bedeutet dies, daß unter bestimmten Bedingungen
(z.B. starke Niederschläge) innerhalb kurzer Zeit die
sorbierten Substanzen remobilisiert und in den Untergrund

des Bodens gelangen können. Derartige Desorptionen können
gelegentlich schneller ablaufen als die entsprechenden
Sorptionsvorgänge.

Die Adsorptionsdaten sind dann nützlich, wenn man sie unter dem Aspekt einer gehinderten Fließbewegung einer Substanz im Boden betrachtet.

Als wichtigste Komponente des Bodens, neben den Huminstoffen, können die Tonminerale aufgrund ihrer physikalischen, geochemischen und kristallstrukturellen Eigenschaften organische Verbindungen an den Kanten, äußeren
Oberflächen und in Zwischenschichträumen aufnehmen.

Abb. 3.3.4 zeigt die Sorptionsisothermen von Benzol an
Tonminerale (Montmorillonit und Kaolinit). Hierbei läßt
sich keine Beziehung zwischen Kristallstruktur und Sorptionsmenge erkennen. Die große spezifische Oberfläche und
das Quellungsvermögen von Montmorillonit scheint also
keinen Einfluß auf die adsorbierte Menge des Benzols zu
haben.

Auch bezüglich einer Fixierung von Toluol durch Tonminerale scheint es, daß ebenso wie beim Benzol die struktu-
rellen Unterschiede der Tonminerale keinen Einfluß auf
die Sorptionsmenge des Toluols haben. Es ist auffallend,
daß Kaolinit in allen Fällen sogar etwas mehr organische
Substanz adsorbiert (Tab. 3.3.2, Abb. 3.3.5).

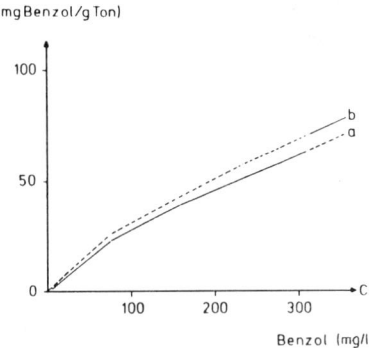

Abb. 3.3.4: Sorptionsisotherme von Benzol an Tonminerale aus wässeriger Lösung a) Montmorillonit b) Kaolinit

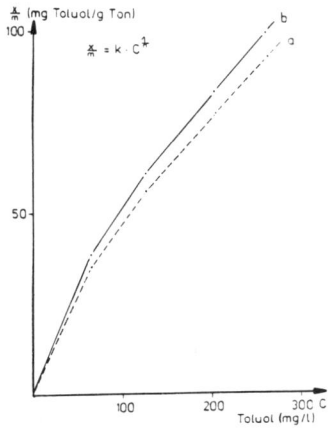

Abb. 3.3.5: Sorptionsisotherme von Toluol an Tonminerale aus wässeriger Lösung a) Montmorillonit b) Kaolinit

In Tab. 3.3.2 sind die maximalen Sorptionswerte der erwähnten Aromatica sowie des Heizöls gegenüber Tonmineralen zusammengestellt.

Die niedrige Sorption des Heizöls an Tonminerale ist
wegen der geringen Löslichkeit des Heizöls im Wasser
(7 mg/l) nicht verwunderlich.

Tab. 3.3.2:   Maximale Sorptionsmenge der untersuchten
               Substanzen an Tonminerale(mg/g Tonmineral)
               und die dazugehörigen Restmobilitätswerte

	Montmorillonit		Kaolinit	
	mg/g Tonm.	R_f-Werte	mg/g Tonm.	R_f-Werte
Benzol	64.6	0.0023	72.1	0.0018
Toluol	93.8	0.0011	100.5	0.0010
Heizöl	9.4	------	10.2	------

Vergleicht man die Ergebnisse, so stellt man fest, daß
Toluol am intensivsten und Heizöl am wenigsten adsorbiert
werden.

Erwartungsgemäß sollte Montmorillonit als 3-Schichtmi-
neral wegen seiner großen spezifischen Oberfläche von ca.
400 - 800 m^2/g und seines Quellungsvermögens mehr organische Substanz fixieren als das 2-Schichtmineral Kaolinit
mit seiner äußeren Oberfläche von ca. 10 - 40 m^2/g und
der fehlenden Quellungseigenschaft. Dies trifft aber in
diesem Fall nicht zu: Kaolinit bindet mehr Umweltchemikalien als Montmorillonit. Daraus geht hervor, daß weder
eine Zwischenschichtadsorption der Organica bei Montmorillonit stattfindet, noch seine große äußere Oberfläche
(äußere Basis- und Prismenflächen) eine erhebliche Rolle

spielen. Hamzehi (1980) stellte ebenfalls keine direkte
Beziehung zwischen den spezifischen Oberflächen der Tonminerale und den Mengen der fixierten Erdölprodukte fest.

Für diese zunächst als widersprüchlich erscheinende Fest-
stellung könnten folgende Ursachen in Betracht gezogen
werden.

Für die dargestellten Versuche wurden natürliche Ca-Mont-
morillonite verwendet. Im Wasser quellen bekanntlich
diese (Ca- oder Ba-Montmorillonite) im Gegensatz zu den
Alkali-Montmorilloniten (Na-Montmorillonite) sehr wenig,
was durch die Hydration der Zwischenschichtkationen zu
erklären ist.

Es ist daher anzunehmen, daß die Ca^{2+}-Ionen wegen ihrer
Zweiwertigkeit zwischen den Schichten des Montmorillonits
eingelagert sind und durch eine günstige Ladungsverteilung die einzelnen Elementarschichten aneinander binden
und so eine Quellung im Wasser negativ beeinflussen.

Weiterhin ist die Möglichkeit gegeben, daß Ca^{2+}-Ionen an
den äußeren Oberflächen sorbiert sind und so auch zu einer Flächen-Flächen-Bindung und zur Agglomeration der
Montmorillonitteilchen führen. Die Folge ist eine Abnahme
der spezifischen Oberfläche des Montmorillonits. Bei
Smectiten, zu denen auch Montmorillonit gehört, macht die
innere Oberfläche 80 - 90% der Gesamtoberfläche aus. Die
Kaolinite besitzen eine äußere Oberfläche, die je nach
Kristallgröße zwischen 10 - 40 m^2/g beträgt.

Schließlich könnten sich die Kaolinite in wässerigen Lösungen in verhältnismäßig große und dünne Plättchen auf-
geteilt haben. Das aber trifft gerade bei Ca-Montmorillo-

nit wegen der vorhandenen Ca^{2+}-Ionen nicht zu. Die dargestellten Sorptionsversuche und ihre Analyse lassen daher
die Folgerung zu, daß nicht nur eine reine Adsorption,
sondern daß mehrere Phänomene gleichzeitig vorliegen
müssen.

Sicher liegt auch hier keine endgültige Fixierung der Umweltchemikalien durch die Tonminerale vor, da es sich
wieder um reversible Sorptionsprozesse handelt. Das bedeutet, daß bei einem Material mit großer Oberfläche die
sorbierten Schadstoffe durch nachfließendes Wasser
(Regenwasser) wegen seiner besseren Benetzungseigenschaf-
ten als Benzol, Toluol und Heizöl die von diesen Chemikalien umhüllten Tonteilchen nun seinerseits umnetzt, wodurch diese freigesetzt werden. Damit führt die Sorption
an Tonmineralteilchen immerhin zu einer Verzögerung der
Wanderungsgeschwindigkeit der Mineralölprodukte im Untergrund.

Ob Benzol, Toluol oder Heizöl die Grundwasseroberfläche
erreichen können oder nicht, hängt von den Schadstoffmen-
gen, der Durchlässigkeit und dem Rückhaltevermögen des
Bodens ab. Überschreitet die Kontaminatmenge das Rückhaltevermögen des Mediums für den jeweiligen Kohlenwasserstoff, so sickert dieser unbehindert in den Untergrund ein. Allgemein werden Werte zwischen durchlässigen
und wenig oder schlecht durchlässigen Lockergesteinen um
10^{-4} cm/sec angenommen. Es sei aber bemerkt, daß die
Durchlässigkeit starken Schwankungen unterliegt, die
nicht nur zwischen verschiedenen Bodenarten zu erwarten
sind, sondern infolge schichtiger Ablagerung und wech-
selnder Feinanteile auch innerhalb eines einheitlich er-
scheinenden Korngemisches.

Die Ergebnisse der vorgetragenen Untersuchungen erlauben
nach Abschätzung des Tongehaltes und der Menge der Huminstoffe schon vor Ort Aussagen über das Rückhaltevermögen
des Bodens für die untersuchten Kohlenwasserstoffe zu machen und unter Zuhilfenahme der Restmobilität das Wande-
rungsverhalten dieser Substanzen zu beschreiben, um somit
gezielte Maßnahmen zu ergreifen.

Zur Sanierung kontaminierter Böden werden in der Literatur eine Vielzahl von Verfahren aufgezeigt, die teilweise
auch in der Praxis angewandt werden. So kommen z.B. die
Behandlung der Böden mit Alkalien, sowie mit oberflächen-
aktiven Substanzen, das sog. steamstripping, also eine
modifizierte Wasserdampfdestillation, in Frage.

Weitere Vorschläge beziehen sich auf das Erhitzen eines
kontaminierten Bodens auf 800°C oder 2000°C. Allen diesen
Vorschlägen ist gemein, daß auf das Besondere eines Bodens nicht eingegangen werden kann. Denn bei all diesen
Verfahren wird das organische Material sehr stark beschä-
digt bzw. vollkommen zerstört. Ein dekonatminierter Boden
ist nach dieser Verfahrensweise nicht mehr als Boden an-
zusprechen, vielmehr handelt es sich nur noch um eine
mehr oder minder stark veränderte anorganische Bodenmatrix. Eigenschaften, die z.B. die Bodenfruchtbarkeit betreffen, sind nicht mehr vorhanden, so daß eine ackerbau-
liche Nutzung zunächst ausscheidet und eine solche als
Grünfläche o.ä. nur nach intensiver Bearbeitung möglich
ist.

Im Lichte dieser Erfahrungen gewinnt daher eine Zuwendung
zu den im Boden vorfindbaren Eliminierungsmechanismen gegenüber kontaminierenden Stoffen eine besondere und aktuelle Bedeutung.

3.4   Weitere aromatische Kohlenwasserstoffe

Neben den schon erwähnten, z.T. aromatischen Kohlenwasserstoffen gelangen weitere kondensierte aromatische
Kohlenwasserstoffe in Böden, Wässer oder Torfe. Dies zeigen Untersuchungen, die einen z.T. erheblichen Gehalt
z.B. an carcinogen wirkenden Verbindungen in Torfen erkennen ließen. Damit muß die Frage gestellt werden, ob
z.B. via Huminstoffe deren Eliminierung erfolgen kann.

Physiologisch bedeutsam sind u.a. 1.2.5.6-Dibenz-anthra-
cen (I), 3.4-Benz-pyren (II) und 20-Methylcholanthren
(III), da ihnen carcinogene Eigenschaften zukommen.

      (I)   (II)   (III)

Ihre Fixierung an Huminstoffe konnte durch eine veränderte Phosphoreszenzemission[*] erwiesen werden, woraus
sich eindeutig die Art der Festlegung als ϵ-Donator-
Acceptor-Komplex ergab (Kress und Ziechmann, 1977).

Die Ergebnisse der Umsetzung zwischen 3.4 Benz-pyren und
einem Huminstoff aus Braunkohle sind in Abb. 3.4.1 und
Tabelle 3.4.1 wiedergegeben.

---

[*] Phosphoreszenz:Emission von Licht längerer Wellenlänge
    nach vorheriger Anregung (durch Licht kürzerer Wellen-
    länge). Hierbei werden durch ϵ-Anregung sog. Triplett-
    zustände erreicht, die unter Lichtemission wieder in
    den Grundzustand gelangen.

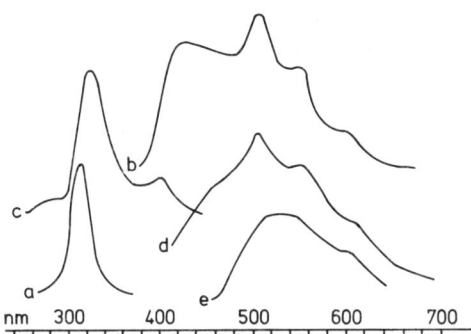

Abb. 3.4.1: Phosphoreszenzspektren des Systems
            Hmst (Braunkohle)/3.4-Benz-pyren

Tab. 3.4.1: Zur Interpretation der Phosphoreszenz-
            Spektren in Abbildung 3.4.1

(1)	(2)	(3)
Kurve	Anregung bei konstanter Emission nm	Emission bei konstanter Anregung nm
a	420	---
b	---	317
c	510	---
d	---	330
e	---	404

Das Experiment erbrachte für das zu untersuchende System
drei Anregungsmöglichkeiten, von denen angeregte Triplettzustände[*] erreicht werden können. Liegen Elektro-
nenpaare gebunden und frei vor, dann sind nur Singulett-
grundzustände gegeben, die in angeregte übergehen können.

_____

[*] vgl. Fußnote folgende Seite

Daraus und mit zahlreichen Vergleichs- und Einzelmessungen ergeben sich folgende Teilprozesse:

Bei 317 nm wird 3.4-Benz-pyren angeregt[**]:

$$(3.4.1) \qquad 1 \text{ Kw} + E_{317} \longrightarrow 1 \text{ Kw}^*$$

---

[*] zu Seite 275
Zur Bezeichnung Singulett-, Triplettzustände:
Für Molekülzustände wird die Multiplizität r definiert: $r = 2S + 1$
  Hierbei geht die Spinquantenzahl s der Elektronen, die $+ 1/2$ ($\uparrow$) und $- 1/2$ ($\downarrow$) sein kann, in den Gesamtspin S ein. Je nach der Anzahl der Elektronen - gerade oder ungerade - folgt für die Gesamtspinquantenzahl $S = 0,1,2,...$ (gerade) oder $S = 1/2, 3/2, 5/2,...$ (ungerade). Damit ergeben sich bei einem "Gesamtspin" $S = 1: r = 2 \cdot 1 + 1$ mit $= 3$ ein sog. Triplett- und für $S = 1/2$ mit $r = 1$ ein Singulettzustand. Es lassen sich so nach folgendem Schema die Energiezustände von Elektronen unterscheiden.

	Energie der Molekül-orbitale		
angeregte Zustände	$\uparrow$ $\downarrow$	$\downarrow$	$\uparrow$
Grundzustand	$\uparrow$	$\uparrow\downarrow$	$\uparrow$	$\uparrow$
Gesamtspin S		0 0	1
Multiplizität r		1 1	3
Zustand		Singulett S_0 S_1 dia-magnetisch	Triplett T_1 para-magnetisch

Energiezustände von ϵ in Molekülorbitalen

[**] Die vorgestellte Ziffer gibt Singulett- bzw. Triplettelektronenzustände an.
Kw* bedeutet: 3.4-Benz-pyren im angeregten Zustand.

Bei 330 nm wird 3.4-Benz-pyren angeregt, wenn es sich unmittelbar am Huminstoff befindet:

$$(3.4.2) \quad 1 \ Kw_{(Hmst)} + E_{330} \longrightarrow 1 \ Kw_{(Hmst)}^{*}$$

Die Anregung schließlich bei 404 nm ergibt, daß sich der
Kohlenwasserstoff nicht mehr nur "in der unmittelbaren
Umgebung" des Huminstoffs aufhält, sondern an diesen gebunden vorliegt. Der Übergang bei 404 nm zeigt nun die
Energiedifferenz zwischen dem Grund- und dem angeregten
Zustand eines Ladungsübertragungs-Komplexes zwischen beiden Komponenten an. In diesem ist der Kohlenwasserstoff
kraft der π-Elektronensysteme gegenüber dem Huminstoff
der ϵ-Donator. Dieses Verhalten der Kohlenwasserstoffe in
diesem System ist bereits im vorstehend dargestellten
Versuch erkannt worden.

Es ergibt sich also hieraus:

$$(3.4.3) \quad 1 \ (Kw^{\delta+}...Hmst^{\delta-}) + E_{404} \longrightarrow 1 \ (Kw^{+}...Hmst^{-})^{*}$$

Damit geht bei diesem Vorgang der Komplex unter Aufnahme
von Energie aus dem polarisierten in den ionisierten Zustand über.

Die bisher dargestellten Übergänge führen zu angeregten
Singulettzuständen. Von diesen werden durch strahlungs-
lose Übergänge angeregte Triplettzustände erreicht, die
durch eine Lichtemission als langlebige Lumineszenz erkannt werden können.

Bei 420 nm zeigt die Emission die Desaktivierung des angeregten Triplettzustandes an:

(3.4.4) $\qquad$ 3 Kw* - E$_{420}$ $\longrightarrow$ 1 Kw

Die angeregten Triplettzustände des Huminstoffs werden bei einer Emission zwischen 500 und 510 nm erkannt:

(3.4.5) $\qquad$ 3 Hmst* - E$_{500}$ $\longrightarrow$ 1 Hmst

Der angeregte Ladungsübertragungskomplex zwischen den eingesetzten Komponenten emittiert bei 550 nm und führt wieder zu den Einzelkomponenten, da es hierfür keinen Grundzustand gibt:

(3.4.6) 3 (Kw$^-$ - Hmst$^+$)* - E$_{550}$ $\longrightarrow$ 1 Kw + 1 Hmst

Gleichung (3.4.1) gilt für die Anregung des Kohlenwasserstoffs. Eine Wechselwirkung, jedoch keine Komplexbildung ist durch (3.4.2) dargestellt und endlich gibt (3.4.3) die Ladungsübertragung wieder, die schließlich zu einer Bindung führt.

Die Mitwirkung des Huminstoffs ist also an einer bathochromen Verschiebung von 317 nach 330 nm zu erkennen und die Komplexbildung an einer Emission nach Anregung bei 404 nm.

Abb. 3.4.2 faßt die möglichen Energiezustände und ihre Übergänge im genannten System zusammen (Kress, 1978).

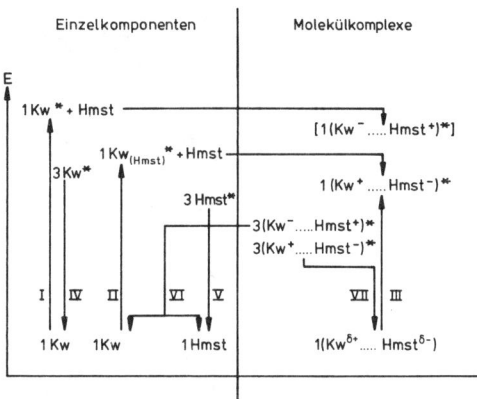

Abb. 3.4.2: Energiezustände und ε-Übergänge im System
3.4-Benz-pyren-Huminstoff

3.5 Tenside

Auch Tenside können auf dem Umweg über (Ab-)Wässer zur
Kontamination von Böden führen. Dies besonders durch den
steigenden Einsatz oberflächenaktiver Stoffe als Emulga-
toren, Netz- und Waschmittel.

So wird der Verbrauch für das Jahr 1982 mit ca.
150 000 t für anionische und ca. 30 000 t für kationische
Tenside geschätzt.

Ihrer chemischen Struktur gemäß lassen sich verschiedene
Typen unterscheiden

Anionische   ⊖ $H-\overset{R'}{\underset{R}{C}}-\langle O \rangle-SO_3^{\ominus}$

                           R,R'-Alkylreste
                           z.B. lineares Alkyl-
                           benzolsulfonat
                           oder LAS

Kationische   ⊕ $\overset{R}{\underset{R}{}} \overset{\oplus}{N} \overset{CH_3}{\underset{CH_3}{}}$

                            $\overset{\oplus}{N}$ $R=-C_{12}H_{25}$
                            R

                            Laurylpyridiniumchlorid
                            (LPC)

oder

nichtionische,   ○ $R-(O-R')_n-OH$
neutrale Tenside

Es ist zwar bekannt, daß diese Stoffe von Tonmineralen fixiert werden können, nahezu nichts aber über mögliche Umsetzungen mit Huminstoffen.

Auch hier eigenen sich die schon erwähnten Synthesehumin-stoffe aus Hydrochinon besonders für Versuche, um Wech-selwirkungen zwischen Vertretern dieser Stoffgruppe und Tensiden zu untersuchen. Denn es kann nun eine weitere Variante berücksichtigt werden, wenn als Reaktionspartner für Tenside autoxidierendes Hydrochinon (vgl. S. 40) ver-wendet wird.

12 g Hydrochinon werden bei einem pH-Wert von 9 gelöst
und unter Luftzutritt gerührt, während wechselnde Mengen
Laurylpyridiniumchlorid (LPC) (0, dann 5 und 10 g) zuge-
setzt worden sind. Nach 3 Tagen Reaktionszeit und ausreichender Dialyse wurden die Ausbeuten bestimmt (Tab.
3.5.1) und IR-Spektren aufgenommen.

Tab. 3.5.1:   Reaktion von autoxidierendem Hydrochinon mit
              unterschiedlichen Mengen an Laurylpyridi-
              niumchlorid

Reaktionsansatz	Reaktionsprodukt (Variante, Var)	Ausbeute (g)
12 g Hydrochinon 0 g LPC	Var 0	1,89
12 g Hydrochinon 5 g LPC	Var 5	4,65
12 g Hydrochinon 10 g LPC	Var 10	6,85

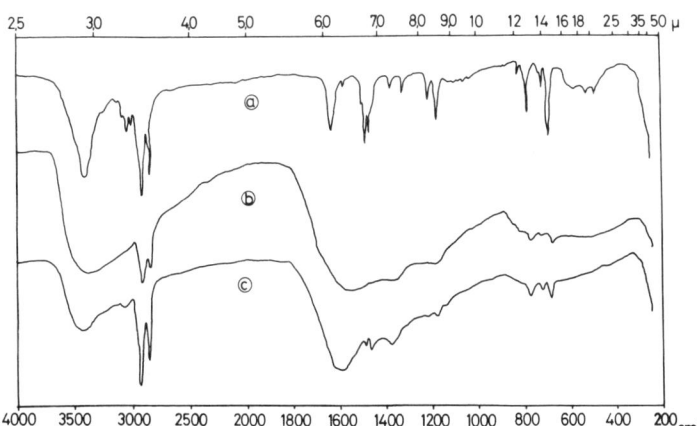

Abb. 3.5.1:   IR-Spektren von a. Laurylpyridiniumchlorid,
              b. Var 5, c. Var 10

Es wird ersichtlich, daß stabile Reaktionsprodukte zwischen beiden Reaktanten gebildet worden sind.

Entsprechende Versuche mit dem anionischen Tensid LAS (lineares Alkylbenzolsulfonat) verliefen abweichend, da nur geringe Mengen des Tensids am Huminstoff fixiert worden sind.

Es ist also die Bindung zwischen Huminstoff und LPC als Ionenbeziehung (Salzbildung) zu verstehen. Dies bestätigen die Gehalte der freien Säuregruppen der Verbindungen dieser Versuchsreihe (Tab. 3.5.2).

Tab. 3.5.2: Gehalte säurefunktioneller Gruppen von Var 0, Var 5 und Var 10

Huminstoff	-COOH (meq/g)	OH-phenol. (meq/g)	Gesamtacidität (meq/g)
Var 0	3,70	5,15	8,85
Var 5	0,95	--	--
Var 10	0,70	--	--

Analoge Experimente mit natürlichen Huminstoffen führten zu einem gleichen Ergebnis.

Die Annahme, daß ein Zusatz mehrwertiger Kationen, z.B. Ca^{2+} diese als Ionenbrücken fungieren ließen, um damit auch mit LAS einen Komplex herbeizuführen, konnte nicht bestätigt werden, da offenbar die auftretenden Abstoßungskräfte nicht zu kompensieren sind.

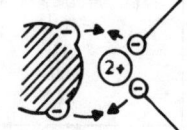

Bemerkenswert aber ist, daß eine Fixierung von LAS dennoch stattfinden kann, allerdings vom Gehalt der Alkylgruppen im Huminstoff abhängig. Demnach werden

van der Waals-Kräfte hier die Fixierung besorgen.

Daher kann in einem der Realität entsprechenden Versuch in einem Dreikomponentensystem Huminstoff/ LPC/LAS durchaus auch das letztere in einem solchen System integriert und hierfür folgendes Modell vorgeschlagen werden (Gerke und Ziechmann).

Hmst mit Säuregruppen

van der Waals-Kräfte

3.6 Enzyme

Obgleich Enzyme nicht gerade zu Fremdstoffen oder gar Kontaminaten in Böden zählen, seien ihre Wechselwirkungen mit Bodeninhaltsstoffen in diesem Abschnitt Tertiärprozesse abgehandelt. Dies deshalb, weil derlei Umsetzungen geradezu exemplarisch die Reaktionsmöglichkeiten von Böden via Inhaltsstoffe aufweisen, die gegenüber nicht originären Stoffen eintreten können. Vor allem ist hier die Frage zu stellen, wie sich derartige Umsetzungsprodukte im Medium Boden verhalten werden. Und schließlich finden Enzyme im Boden schon deshalb ein besonderes Interesse,

da in vielen Fällen deren Aktivität durch Huminstoffe
verändert wird (Ziechmann, 1980).

Am Beispiel einer Peroxidase soll dieses Problem dargestellt werden.

Unter den Mikroorganismen bilden vor allem höhere Pilze,
aber auch Bakterien Peroxidasen. Als extrazelluläre Enzyme dienen sie insbesondere dem Abbau von Lignin. Viele
Weißfäulepilze synthetisieren nicht nur das Enzym, sondern geben auch H_2O_2, dessen Substrat, nach außen ab.

Typische Peroxidasen sind Fe(III)-haltige Hämoproteide,
die mit Wasserstoffperoxid, Alkylperoxiden oder aromatischen Persäuren Phenole und aromatische Amine oxidieren.
Im weiteren Sinne zählen zu den Peroxidasen jedoch auch
Enzyme wie NAD- und NADP-Peroxidase, Cytochrom C Peroxidase und Fettsäure-Peroxidase, die einen anderen, immer
aber auch einen spezifischen H-Acceptor benötigen.

Es handelt sich also um Enzyme, die für chemische Abläufe
in Böden von erheblicher Bedeutung sind.

Das Isoenzym C ist ein Glykoproteid mit einer Molekular-
masse von 44000 Dalton. Acht Kohlenhydratketten (überwiegend aus Glucosamin und Mannose bestehend) sind an eine
einfache Peptidkette aus 308 Aminosäuren kovalent gebunden. Diese Kohlenhydrate machen 18 % des Molekularge-
wichtes aus. Zwei Ca-Ionen und vier Disulfidbrücken stabilisieren das Molekül. Als prosthetische Gruppe fungiert
wie beim Hämoglobin das Protoporphyrin IX, welches hier
ebenfalls über den Imidazolrest eines Histidinmoleküls an
das Apoenzym gebunden wird. Das Zentralion ist bei
Peroxidase dreiwertiges Eisen. Die dem Imidazolring des
Histidins gegenüberliegende sechste Koordinationsstelle
des Eisens wird von einem Wassermolekül besetzt.

Auch hier ist es zweckmäßig neben natürlichen auch
Synthesehuminstoffe in die Experimente einzubeziehen. Die
Wechselwirkungen wurden durch Messung der elektrischen
Leitfähigkeit und der UV-Spektren, hier als Differenz-
spektren verifiziert.

Differenzspektren werden mit einer sog. Tandemküvette erhalten (Abb. 3.6.1). In einer durch eine Trennwand ge-
teilten Küvette befinden sich separat die beiden Komponenten (a). In einer zweiten Küvette können diese, da sie
nicht voneinander getrennt sind, miteinander reagieren
(c). Bei (a) ist die Extinktion die Summe der Einzelwerte, für (c) rührt sie nur vom Komplex her. Durch eine
Verschiebung und Veränderung im Falle (c) resultiert eine
Absorptionsdifferenz. Tritt hingegen keine Umsetzung (b)
ein, dann ergeben sich die gleichen Einzelwerte, mithin
zu (a) keine Absorptionsdifferenz.

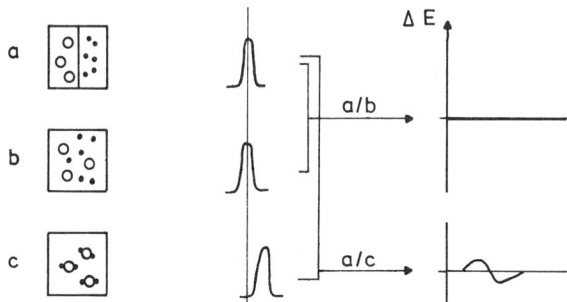

Abb. 3.6.1:   Wirkungsweise einer Tandem-Küvette

Die Messungen der elektrischen Leitfähigkeit erweisen,
daß eine Reaktion zwischen Peroxidase und Huminstoff
stattgefunden hat (Abb. 3.6.2). Das Ergebnis ist insofern
auffällig, weil nicht nur eine Erniedrigung der gefun-
denen im Vergleich zur errechneten Leitfähigkeit auf-

tritt, sondern weil diese bis zu einer Konzentration der
Peroxidase von 0,75 mg/ml im Bereich des Meßwertes des
Huminstoffs bleibt. Erst dann steigt sie parallel zu der
der Peroxidase an.

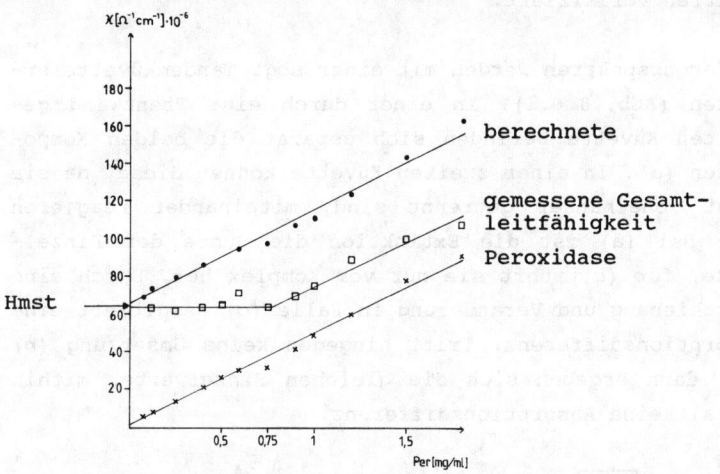

Abb. 3.6.2: Änderung der Leitfähigkeit durch Zugabe
unterschiedlicher Konzentrationen an Peroxidase (Huminstoffkonzentration 0,5 mg/ml)

Dieser Befund wird auch durch spektroskopische Untersuchungen bestätigt. Die prinzipielle Möglichkeit einer
Komplexierung des Zentralions durch huminstoffähnliche
Verbindungen zeigen die mit Karminsäure aufgenommenen
Differenzspektren. Sowohl verschiedene Porphyrinsysteme
(Peroxidase, Hämogloglobin, Chloro-
phyllin), als auch einfache Salze
($FeCl_3$, $MgCl_2$) führen als Reaktionspartner zu fast identischen Minima
und Maxima der Absorptionsdifferen-
zen (Abb. 3.6.2 und 3.6.3).

Lediglich im Bereich von 400 nm tritt in den Differenzspektren mit Porphyrinsystemen ein zusätzliches Minimum
auf, welches auf die Entfernung des Zentralions aus dem
Porphyrinsystem zurückgeht.

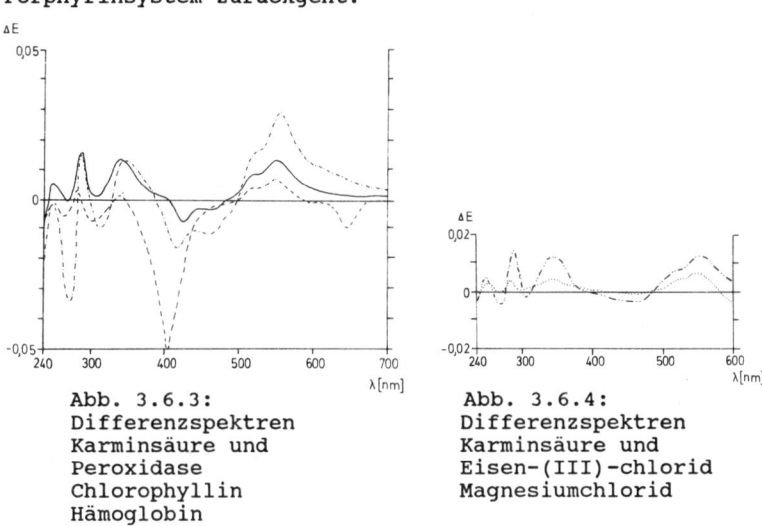

Abb. 3.6.3:
Differenzspektren
Karminsäure und
Peroxidase
Chlorophyllin
Hämoglobin

Abb. 3.6.4:
Differenzspektren
Karminsäure und
Eisen-(III)-chlorid
Magnesiumchlorid

Die mit Huminstoffen aufgenommenen Differenzspektren zeigen keine solchen Übereinstimmungen. Im Fall einer natürlichen Huminsäure-Vorstufe (HsV_M) ist zwar im Bereich von
300 nm eine gewisse Ähnlichkeit gegeben, doch kann bei
der Vielzahl der hier absorbierenden Gruppen keine
schlüssige Interpretation vorgenommen werden.

Die Unterschiede in der Intensität und im kurzwelligen
Bereich sprechen eher für eine Beeinflussung aromatischer
Strukturen. Ebenso liegt offenbar eine Umsetzung mit
Fe^{3+}-Ionen vor (Abb. 3.6.5).

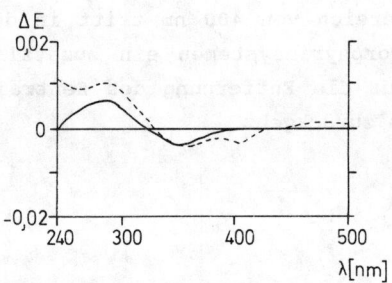

Abb. 3.6.5:   Differenzspektren HsV_M/ Eisen-(III)-chlorid
               Peroxidase

Weitere Hinweise auf die Art der hier vorliegenden Bindungen geben die Untersuchungen zur Bildung von ε-DA-Komplexen und zur Aktivitätsbeeinflussung. Auffallend ist,
daß eine stärker polymerisierte und mehr chinoide Gruppen
enthaltende Synthese-Huminsäure-Vorstufe (HsV_{Hy}) nicht
nur eine stärkere Hemmung der Aktivität der Peroxidase
(s.u.) zeigt, sondern auch mehr ε-DA-Komplexe bildet als
HsV_M (Abb. 3.6.6 u. 3.6.7). Es ist also naheliegend, daß
die chinoiden Gruppen der Huminstoffe als Elektronen-
acceptoren über die Reaktion mit den als Elektronendonatoren wirkenden aromatischen Resten zu einer Komplexbildung zwischen Huminstoff und Peroxidase führen.

Nachdem die Existenz von Peroxidase-Hmst-Komplexen,
- als ein Modell für Enzym-Huminstoff-Wechselbeziehungen
in Böden - nachgewiesen wurde, muß geprüft werden, wie
sich nun die Aktivität der veränderten Enzyme darstellt.

Abhängig von Art und Konzentration der Huminstoffe wurde
nicht nur die Reaktionsgeschwindigkeit, gemessen an der
Extinktionsänderung pro Zeiteinheit, verringert, sondern

auch der Beginn der Reaktion verzögert. Des weiteren war
die Konzentration des braunen Oxidationsproduktes nach
vollständiger Umsetzung niedriger als in Proben ohne Huminstoff (Abb. 3.6.6).

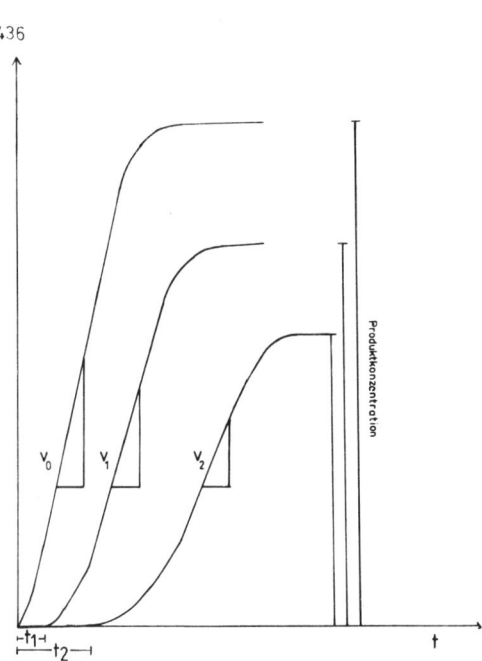

Abb. 3.6.6:   Abhängigkeit der Reaktionsgeschwindigkeit
              (v_0, v_1, v_2), Produktkonzentration und Re-
              aktionsbeginn von der Huminstoffkonzentra-
              tion
              v_0 ungehemmt
              v_1, v_2 bei steigender Huminstoffkonzen-
                                 tration

Die stärksten Effekte zeigte eine Huminsäure, gefolgt von
den Präparaten HsV_{Hy} und HsV_M, dessen Einfluß so gering
war, daß bei sehr viel höheren Konzentrationen gemessen
werden mußte.

Bei einfach reziproker Auftragung der Peroxidase-Aktivität gegen die Huminstoffkonzentration ergeben sich keine Geraden, sondern Parabeln (Abb. 3.6.7).

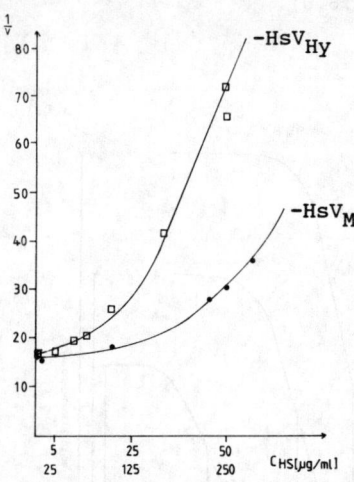

Abb. 3.6.7:   Einfach reziproke Auftragung der Reaktionsgeschwindigkeit gegen die Huminstoffkonzentration

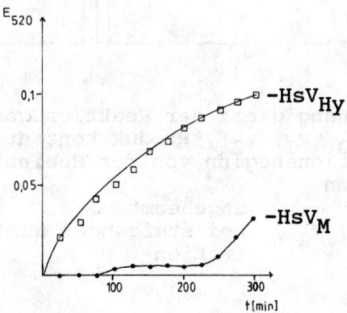

Abb. 3.6.8:   Bildung von ϵ-DA-Komplexen durch Huminstoffe

Für die einleitenden Schritte und Möglichkeiten hinsichtlich einer Wechselwirkung beider Komponenten kann ein
erstes Modell vorgeschlagen werden:

vereinfachtes   Hmst-System
Peroxidase-Modell

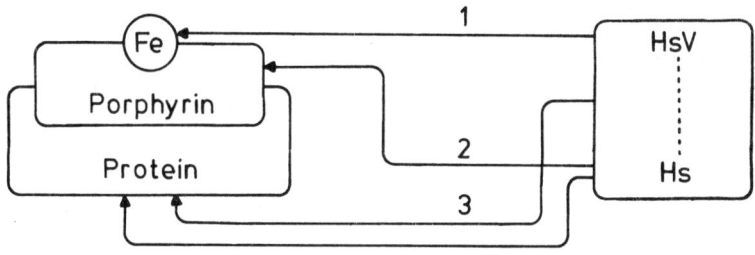

Teilvorgang   Experiment

(1) Komplexierung   UV-vis-Spektren

(2) ε-DAK-Bildung   Porphyrine sind ε-Dona-
                               toren
                               Hmst mit zunehmender
                               Oxid-Zeit: ε-Acceptor
                               (Zunahme von >C=O$_{chin}$)
                               Hemmung durch Hs > Hsv

(3) Wirkung auf die
    Proteintertiärstruktur

Schließlich sei auf einen bodenchemisch nicht unwesentli-
chen Aspekt verwiesen. Es ist bekannt, daß Peroxidasen
bei der Huminstoffgenese in Böden mitwirken. Ihre Fixierung an Huminstoffe und der daraus verständliche Aktivi-
tätsverlust enthält damit einen Ansatz zu einer Selbstre-
gulation des Systems:

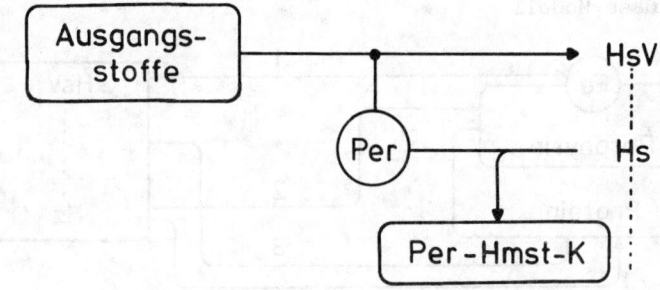

Bestimmte, sich mit der Peroxidase umsetzende Huminstoffe
kontrollieren durch das Instrument einer Komplexbildung
ihre Wirkung und damit den Stoffumsatz während der Humifizierung. Dies bedeutet, daß der Pool der Ausgangsstoffe
nur mäßig "angezapft" wird, also eine mittlere Umset-
zungsgeschwindigkeit einen steten Fluß der Humifizierung
herbeiführt.

3.7   Pestizide

Bei den Pestiziden (lat. pestis - Seuche) handelt es sich
um Verbindungen, die mit dem Bewußtsein ihrer ökotoxiko-
logischen Wirkung in die Umwelt eingebracht werden. Im
Rahmen der landwirtschaftlichen Anwendung werden sie in
Mengen von wenigen Gramm bis weit über 100 kg/ha ausgebracht. Sie werden entweder auf den unbewachsenen Boden

appliziert, eingearbeitet oder auf den Pflanzenbestand aufgebracht. Die in den Boden gelangenden Mengen der Wirkstoffe sind daher je nach Anwendungsform sehr unterschiedlich.

Da diese Gruppe von Stoffen als einziges gemeinsames Kriterium den Zweck ihrer Anwendung ausweist, nämlich den Schutz von Pflanzen vor Schadorganismen, ist keine Homogenität hinsichtlich der Struktur zu erwarten. Die Spanne der Einzelstoffe reicht von chlorierten Kohlenwasserstoffen, über Harnstoffderivate, Organophosphorverbindungen, Stickstoffheterocyclen bis zu anorganischen Salzen. Die Bildung von Metaboliten im Rahmen von Abbaureaktionen erweitert das Stoffspektrum noch erheblich.

Entsprechend vielfältig sind die Möglichkeiten der Interaktionen mit dem Boden. In der Abb. 3.7.1 sind die Formen der Wirkstoffe im Boden dargestellt mit den möglichen Umwandlungen und Verlagerungen. Abhängig von der Struktur reagieren die eingebrachten Verbindungen sowohl mit der anorganischen Bodenmatrix als auch mit der organischen Substanz. Ebenso vielgestaltig sind die möglichen Arten der Wechselwirkungen, bei den Hauptvalenzbindungen sind Atombindung und Ionenbeziehung zu beachten, bei den Nebenvalenzkräften Wasserstoffbrückenbindung, van der Waals Kräfte, Elektronen-Donator-Akzeptor-Komplexe, hydrophobe Bindung u.a.

Bedingt durch eine solche Breite der beteiligten Substanzen und Wechselwirkungen ist es hier notwendig, nur wenige Beispiele mit einigen Grundprinzipien darzustellen.

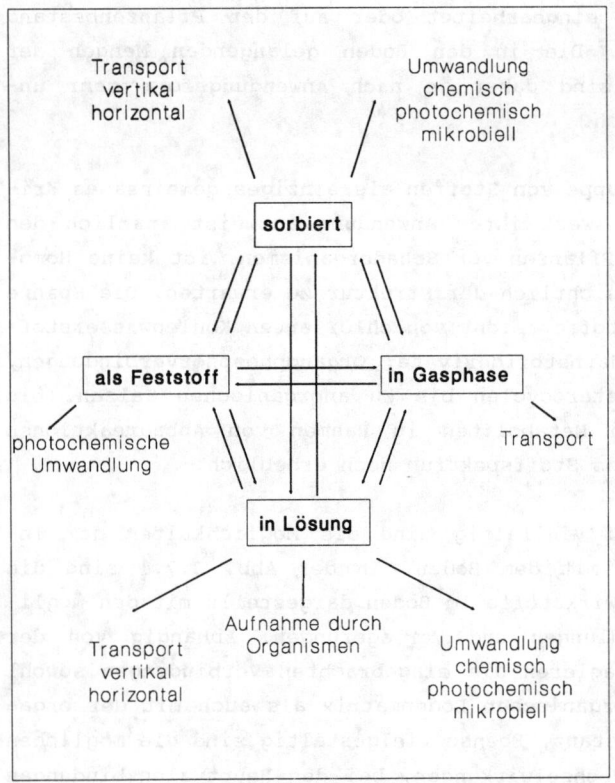

Abb. 3.7.1:   Verhalten von Pestiziden im Boden

3.7.1   Ionische Pestizide

Verbindungen, die in wäßriger Lösung geladen vorliegen, können sowohl als Salze ausgebracht werden als auch als Neutralverbindungen, die sich dann in der Bodenlösung durch Hydrolyse in anionische oder kationische Verbindun-

gen umwandeln. Ein Beispiel für die salzartigen Pflanzenschutzmittel wurde mit dem Paraquat bereits in den Abbildungen 2.5.6 und 2.5.7 gegeben, wo die unterschiedliche
Adsorption an die Tonminerale Kaolinit und Montmorillonit
dargestellt wurden. Die dort deutlich erhöhte Adsorption
am Montmorillonit ist mit der größeren Oberfläche dieses
Dreischichtminerals zu begründen. In der Abb. 3.7.2 ist
die Wechselwirkung anhand der Adsorptionsisothermen mit
einem Boden reich an organischer Substanz wiedergegeben.

Für die organische Substanz als Adsorbens kommt neben der
Ionenbeziehung auch die Bildung von Elektronen-Donator-
Akzeptor-Komplexen als Bindung in Betracht. Khan (1974)
zeigt anhand von Verschiebungen von Banden in den IR-
Spektren, daß diese Nebenvalenzkraft an der Bindung von
Deiquat und Paraquat durch die organische Substanz des
Bodens beteiligt ist (vgl. auch Abb. 3.7.5).

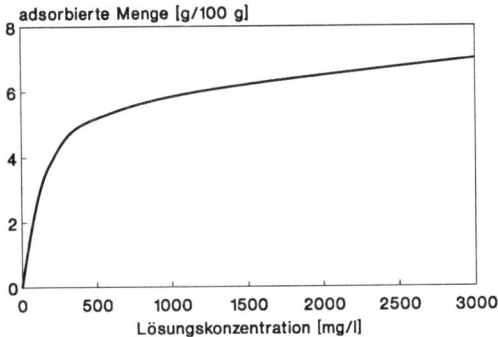

Abb. 3.7.2:   Adsorption von Paraquat an Torf (Calderbank
               und Tomlinson, 1969)

Sind zunächst unpolare Verbindungen zu betrachten, die
bei den pH-Werten der Bodenlösung ihre sauren bzw. basischen Eigenschaften zeigen, so spielt deren pK-Wert die
wichtigste Rolle (vgl. Kap. 2.1.4). Die Abb. 3.7.3 gibt
die Adsorption von drei Triazinen an Montmorillonit unter
identischen Bedingungen wieder.

Es ist ersichtlich, daß die pK-Werte der Verbindungen
über die Konzentration dissoziierter Teilchen einen entscheidenden Einfluß auf die Bindung an die geladene Tonmineraloberfläche aufweisen.

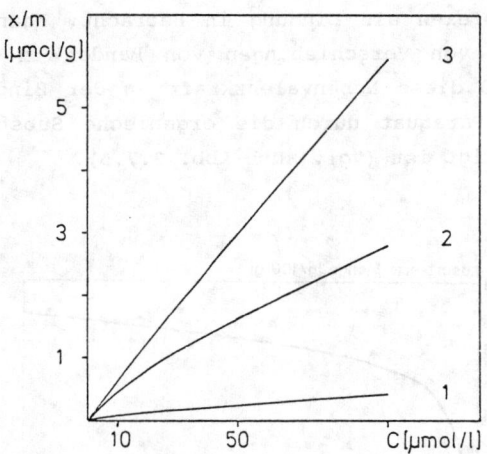

Abb. 3.7.3:   Freundlichisothermen für die Adsorption von
              (1) Atrazin (pK = 1,68), (2) Prometryn (pK
              = 3,05), (3) Prometon (pK = 4,3) an Montmo-
              rillonit

Auch für die Bindung an die organische Substanz des Bodens ergibt sich eine solche Abhängigkeit vom pK der gebundenen Triazine (Abb. 3.7.4).

Daß auch die "Qualität" der organischen Substanz einen
erheblichen Einfluß auf die Bindungen der Pflanzenschutz-
mittel-Wirkstoffe haben kann, sei am Beispiel der Adsorption des Prometryns an neun unterschiedliche Huminsäuren
demonstriert (Abb. 3.7.5).

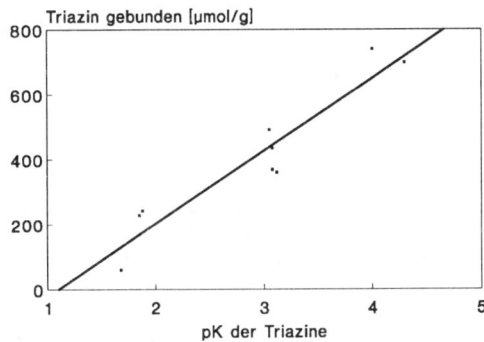

Abb. 3.7.4: An Huminsäure aus Schwarztorf H3 gebundene
Menge s-Triazine in Abhängigkeit von deren
pK-Wert

Wird der Gehalt an phenolischen Hydroxygruppen als ein
Ausdruck für aromatische Strukturen in den Huminsäuren
gewertet, so ergibt sich ein deutlicher Hinweis, daß bei
der Adsorption der s-Triazine durch die Huminstoffe auch
Elektronen-Donator-Akzeptor-Komplexe ein bindendes Prinzip sind. Mit abnehmender Aromatizität, also abnehmender
Elektronendonor- und entsprechend zunehmender Elektronen-
akzeptorfunktion der Huminsäuren, erhöht sich die Bindung
der selbst als Elektronendonator fungierenden Triazine.

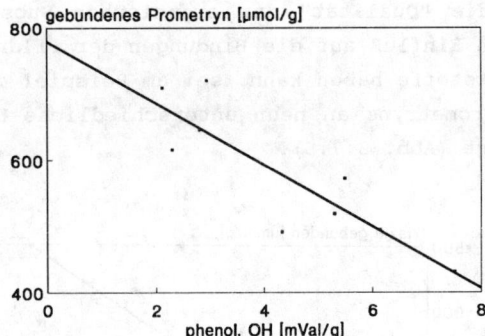

Abb. 3.7.5: Bindung von Prometryn an unterschiedliche
            Huminstoffe in Abhängigkeit von deren Ge-
            halt an phenolischen Hydroxygruppen

Ein vergleichbares Ergebnis zeigen die IR-Spektren der
Reaktionsprodukte steigender Ametrynkonzentrationen mit
Huminstoff (Abb. 3.7.6). Eine Bande bei 775 cm^{-1}, die weder im Huminstoff noch im Ametryn vorhanden ist, nimmt
deutlich an Intensität zu. Sie wird als eine verschobene
Bande interpretiert (Müller-Wegener, 1984), die beim Ametryn bei 808 cm^{-1} auftritt. Bandenverschiebungen im lang-
welligen Spektralbereich dieser Art sind Hinweise auf
Elektronen-Donator-Akzeptor-Komplexe.

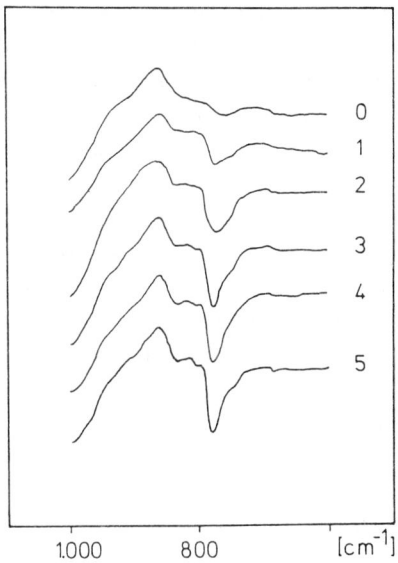

1.000   8.00 $[cm^{-1}]$

Abb. 3.7.6.: IR-Spektren der Reaktionsprodukte aus konstanten Huminsäuremengen aus einem Calluna-
podsol und steigenden Mengen Ametryn: (0) 0
ml, (1) 0,1 ml, (2) 0,2 ml, (3) 0,3 ml (4)
0,4 ml, (5) 0,5 ml einer 0,012 m Ametrynlö-
sung im Reaktionsansatz

3.7.2 Nichtionische Pestizide

Ein Teil der zum Einsatz als Pflanzenschutzmittel kommen-
den organischen Verbindungen verbleiben auch in der wäßrigen Bodenlösung bei unterschiedlichsten pH-Werten un-
dissoziiert, Änderungen an der Struktur werden lediglich
durch die hier nicht zu betrachtenden Vorgänge des chemischen Abbaus oder der mikrobiologischen Metabolisierung
erfolgen. Diese, in der Regel sehr wenig wasserlöslichen

Verbindungen gehen ebenfalls unterschiedlichste Wechselwirkungen sowohl mit der anorganischen Bodenmatrix als
auch der organischen Substanz ein. Hier sind für die Bindung an die anorganische Matrix, wohl hauptsächlich Tonminerale, van der Waals Kräfte und Wasserstoffbrückenbindungen an erster Stelle zu nennen. An Huminstoffe werden
die ungeladenen Pflanzenschutzmittelmoleküle neben diesen
beiden Bindungsarten auch durch Elektronen-Donator-Akzeptor-Komplexe und hydrophobe Wechselwirkungen gebunden.
Dabei werden deren Struktur und die chemischen Eigenschaften ebenso für die Bindungsform ausschlaggebend
sein, wie die Reaktionsbedingungen (Temperatur, pH der
Bodenlösung etc.).

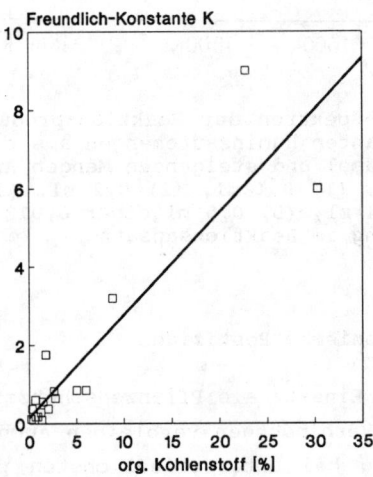

Abb. 3.7.7:   Konstante k der Freundlich-Gleichung für
              die Adsorption von 1,3-Dichlorpropen an Bö-
              den in Abhängigkeit von deren organischem
              Kohlenstoffgehalt

Für die Böden ist eine deutliche Abhängigkeit der Bindung vom Gehalt an organischer Substanz festzustellen, wie es am Beispiel des 1,3-Dichlorpropens für eine Reihe unterschiedlicher Böden anhand der Freundlich-Adsorptionsisothermen ermittelt wurde (Abb. 3.7.7).

Daß ähnliche Ergebnisse auch unter Feldbedingungen zu erhalten sind, zeigt die Abb. 3.7.8. Hier ist die Häufigkeit positiver 1,3-Dichlorpropenbefunde im oberflächennahen Grundwasser unter Flächen mit entsprechender Anwendung prozentual aufgetragen gegen den Gehalt an organischem Kohlenstoff der Böden.

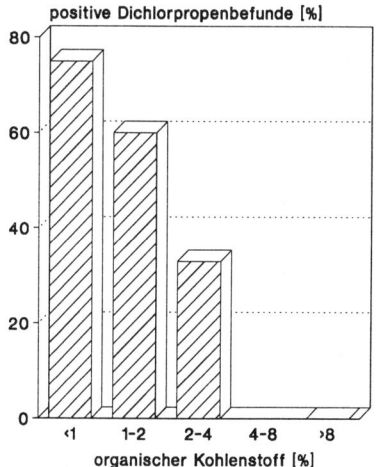

Abb. 3.7.8: Positive Dichlorpropenbefunde in Grundwässern nach der Anwendung in Abhängigkeit vom Gehalt an organischem Kohlenstoff der Böden

Für einen im Verhältnis zum Dichlorpropen (Löslichkeit in
Wasser (20°C) 1 g/l) wenig löslichen Wirkstoff, dem Hexa-
chlorbenzol (Löslichkeit in Wasser (20 °C) 5 μg/l), wurde
ein ganz ähnlicher Verlauf der Abhängigkeit des Vertei-
lungskoeffizienten aus der Langmuir-Gleichung vom Gehalt
an organischem Kohlenstoff der Böden ermittelt. Die Langmuir-Gleichung ist hier in der Form der Gleichung 2.2.24
anzuwenden, da sich, bedingt durch die geringe gelöste
Konzentration und die starke Adsorption, lineare
Abhängigkeiten zwischen Gleichgewichtskonzentration und
adsorbierter Menge ergeben. Der Verteilungskoeffizient
ergibt sich aus dem Quotienten der beiden Konstanten
$(k_1/k_2 = K)$.

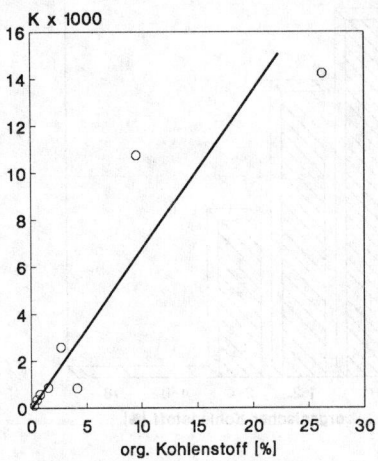

Abb. 3.7.9:   Verteilungskoeffizient K für die Adsorption
von HCB an Böden mit unterschiedlichen Gehalten an organischer Substanz

3.8   Phenole

Phenole der unterschiedlichsten Struktur werden beim Abbau der organischen Substanz von abgestorbenem Pflanzenmaterial freigesetzt. Lignin, ein Hauptbestandteil der
Pflanzenmasse, fällt sowohl im Wald als auch als Ernte-
rückstand auf Ackerflächen in großen Mengen an. Basidio-
myceten, Ascomyceten und Bakterien befreien das Lignin
von Kohlenhydraten und Eiweißanteilen und zerlegen es in
niedermolekulare, phenolartige Spaltstücke. Tannine und
Flavone werden beim biotischen Abbau ebenfalls in aromatische hydroxylierte Verbindungen zerlegt und kommen somit als natürliche Phenollieferanten in Frage. Nicht zuletzt ist das Auftreten phenolischer Verbindungen in der
Umwelt, wenn auch heute deutlich verringert, noch immer
mit der industriellen Produktion verbunden.

Der Hauptreaktionspartner dieser Phenole ist im Boden die
organische Substanz. Zwei Wege zeigen die Beteiligung
auf:

- Phenole reagieren mit ausgebildeten Huminsäuren und
  vergrößern damit ein schon vorhandenes Molekül, ohne
  jedoch eine entscheidende Veränderung der chemisch-
  physikalischen Eigenschaft des Gesamtmoleküls zu bewirken. Sie büßen dabei ihre individuellen Eigenschaften zugunsten der Huminstoffe vollständig ein.
- Phenole reagieren mit niedermolekularen Anteilen der
  organischen Substanz, z.B. auch mit definierten Molekülen und bilden dabei durch eine vielfache Wiederho-
  lung dieser Reaktionen neue Huminstoffteilchen. Bei
  diesem Weg kommt es zu drastischen Veränderungen der
  Eigenschaften auch der Reaktionspartner im Sinne einer
  Vereinheitlichung ihrer physikalisch-chemischen Eigen-

schaften. Er ist als Humifizierung in Kap.1.5 beschrieben.

Die Reaktionen beider Wege sind durch die Ausbildung von
Atombindungen aufgrund Radikalrekombinationen geprägt.
Sowohl in Huminstoffen als auch in den Phenolen ist die
Ausbildung radikalischer Zwischenstufen nachgewiesen, wie
sie in (3.8.1) für das Phenol und (3.8.2) für das Hy-
drochinon dargestellt sind, wobei mit letzterem auch der
Weg zu Huminstoffen (Polymeren) dargestellt ist.

(3.8.1)

(3.8.2)

Die Zugabe unterschiedlicher Phenole zu Huminsäurelösun-
gen wurde mit einer Reihe Methoden verfolgt (Messung der
Sauerstoffaufnahme, Veränderung der Spektren im UV-VIS-,
IR-Bereich, Fluoreszenz) und führt zu ähnlichen Ergebnissen: Bestimmte Phenole fördern durch ihre Reaktion mit
den Huminstoffen die Autoxydation zu hochpolymeren Verbindungen, andere behindern diese unter Normalbedingungen
relativ langsam ablaufende Reaktion. In der Abb. 3.8.1
ist für ein Beispiel der Verlauf der Sauerstoffaufnahme
durch Reaktionslösung und Einzellösungen dargestellt.

Werden die Differenzen zwischen der Summe der Sauerstoff-
aufnahmen der Einzelkomponenten und der Reaktionslösung
gegen die Reaktionszeit aufgetragen, so zeigt sich, daß
in der Reaktionslösung mit p-Kresol, Resorcin und Orcin

die Sauerstoffaufnahme deutlich erhöht wird. Bei Anwesenheit von Pyrogallol, Phloroglucin, Brenzkatechin oder Hydrochinon wird in der Reaktionslösung weniger Sauerstoff
aufgenommen als in der Summe der Einzellösungen. Durch
eine reziproke Auftragung kann analog zu Gleichung
(2.2.30) über den Ordinatenabschnitt in guter Näherung
die maximale Sauerstoffaufnahmedifferenz bestimmt werden
(Tab. 3.8.1).

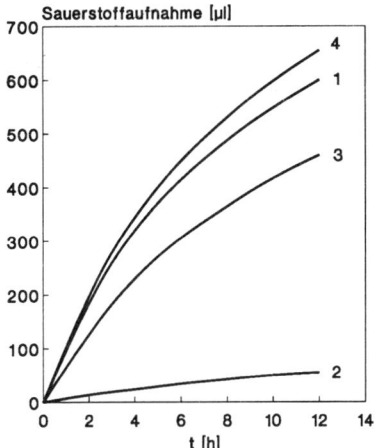

Abb. 3.8.1.: Verlauf der Sauerstoffaufnahme bei der
              Wechselwirkung zwischen einer Modellhumin-
              säure und Hydrochinon in Puffer pH 8,0: (1)
              Hydrochinon (0,0125 m), (2) Modellhumin-
              säure (10 mg/3 ml), Reaktionsgemisch Hydro-
              chinon (0,0125 m) und Modellhuminsäure (10
              mg/3 ml), (4) errechnete Summe der Einzel-
              komponenten aus (1 und 2)

In dieser Zusammenstellung fallen deutlich p-Kresol und
Resorcin auf, die beide in den Reaktionsansätzen eine
Sauerstoffaufnahme zeigen, nicht aber in den Einzelansät-

zen. Eine Sauerstoffmehraufnahme zeigt auch des Orcin.
Die anderen eingesetzten Phenole weisen im Reaktionsansatz eine Verminderung des Sauerstoffverbrauchs aus, bei
erheblicher Aufnahme in den Einzelproben.

Tab.3.8.1: Maximale Sauerstoffaufnahme der Einzelprobe
            (max O_2) und maximale Differenz der Sauer-
            stoffaufnahmen (ΔO_2 max)

eingesetztes Phenol	Δ O_2 max [μl]	max O_2 der Einzelprobe [μl]
p-Kresol	77	0
Hydrochinon	- 263	1.050
Brenzkatechin	- 167	1.175
Pyrogallol	- 76	1.300
Resorcin	167	0
Orcin	87	65
Phloroglucin	- 220	475

Eine Gegenüberstellung der maximalen Differenzen den kri-
tischen Oxydationspotentialen der Phenole (Fieser, 1930)
bringt eine annähernd lineare Abhängigkeit (Abb. 3.8.2).
Ein niedriges Oxydationspotential ist verbunden mit einer
Sauerstoffminderaufnahme in der Kombinationslösung, Phenole mit hohen Potentialen zeigen hingegen eine Mehrauf-
nahme in den Reaktionslösungen.

Weitere Untersuchungen zeigten, daß eine Steigerung der
Huminsäurekonzentration in der Reaktionslösung mit einem
linearen Anstieg der Sauerstoffaufnahmedifferenz einhergeht bei konstanter Phenolkonzentration (Müller-Wegener,
1976). Da dünnschichtchromatographisch eine Teilchenvergrößerung der Huminstoffe durch die Reaktion mit den
Phenolen nachzuweisen war, konnte von bestimmtem Struk-
turteilen an den Huminsäuren als direkten Reaktionspart-
nern der Phenole ausgegangen werden.

Methylierte Huminstoffe entsprachen in der Reaktionslösung bezüglich der Sauerstoffaufnahme exakt der Summe der
Einzelaufnahmen, so daß durch die Methylierung eine Reak-

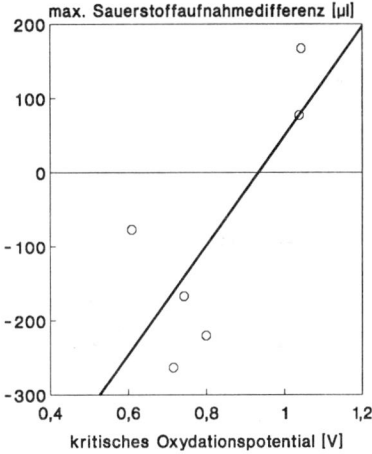

Abb. 3.8.2: Sauerstoffaufnahmedifferenzen in den Reak-
             tionsansätzen gegenüber denen der Einzelan-
             sätze und kritisches Oxydationspotential
             der Phenole

tion mit den Phenolen verhindert wird. Von den methylier-
baren funktionellen Gruppen der Huminsäuren verblieben
lediglich die phenolischen Hydroxygruppen als Reaktionspartner der Phenole. Daß tatsächlich diese funktionelle
Gruppe der Huminstoffe den Reaktionspartner stellt,
konnte durch die Fluoreszenzspektroskopie belegt werden.

Eine Substanz A (Abb. 3.8.3) wird mit einer Strahlung der
Wellenlänge λ_A angeregt und zeigt bei λ'_A maximale Fluo-

reszenz. Der Reaktionspartner ist mit der Wellenlänge λ_B anzuregen zu einer Fluoreszenz bei λ'_B. Unter der Voraussetzung daß die beiden Anregungs- und Emissionswellenlängen ungleich sind, kann nach Knüpfung einer Bindung A zu einer Fluoreszenz λ'_A durch die Anregungswellenlänge λ_B induziert werden.

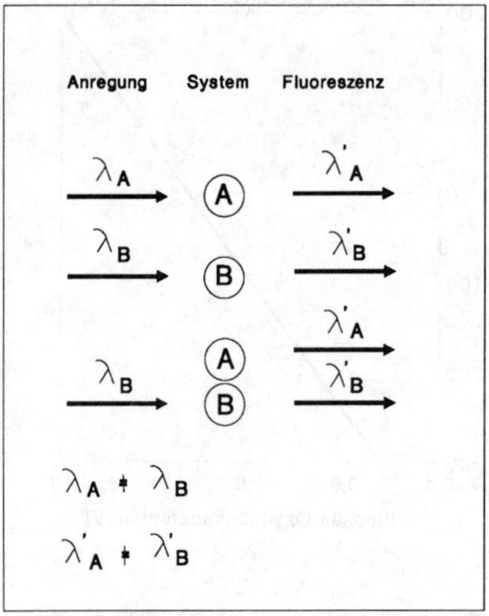

Abb. 3.8.3:   Energieleitung bei einer Verbindung aus
              zwei Anteilen

In der Abb. 3.8.4 sind für die Reaktion des Resorcins mit Huminsäure die entsprechenden Emissionsspektren dargestellt. Die Anregung aller Proben erfolgte bei der für das Resorcin charakteristischen Wellenlänge von 275 nm (entsprechend λ_B). Der Phosphatpuffer weist keine Fluoreszenz auf. Resorcin zeigt eine starke Fluoreszenz bei 303 nm (entsprechend λ'_B) aber kein Maximum im Bereich zwischen 400 und 500 nm. Die Huminsäure allein zeigt eine nur schwache Fluoreszenz. Bei der Reaktionslösung sind

zwei deutliche Maxima zu ermitteln: eines bei 303 nm
(entsprechend λ'_B) und ein zweites bei 445 nm, was λ'_A
entspricht. Diese Wellenlänge ist für die Huminsäure charakteristisch, allerdings bei einer Anregung von 320 nm
und nicht, wie hier geschehen, bei 275 nm.

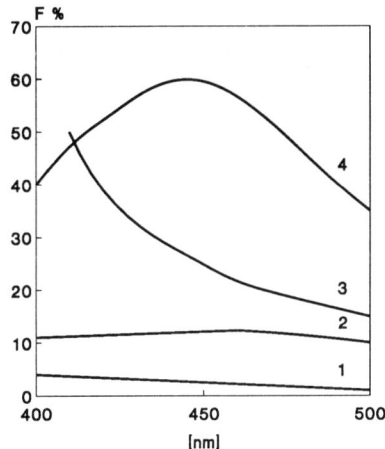

Abb. 3.8.4: Spektrale Verteilung des Fluoreszenzlichtes
             der Oxydationsprodukte in Puffer pH 5,0 bei
             einer Anregung durch 275 nm: (1) Puffer,
             (2) Resorcin, (3) Huminsäure, (4) Reakti-
             onsansatz aus Huminsäure und Resorcin

Mit dem Nachweis der "Energieleitung" durch die Übertragung von Anregungsenergie auf den Bindungspartner, ohne
daß dieser selbst angeregt wurde, konnte der Nachweis einer chemischen Bindung zwischen den Hydroxygruppen der
Huminstoffe und den Phenolen in diesen sehr komplexen Re-
aktionsgemischen durchgeführt werden.

3.9   Literatur

CALDERBANK, A.; T.E. TOMLINSON
        PANS, 15, 466, 1969

FIESER, L.
        J. Amer. Chem. Soc. 52, 5204, 1930

FRIESEL, P.; NEUMAYR, V.; MILDE, G.
        Mitt. Deutsche Bodenkdl. Ges., 32, 577, 1981

GERKE, J. und W. ZIECHMANN
        Wechselwirkungen zwischen ausgewählten Tensiden
        (LAS, LPC) und Huminstoffen. (in Vorbereitung)

GRIESER, K. und W. ZIECHMANN
        Mitt. Deutsche Bodenkdl. Ges., 56, 153, 1988

HAMZEHI, E.
        Adsorption von Erdöl und Erdölprodukten an Tonmine-
        ralen und tonigen Gesteinen. Dissertation, Göttin-
        gen 1980

KHAN, S.U.
        J. Environ. Qual. 3, 202, 1974

KRESS, B.M.
        Chem. d. Erde, 37, 80, 1978

KRESS, B.M. und W. ZIECHMANN
        Chem. d. Erde, 36, 209, 1977

MÜLLER-WEGNER, U.
        Wechselwirkungen zwischen Phenolen und Huminstof-
        fen. Dissertation, Göttingen, 1976

MÜLLER-WEGNER, U.
        Neue Erkenntnisse zur Wechselwirkung zwischen s-
        Triazinen und organischen Stoffen in Böden. Habili-
        tationsschrift, Göttingen, 1984

Ein Nachwort: Wie ist der Boden als Gegenstand der
Chemie einzuordnen?

Der kritische Leser hat bemerkt: der Boden als Objekt
einer Bodenchemie weicht in vielen wesentlichen Punkten
von anderen Gegenständen, die die chemischen Wissenschaften untersuchen und beschreiben ab. Er fällt aus dem Rahmen der sonst üblichen Ansätze der Chemie.

Dies wird deutlich, wenn z.B. die Milieubedingungen für
eine chemische Reaktion im Reagenzglas und in der lebenden Zelle mit denen im Boden verglichen werden.

Im ersten Fall hat der Experimentator ein Maximum von
Möglichkeiten zur Beeinflussung der Umsetzung, wie Änderung der Temperatur, des pH-Wertes, des Drucks, Zusatz
von Katalysatoren, Dosierung der Konzentrationen usw.
Diese Variationsmöglichkeiten der Außenbedingungen sind
natürlich beim chemischen Geschehen in einer lebenden
Zelle nicht gegeben. Sie werden substituiert durch imma-
nente Faktoren: Enzyme, energiereiche Verbindungen, Membranen, durch geeignete Speicher- und Transportorgane.

Gänzlich anders sind die Verhältnisse im Boden. Er ist
ständigen Einwirkungen von außen ausgesetzt und obendrein
verfügt er auch nicht über obligate und für eine Bodenart
spezifische Steuerungsmöglichkeiten chemischer Prozesse.

Vergleicht man die "Aufgaben" von Boden und Zelle, dann
leuchten diese Extreme sofort ein.

Im Boden müssen alle Organica mehr oder weniger schnell
"verarbeitet" werden. An die Struktur der Neubildungen
werden nur bedingte bzw. minimale Anforderungen gestellt.

Die Zelle synthetisiert Substanzen, deren Struktur in allen Einzelheiten festgelegt sein muß.

Hieraus ergeben sich ganz bestimmte Reaktionsmechanismen als vorherrschend.

Eine streng festgelegte Struktur setzt Umsetzungen etwa des folgenden Typs voraus:

$$R - \overset{O}{\underset{\underset{Y}{}}{\boxed{X}}} + \boxed{Y} - R'' \longrightarrow R - \boxed{X} - R''$$

Hier ist bezüglich der Reaktanten eine optimale Selektion gegeben, da z.B. bei

$$R - \overset{O}{\boxed{X}} + \boxed{Z} - R'' \longrightarrow\!\!|\!\longrightarrow \underline{\qquad}$$

keine Reaktion abläuft.

Dieser Typ hängt also von den spezifischen funktionellen Gruppen X , Y und Z ab, ist aber völlig ungeeignet dem Geschehen im Boden gerecht zu werden, da dort ein maximaler Stoffumsatz mit minimaler Strukturvorgabe zu erfolgen hat.

Damit gewinnt ein abweichender Typ hier an Bedeutung:

$$R - \overset{|}{\underset{|}{C}} \cdot \ + \ \cdot \overset{|}{\underset{|}{C}} - R'' \qquad R - \overset{|}{\underset{|}{C}} : \overset{|}{\underset{|}{C}} - R''$$

wie auch

$$R - \overset{|}{\underset{|}{C}} \cdot \ + \ \cdot \overset{|}{\underset{|}{C}} - R''' \qquad R - \overset{|}{\underset{|}{C}} : \overset{|}{\underset{|}{C}} - R'''$$

für den die Radikalgehalte in Huminstoffen in Böden mehr als nur ein Indiz sind.

Forderungen der gleichen Art betreffen die Genese von Ligninen und mit Einschränkungen die der Melanine, denn auch hier vollziehen sich Radikalreaktionen.

Diese vereinfachende Darstellung läßt erkennen: Jede Verbindung (R , R", R''' ,...) kann im Prinzip mit jeder anderen reagieren, das chemische Geschehen bestimmt weitgehend der Zufall.

Dieser Zustand kann nun als ein solcher der optimalen Kohärenz*) verstanden werden, wenn damit ein Zusammenhang verschiedener Sachverhalte realisiert wird, der sich hier als Reaktionsmöglichkeit zwischen Bodeninhaltsstoffen darstellt.

Wiederum ist damit ein Extrem zu den Verhältnissen in einer lebenden Zelle angezeigt. Gerade hier muß ja, bei minimierter Kohärenz eine bestimmte Ursache (U) nur ein Phänomen (P) mit nur einer Folge (F) auslösen:

$$U_1 \longrightarrow P_1 \longrightarrow F_1$$
$$U_2 \longrightarrow P_2 \longrightarrow F_2$$
$$\vdots \qquad\qquad \vdots \qquad\qquad \vdots$$
$$U_n \longrightarrow P_n \longrightarrow F_n$$

Ein kohärentes System $[P_1, P_2, ..., P_n]$ läßt bei Aufgabe dieses Prinzips auch unerwartete Folgen zu:

$$U_1 \longrightarrow \begin{bmatrix} P_1 \\ P_2 \\ \cdot \\ \cdot \\ P_n \end{bmatrix} \longrightarrow F_n$$

---

*) lat. cohaerere, zusammenhängen

wodurch überaus ungünstige Voraussetzungen für eine geordnete Stoffsynthese wie deren Analyse gegeben sind.

Beide Extremfälle lassen sich folgendermaßen veranschau-
lichen:

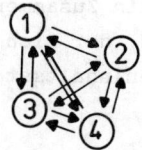   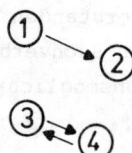

       kohärentes   minimal kohärentes System

In einem Bild kann ein minimal kohärentes System mit den
Verkehrsmöglichkeiten in einer planmäßig aufgebauten
Stadt verglichen werden: Viele Punkte sind auf den vorge-
gebenen Straßen und Wegen zu erreichen, manche, zu denen
kein Weg hinführt, sind es nicht. Zwischen den einzelnen
Punkten unserer Stadt besteht nur eine wenig ausgeprägte
Kohärenz.

Ein auf ruhiger See sich bewegendes Schiff hingegen erreicht jeden Punkt der Wasseroberfläche. Hier sind keine,
eine Kohärenz minimierenden Hindernisse vorhanden
(Häuserblöcke, Grünanlagen, Verkehrsampeln usw.).

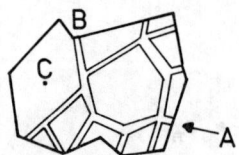   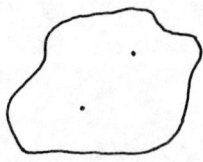

       Zelle: Boden:
eine organisierte Stadt S   eine Wasserfläche W
mit definierten Verkehrs-   mit vereinzelten
wegen   Bojen

Ein die Straße A benutzendes Fahrzeug kann zwar ohne Weiteres auf die Straße B gelangen; es kann aber sicher
nicht den Punkt C anlaufen, weil keine Straße dahin
führt.

Die Punktmenge in S ist im Bild der Zugänglichkeit nur
bedingt kohärent. Die Organisation einer Stadt ist gerade
von dieser Einschränkung abhängig.

Im Medium W kann ein Fahrzeug jeden Punkt anlaufen. Für
dieses ist die Punktmenge kohärent.

Was folgt aus diesen Betrachtungen für die Bodenchemie?

Tiefgreifende Unterschiede zwischen einer intakten Zelle
und einem funktionierenden Boden bedingen, daß hier die
Analyse der chemischen Vorgänge zu weit weniger präzisen
Ergebnissen führt, wie dies die moderne Biochemie bei der
Aufklärung der chemischen Prozesse in der Zelle erreichen
kann. Dort nämlich ist nicht nur eine Reaktion als solche
zu beschreiben, vielmehr muß infolge der erheblichen Kohärenz in einem Boden auch die Möglichkeit einer oder
mehrerer komplementärer und gleichzeitiger Umsetzungen zu
prüfen sein.

Damit gelten für diese Sachlage folgende Bedingungen für
den Boden:

Aufnahme und "Verarbeitung" einer jeden Fremdsub-
stanz innerhalb einer bestimmten Parameterbreite
für chemische Reaktionen muß gewährleistet sein.

Reaktionspotentiale pendeln sich auf einem mittleren Niveau ein.

Gekoppelte Fließgeschwindigkeiten überwiegen.

Aggressive Substanzen müssen "neutralisiert" werden (z.B. Säuren, Basen).

Eine totale Mineralisation der Organica zu CO_2, H_2O, NH_3 muß verhindert werden.

Die Reaktivität "sensibler" Systeme wie z.B. Enzyme wird durch Fixierung an Tonminerale und Huminstoffe gewährleistet.

Die Fixierung von Fremdstoffen, Mineraldünger, Spurenelemente, Biozide usw. muß reversibel sein.

Transportwege für Stoffe und Energie müssen offen gehalten werden.

All dies zusammen bedingt eine von anderen chemischen Systemen abweichende und extreme Kohärenz.

Der Boden ist demnach ein Medium, welches sich nicht nur einen hohen Grad an Kohärenz leisten kann, er ist vielmehr gezwungen diese aufrecht zu erhalten, um eine seiner Funktionen, nämlich die einer Stofftransformation unter den angezeigten Bedingungen optimal erfüllen zu können.

Zum Thema Geophysik
im B. I.-Wissenschaftsverlag

Ganssen, R.

Grundsätze der Bodenbildung

Ein Beitrag zur theoretischen Bodenkunde, der Grundlagen und Grundfragen, Ergebnisse und Methoden referiert und verständlich macht. Für Studenten der Geowissenschaften, der Biologie und verwandter technischer Wissenschaften.
135 Seiten mit 19 Zeichnungen und 1 mehrfarbigen Tafel.
HTB 327. Kartoniert.

Kertz, W.

Einführung in die Geophysik

Dem Autor gelingt eine lebendige Darstellung, die gleichermaßen aufschlußreich für Studenten der Geophysik, Physik und verwandter Fächer den Themenkreis diskutiert. Schwerpunkte im ersten Band: Erdkörper, in Band 2: Obere Atmosphäre, Magnetosphäre.
Band I: 232 Seiten mit Abb.
HTB 275. Kartoniert.
Band II: 210 Seiten mit Abb.
HTB 535. Kartoniert.

Pichler, H.

Dynamik der Atmosphäre

Ein Lehrbuch, das systematisch und verständlich die mathematischen und physikalischen Grundlagen der Meteorologie bis hin zu einer Einführung in die numerische Wettervorhersage darstellt.
459 Seiten. 2., überarbeitete Auflage 1986. Kartoniert.

Wunderlich, H.-G.

Einführung in die Geologie

Systematische Darstellung der allgemeinen bzw. dynamischen Geologie.
I: Exogene Dynamik
II: Endogene Dynamik.
Band I: 214 Seiten mit rund 50 Abbildungen und 24 farbigen Bildern. HTB 340.
Band II: 231 Seiten mit Abbildungen und 16 farbigen Bildern. HTB 341.

Wissenschaftsverlag
Mannheim/Wien/Zürich

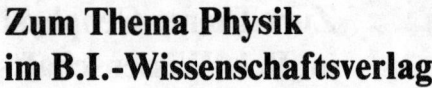

Zum Thema Physik
im B.I.-Wissenschaftsverlag

Haken, H.
Licht und Materie I.
Elemente der Quantenoptik
Ein Lehrbuch, das auch ohne größere Vorkenntnisse Studenten ab
dem 3. Semester den Einstieg in
die Quantenoptik erleichtert.
155 Seiten. 2., erweiterte Auflage
1989. Kartoniert.

Haken, H.
Licht und Materie II.
Laser
Klar in Sprache und Darstellung
führt der Autor in die Physik des
Lasers, Laserarten, Prozesse im
Laser sowie Eigenschaften des
Laserlichts ein.
225 Seiten. 1981. Kartoniert.

Mittelstaedt, P.
Philosophische Probleme
der modernen Physik
Relativitätstheorie, Quantentheo-
rie und dabei auftretende philo-
sophische Probleme.
ca. 230 Seiten. 7., überarbeitete
Auflage 1989. HTB 50.

Mittelstaedt, P.
Sprache und Realität in der
modernen Physik
Warum die gesamte Syntax und
Semantik der Sprache, in der mo-
dernen Physik verändert werden
müssen.
263 Seiten. 1986. HTB 650.

Sexl, R. U./H. K. Urbantke
Gravitation und Kosmologie
Aktuelle Einführung in die allgemeine Relativitätstheorie und
Kosmologie, die auch die Quer-
verbindungen zur Elementarteil-
chenphysik aufzeigt.
399 Seiten. 3., korrigierte Auflage
1988. Kartoniert.

BI·
Wissenschaftsverlag
Mannheim/Wien/Zürich